万水 ANSYS 技术丛书

ANSYS Icepak 进阶应用导航案例

王永康　张义芳　编著

中国水利水电出版社
www.waterpub.com.cn

内 容 提 要

本书是《ANSYS Icepak 电子散热基础教程》一书的姊妹篇，主要讲解 ANSYS Icepak 的高级应用专题，共包括 16 个专题案例，主要讲解电路板不同模拟方法及区别、电路板模拟方法对强迫风冷机箱热模拟的影响、电路板模拟方法对外太空电子机箱热模拟的影响、风冷机箱不同模拟方法的比较；同时详细讲解 IC 封装不同热阻的模拟计算、IC 封装网络热阻的提取、风冷机箱散热器的优化计算、水冷板热模拟计算、热电制冷 TEC 热模拟计算、ANSYS Icepak 对电子机箱恒温控制的模拟计算、散热孔不同模拟方法对机箱热模拟的影响、模拟计算电路板铜层的焦耳热、ANSYS Icepak 与 Maxwell、HFSS、Simplorer 等电磁软件的耦合模拟计算。

另外，本书附带有学习光盘，包括所有章节相关案例的原始 CAD 模型及计算案例模型（包括计算结果），计算结果均能通过本书的 Step by Step 操作实现，最大限度地提高读者的学习效率。案例模型对读者学习、使用 ANSYS Icepak 软件将有很大的帮助。通过本书 16 个专题案例的学习，可以提高使用 ANSYS Icepak 的水平和能力。

本书适合于有 ANSYS Icepak 使用基础的设计人员阅读，可以作为电子、信息、机械、力学等相关专业的研究生或本科生学习 ANSYS Icepak 的参考书，也非常适合进行电子散热优化分析的工程技术人员学习参考。

图书在版编目（C I P）数据

ANSYS Icepak进阶应用导航案例 / 王永康，张义芳编著. -- 北京 ：中国水利水电出版社，2016.7（2022.3 重印）
（万水ANSYS技术丛书）
ISBN 978-7-5170-4543-4

Ⅰ．①A… Ⅱ．①王… ②张… Ⅲ．①电子元件－有限元分析－应用软件－教材 Ⅳ．①TN6-39

中国版本图书馆CIP数据核字 (2016) 第162514号

策划编辑：杨元泓　　责任编辑：李 炎　　加工编辑：高双春　　封面设计：李 佳

书　　名	万水 ANSYS 技术丛书 ANSYS Icepak 进阶应用导航案例
作　　者	王永康　张义芳　编著
出版发行	中国水利水电出版社 （北京市海淀区玉渊潭南路 1 号 D 座　100038） 网址：www.waterpub.com.cn E-mail: mchannel@263.net（万水） 　　　　sales@waterpub.com.cn 电话：(010) 68367658（营销中心）、82562819（万水）
经　　售	全国各地新华书店和相关出版物销售网点
排　　版	北京万水电子信息有限公司
印　　刷	三河市德贤弘印务有限公司
规　　格	184mm×260mm　16 开本　21.25 印张　530 千字
版　　次	2016 年 7 月第 1 版　2022 年 3 月第 3 次印刷
印　　数	6001—8000 册
定　　价	65.00 元（赠 1DVD）

序　一

我国正处于从中国制造到中国创造的转型期，经济环境充满挑战。由于80%的成本在产品研发阶段确定，如何在产品研发阶段提高产品附加值成为制造企业关注的焦点。

在当今世界，不借助数字建模来优化和测试产品，新产品的设计将无从着手。因此越来越多的企业认识到工程仿真的重要性，并在不断加强应用水平。工程仿真已在航空、汽车、能源、电子、医疗保健、建筑和消费品等行业得到广泛应用。大量研究及工程案例证实，使用工程仿真技术已经成为不可阻挡的趋势。

工程仿真是一件复杂的工作，工程师不但要有工程实践经验，同时要对多种不同的工业软件了解掌握。与发达国家相比，我国仿真应用成熟度还有较大差距。仿真人才缺乏是制约行业发展的重要原因，这也意味着有技能、有经验的仿真工程师在未来将具有广阔的职业前景。

ANSYS作为世界领先的工程仿真软件供应商，为全球各行业提供能完全集成多物理场仿真软件工具的通用平台。对有意从事仿真行业的读者来说，选择业内领先、应用广泛、前景广阔、覆盖面广的ANSYS产品作为仿真工具，无疑将成为您职业发展的重要助力。

为满足读者的仿真学习需求，ANSYS与中国水利水电出版社合作，联合国内多个领域仿真行业实战专家，出版了本系列丛书，包括ANSYS核心产品系列、ANSYS工程行业应用系列和ANSYS高级仿真技术系列，读者可以根据自己的需求选择阅读。

作为工程仿真软件行业的领导者，我们坚信，培养用户走向成功，是仿真驱动产品设计、设计创新驱动行业进步的关键。

ANSYS大中华区总经理

2015年4月

序　二

道无术不行，术无道不久。

国家"制造立国，创新强国"的道路已然明确，全社会"万众创业、大众创新"的风气已逐渐形成。科技领域也不断报出惊喜成果，高能激光、高超音速飞机、量子通讯、粒子物理、高性能计算、水稻种植等科技领先国际，令国人振奋。

然而，还应警醒地意识到，与西方发达国家相比，我们在很多领域还存在很大差距。特别是在工业自动化、智能化控制方面，我国的自主研发还处在起步阶段。

我们的科研人员不缺才智、不缺精神，缺的是先进的研发手段以及在此基础上形成的精确、高效的研发流程。

工欲善其事，必先利其器。

当今，研发早已不再是天马行空、即兴发挥的任性试错，而是在科学方法和精确工具的强大支撑下，逐渐成为自动、精细的工业化过程。

ANSYS 公司的 Icepak 软件，就是现代高端电子产品研发过程中不可多得设计仿真工具。特别适合解决各类智能化、小型化电子产品的热控难题。能够提早在研发阶段发现过热问题，并对其结构进行优化，对于提高产品的热可靠性具有至关重要的意义。

借助于 ANSYS 公司的 Icepak 软件，工程师可以对电子产品的散热特性进行精确数值模拟，洞悉电子产品内部的热流场，并提出热控的优化解决方案，使得工程仿真技术切实驱动电子产品的研发。

《ANSYS Icepak 电子散热基础教程》，是作者于 2015 年 1 月出版的国内第一本 Icepak 专业学习用书。此书是作者基于软件随机标准文件，并结合自身实战的经验，凝练编辑出的一套简洁明了、方便易学的软件入门工具书；该书图文并茂地讲解了 Icepak 软件的各类操作，并配备了视频讲解。

为了提高读者软件的应用能力，作者编写了《ANSYS Icepak 进阶应用导航案例》，精心挑选了 16 个高级专题案例，Step by Step 讲解了案例的热仿真流程，涵盖了外太空电子散热、芯片封装热模拟、电子机箱热优化计算、TEC 热电制冷模拟计算、电子机箱恒温控制计算、电路板铜箔焦耳热计算、Icepak（热流）与 ANSYS 电磁软件多场耦合计算等。在这两本书内，均包含了作者多年的电子热仿真思路和经验。读者将这两本书结合使用，可以更快的提高 Icepak 软件的应用技能。

　　作者供职于安世亚太科技股份有限公司仿真事业部，在电子散热领域工作了 9 年，在航空航天、汽车电子、医疗电子、消费品电子等行业，做过大量的电子散热模拟案例及咨询业务，积累了丰富的工程实践经验。在热力学仿真方面，作者熟悉各种主流软件，并且参与过多项国家重点项目的热力学仿真任务，有着丰富的软件应用和工程实践经验。

　　将《ANSYS Icepak 电子散热基础教程》和《ANSYS Icepak 进阶应用导航案例》结合使用，相信能够为研发工程师快速上手 ANSYS Icepak 软件，精确地解决电子产品的散热问题，并提出热控优化解决方案方面大有裨益。

安世亚太科技股份有限公司，总裁

2016 年 3 月 15 日

前　　言

ANSYS Icepak 是 ANSYS 公司开发的一款优秀散热模拟优化软件，目前最新的版本是 ANSYS Icepak 16.2。

《ANSYS Icepak 电子散热基础教程》一书在 ANSYS Icepak 15.0 的基础上，主要是以 ANSYS Icepak 软件的基础使用为内容，重点介绍电子散热涉及的基础理论、ANSYS Icepak 建立模型、划分网格、求解计算、后处理显示及电子散热的相关技术专题等内容。

本书作为《ANSYS Icepak 电子散热基础教程》的姊妹篇，主要以 ANSYS Icepak 的高级应用专题为内容，涉及电路板不同模拟方法的区别，芯片热阻计算及网络热阻的提取，MRF 如何模拟风冷机箱，风冷机箱的优化计算，水冷热模拟计算，热电制冷 TEC 模拟计算、恒温控制模拟计算、电路板焦耳热计算、ANSYS Icepak 与 Maxwell、HFSS、Simplorer 的耦合模拟计算等内容。

全书共包含 16 章节：第 1 章主要介绍不同 PCB 的热模拟方法及区别；第 2 章主要讲解不同电路板模拟方法对强迫风冷机箱的影响；第 3 章主要讲解不同电路板模拟方法对外太空电子机箱热模拟的影响；第 4 章主要讲解电子机箱强迫风冷的不同模拟方法及其对比；第 5 章主要是讲解 IC 芯片封装各类热阻的计算方法；第 6 章主要讲解 ANSYS Icepak 如何提取芯片封装的网络热阻模型，第 5、6 章适合于芯片封装热设计工程师使用；第 7 章主要讲解强迫风冷电子机箱内散热器的热设计优化计算案例；第 8 章主要讲解水冷板热模拟计算案例；第 9 章主要讲解如何使用 ANSYS Icepak 进行 TEC 热电制冷的模拟计算过程；第 10 章主要讲解如何使用 ANSYS Icepak 对电子产品进行恒温控制的模拟计算案例；第 11 章主要讲解散热孔不同模拟方法及对系统机箱散热的影响；第 12 章主要讲解 ANSYS Icepak 如何计算电路板焦耳热的过程及其对电路板温度分布的影响，并以一个电路板为案例，比较了不同电流对电路板温度分布的影响；第 13 章主要以某一办公楼为案例，讲解如何利用 ANSYS Icepak 对多组分气体的输运扩散进行模拟计算；第 14 章主要以某一模型为案例，讲解如何使用 Maxwell 和 ANSYS Icepak 进行电磁-热流的双向耦合模拟计算过程；第 15 章以微波电路中混合环模型为案例，讲解如何使用 HFSS 和 ANSYS Icepak 进行电磁—热流的耦合模拟计算过程；第 16 章主要讲解如何使用 ANSYS Icepak 和 Simplorer 进行场路耦合模拟计算的方法和相应的计算过程。

本书是多人智慧的集成，中国建筑标准设计研究院产品所教授级高级工程师刘晶；中国电子科学研究院预警机所高级工程师杨文芳；北京理工雷科电子信息技术有限公司结构部经理陈智勇、工程师杨永旺；大众机械厂第三研究所主任张宇；中国航空光电科技股份有限公司研究院项目总师闫兆军；沈阳航空航天大学动力系主任副教授孙丹；美国 Broadcom 公司首席机械设计师胡英杰、产品生产设计师王岩；武汉船舶通信研究所工程师陈灿；北京机电工程研究所高级工程师雷涛；北京建筑大学环能学院热能系老师孙子乔等给予了宝贵意见。

另外，感谢安世亚太科技股份有限公司仿真事业部白增程、车荣荣、杨柱、李岩冰对本书出版的帮助。在此作者向所有参与和关心本书出版的朋友致以诚挚的谢意！

由于作者水平有限，书中难免存在不妥之处，恳请读者批评指正。感谢您选择本书学习 ANSYS Icepak，请您把对本书的意见和建议告诉我们，也可与我们进行交流，作者 E-mail：321524166@ qq.com，微信：wykicepak。

王永康

于安世亚太科技股份有限公司

2015 年 11 月

目　　录

第 1 章   电路板热模拟方法之比较

【内容提要】

本章将重点讲解 ANSYS Icepak 进行电路板热模拟的方法,包含基于对象 PCB 建立电路板热模型、导入 ECAD 布线过孔的 Block 块建立电路板模型、导入 ECAD 布线过孔的 PCB 板建立电路板模型等,比较了不同方法计算得到的电路板热导率。

【学习重点】

- 掌握 ANSYS Icepak 模拟电路板的方法;
- 掌握 ANSYS Icepak 导入 ECAD 布线过孔的方法;
- 掌握查看电路板热导率的方法。

1.1   PCB 建立电路板模型

由于电路板是 FR4 和多层铜箔组成的复合材料,并且各层铜箔分布不一,因此电路板呈现各向异性的热率导。ANSYS Icepak 提供基于对象的建模方式,建立电路板模型。为了比较不同方法的区别,本章使用同一个模型进行讲解。

此电路板尺寸为 167.636mm(长)×111.1498mm(宽)×1.56464mm(厚),共包含四层铜箔,各层铜箔、FR4 的厚度及含铜率百分比见表 1—1。

表 1—1   电路板各层材料信息

层序号	材料	厚度/mm	含铜量(质量分数)/%
层 1	铜	0.04	57.5
层 2	FR4	0.45364	0
层 3	铜	0.062	92
层 4	FR4	0.467	0
层 5	铜	0.055	95
层 6	FR4	0.442	0
层 7	铜	0.045	54.5

1.1.1   CAD 模型导入

启动 ANSYS Workbench 平台,双击 Component Systems 工具栏中的 Geometry,建立 Geometry 单元,如图 1—1 所示。

单击 Save 保存,在调出的保存面板中,浏览选择相应的目录,在文件名中输入项目的名称,单击保存,如图 1—2 所示。注意,项目名称及保存的目录均不允许存在中文字符。

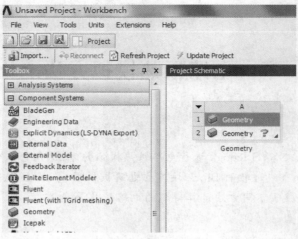

图 1—1　建立 Geometry 单元

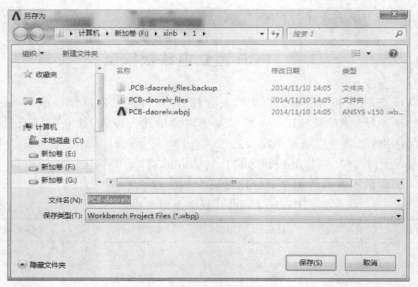

图 1—2　项目命名及保存

双击 Geometry 单元的 A2,可打开 DesignModeler 软件(以下简称 DM)。单击 File—Import External Geometry File,在调出的面板中,浏览选择学习光盘文件夹 1 下的 PCB. x_t,单击打开,如图 1—3 所示。

鼠标右键单击选择模型树下的 Import1,选择 Generate(F5),导入电路板模型,如图 1—4 所示。在 DM 的视图区域中,将出现电路板模型。

1.1.2　指定 PCB 类型

选择 DM 主菜单栏中的 Tools → Electronics → Set Icepak Object Type 命令,将出现 Details View 面板。选择视图区域中的电路板模型,在 Bodies 栏中单击 Apply,在 Icepak Object Type 中,单击下拉菜单,选择 PCB,可将电路板转化设置为 ANSYS Icepak 基于对象的 PCB 模型,如图 1—5 所示。

图 1-3　选择电路板模型

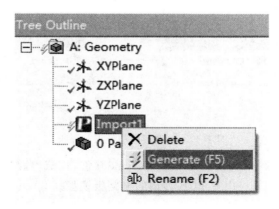

图 1-4　导入电路板模型

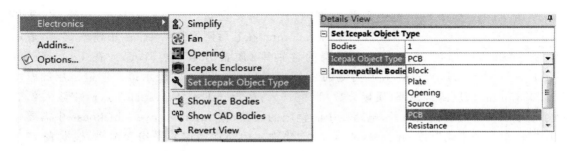

图 1-5　指定电路板模型为 PCB 类型

　　模型树下的电路板模型将会变成 ANSYS Icepak 认可的 PCB 类型,此类型为 Icepak 基于对象的电路板模型,如图 1-6 所示,关闭 DM 软件。

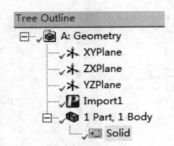

图 1—6   Icepak 认可的 PCB 板模型

1.1.3 模型导入 ANSYS Icepak

进入 ANSYS Workbench 平台，双击 Component Systems 工具栏中的 Icepak，建立 Icepak 单元。在项目流程图中，用鼠标左键选择 Geometry 单元的 A2，拖动至 Icepak 单元的 Setup，如图 1—7 所示。

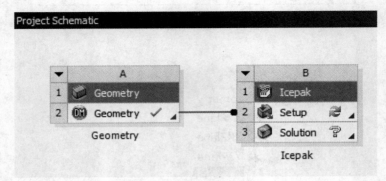

图 1—7   电路板模型导入 Icepak

双击 Icepak 单元的 Setup，打开 ANSYS Icepak 软件，完成电路板 CAD 模型的导入。在 ANSYS Icepak 的模型树下，将出现 PCB 类型的电路板模型。

1.1.4 电路板热导率计算

1. Simple 算法

双击 Icepak 模型树下的电路板模型，打开其编辑窗口。在 Trace layer type 中，选择 Simple；在 High surface thickness 中输入 0.04mm，在其后侧的 %coverage 中输入 57.5，表示第 1 层铜箔层的厚度为 0.04mm，铜层的含铜率（质量分数）为 57.5%；在 Low surface thickness 中输入 0.0585mm，在其后侧的 %coverage 中输入 93.5，表示第 4 层铜箔层的厚度为 0.0585mm，铜层的含铜率（质量分数）为 93.5%；在 Number of internal layers 中输入 2，表示除第 1 层和最底层铜箔以外，电路板中间铜箔的层数；在 Internal layer thickness 中需要输入中间铜箔层的平均厚度，在 %coverage 中需要输入中间铜箔层的平均含铜率，根据表 1—1 的数据，可以计算得到中间层铜箔的平均厚度为 0.045mm，中间层铜箔的平均含铜率（质量分数）为 54.5%，输入相应的铜箔信息。

单击电路板属性面板下的 Update，属性面板内的 Effective conductivity（plane）和 Effective conductivity（normal）后侧的数值会自动更新，其中 Effective conductivity（plane）表示电路板切向的热率导，此数值为 31.7201W/m·K，Effective conductivity（normal）表示电

路板法向的热率导,此数值为 0.397865 W/(m·K),如图 1-8 所示。

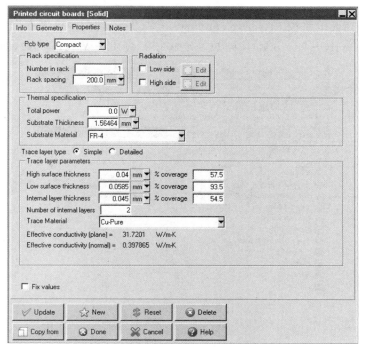

图 1-8　计算的电路板热导率(Simple)

　　电路板呈现各向异性的热导率分布。此电路板布置于 X-Y 平面,因此,X、Y 方向为电路板的切向,Z 方向为电路板的法向,其切向、法向示意图如 1-9 所示。根据图 1-8 的计算结果,此电路板 X、Y 方向的热导率为 31.7201W/(m·K),Z 方向的热导率为 0.397865W/(m·K)。

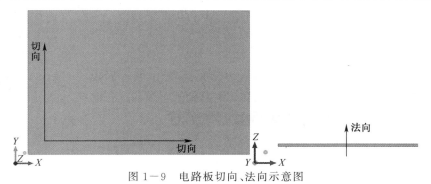

图 1-9　电路板切向、法向示意图

2. Detailed 算法

　　在电路板的属性面板中,选择 Trace layer type 为 Detailed;下侧的"♯"符号,表示铜箔层的序号,Layer thickness 表示铜箔层的厚度,％coverage 表示该层铜箔的含铜率,Layer Material 表示铜箔的材料;单击右侧的 ➕ Add layer,可增加铜箔的层数;单击 ✖ Delete layer,可删除铜箔的层数。

　　由于电路板为 4 层铜箔,因此单击三次 ➕ Add layer,增加铜箔的层数。在第 1 层的 Layer thickness 中输入 0.04mm,在％coverage 中输入 57.5,默认 Layer Material 的材料为 Cu-pure;在第 2 层的 Layer thickness 中输入 0.062mm,在％coverage 中输入 92,默认 Layer Material 的材料为 Cu-pure;在第 3 层的 Layer thickness 中输入 0.055mm,在％coverage 中

输入 95，默认 Layer Material 的材料为 Cu－pure；在第 4 层的 Layer thickness 中输入
0.045mm，在％coverage 中输入 54.5，默认 Layer Material 的材料为 Cu－pure；单击下侧
Update，可计算得到此电路板 Effective conductivity(plane)切向的热导率为 39.1619W/(m・
K)，Effective conductivity(normal)法向的热导率为 0.401811 W/(m・K)，如图 1－10 所示。

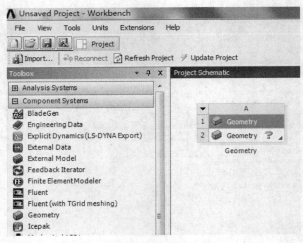

图 1－10　计算的电路板热导率(Detailed)

1.2　导入 ECAD 布线的 Block 建立电路板模型

在 ANSYS Icepak 中，对 Block 类型的块导入布线过孔信息，也可以建立电路板模型，其
中布线过孔文件由 ECAD 软件输出。利用第 1.1.1 和 1.1.3 节的内容，可将电路板的 CAD
模型读入 ANSYS Icepak，读入后的模型类型为 Block 类型。

1.2.1　Block 块导入布线过孔

双击模型树下的 Solid，可打开 Block 的编辑面板，单击编辑面板的 Geometry，单击 Choose
type，可打开 ECAD 接口，通过此接口可以导入电路板的布线和过孔信息，如图 1－11 所示。

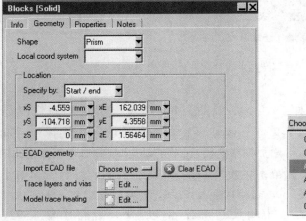
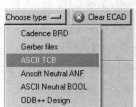

图 1－11　Block 导入布线过孔的接口

ANSYS Icepak 可以导入不同 ECAD 软件的布线文件,具体的说明可参考本书的姊妹篇《ANSYS Icepak 电子散热基础教程》。

选择图 1—11 中的 ASCII TCB,在调出的 Trace file 面板中,浏览选择学习光盘文件夹 1 下的 PCB. tcb,单击 Open,导入电路板的布线和过孔信息,如同 1—12 所示。注意勾选 Resize block。

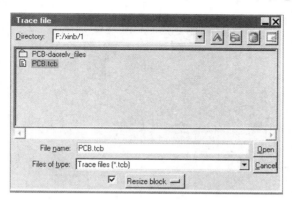

图 1—12　选择布线过孔文件

ANSYS Icepak 会自动调出 Board layer and via information 面板,按照表 1—1 的数值,在 M1 TOP 中输入第 1 层铜箔层的厚度 0.04mm,在 D2 DIELECTRIC_U3 中输入 FR4 的厚度 0.45364mm,在 M2 INT1 中输入第 2 层铜箔层的厚度 0.062mm,在 D3 DIELECTRIC_U4 中输入 FR4 的厚度 0.467mm,在 M3 INT2 中输入第 3 层铜箔层的厚度 0.055mm,在 D4 DI-ELECTRIC_U5 中输入 FR4 的厚度 0.442mm,在 M4 BOTTOM 中输入第 4 层铜箔层的厚度 0.045mm,单击 Accept,完成布线过孔的导入,如图 1—13 所示。

Board layer and via information

Layers | Vias

Layer	Thickness	Metal	Dielectric
1 M1 TOP	0.04 mm	Cu-Pure	FR-4
2 D2 DIELECTRIC_U3	0.45364 mm	Cu-Pure	FR-4
3 M2 INT1	0.062 mm	Cu-Pure	FR-4
4 D3 DIELECTRIC_U4	0.467 mm	Cu-Pure	FR-4
5 M3 INT2	0.055 mm	Cu-Pure	FR-4
6 D4 DIELECTRIC_U5	0.442 mm	Cu-Pure	FR-4
7 M4 BOTTOM	0.045 mm	Cu-Pure	FR-4
Total	1.56464 mm		

Grid density
⦿ By count　rows 200　columns 200
○ By size　rows 0.545371 mm　columns 0.8329915 mm

Vias
✓ Update via data
Maximum via diameter 10000000 mm

☐ Model layers separately
☑ Don't recompute metal fractions

✓ Accept　✓ Apply　Reset　✗ Cancel　Help

图 1—13　选择布线过孔文件

Block 导入布线和过孔后,会完整反映电路板铜箔和过孔的布局,导入后的模型如图 1—14 所示。

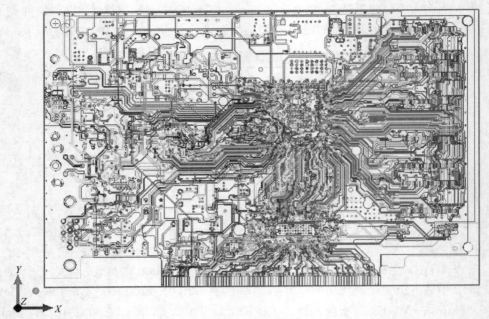

图 1—14　导入布线过孔的 Block

1.2.2　热边界条件输入

为了验证电路板的热导率,需要在电路板的法向方向建立两个 Wall 的模型,然后输入相应的热边界条件。通过纯导热的计算,即可得到电路板的温度分布以及 X、Y、Z 三个方向的热导率。

双击模型树下的 Cabinet,单击 Properties 属性面板,单击 Min z 的下拉菜单,选择 Wall;单击 Max z 的下拉菜单,选择 Wall,完成 Wall 的建立,如图 1—15 所示。

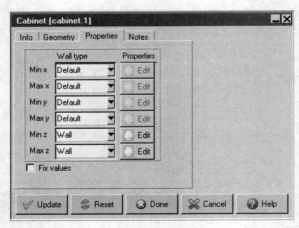

图 1—15　建立 Wall 模型

单击图 1—15 中 Min z 后侧的 Edit,打开其编辑窗口,单击 Properties 属性面板,在 External conditions 中,单击下拉菜单选择 Temperature,保持 Temperature 栏中的温度为

ambient，表示此 Wall 面的温度恒定为环境温度，完成恒定温度热边界的输入，如图 1－16 所示。

　　单击图 1－15 中 Max z 后侧的 Edit，打开其编辑窗口，单击 Properties 属性面板，在 External conditions 中，单击下拉菜单选择 Heat flux，在 Heat flux 栏中输入 5000，保持单位 为 W/m²，表示输入恒定的热流密度，完成恒定热流密度的输入，如图 1－17 所示。

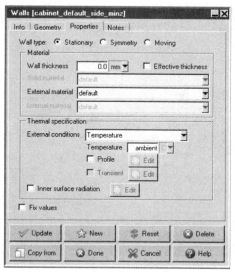

图 1－16　Wall 恒定温度

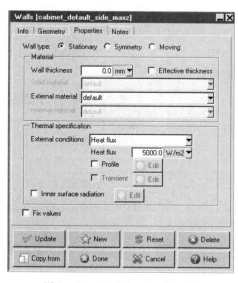

图 1－17　Wall 恒定热流密度

1.2.3　求解计算设置

　　单击 Problem setup 前的"＋"号，然后双击 Basic parameters，打开基本参数的设置面板，取消 Flow(velocity/pressure)前面的勾选；选择 Radiation 下的 off，表示忽略辐射换热计算，保持其他面板为默认设置，如图 1－18(a)所示。

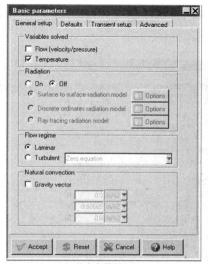

（a）基本参数设置

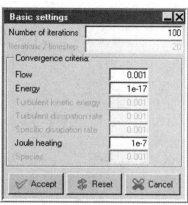

（b）求解基本设置

图 1－18　参数设置

单击 Solution settings 前的"＋"号,然后双击 Basic Settings,打开求解基本参数的设置面板,修改 Energy 的残差数值为 1e−17,其他保持默认设置,如图 1−18(b)所示。

1.2.4　划分网格及计算

单击快捷工具栏中划分网格的按钮 ,打开网格控制面板。在 Mesh type 中选择 Hexa unstructured,表示选择非结构化网格,保持其他选项为默认设置,单击 Generate,即可划分网格,网格个数为 10560,如图 1−19(a)所示。单击 Quality,可进行网格质量的检查。

单击快捷工具栏中求解计算的按钮 ,打开求解面板,单击 Start solution,进行求解计算,如图 1−19(b)所示。

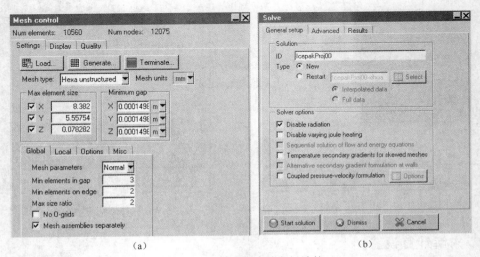

(a)　　　　　　　　　　　　　　　(b)

图 1−19　网格划分及求解计算

1.2.5　后处理显示

单击后处理工具栏中的 Plane cut,保持 Set position 为 Z plane through center,勾选 Show contours 进行云图显示;单击其后侧的 Parameters,在 Number 中输入 120,在 Calculated 中选择 This object,完成切面的后处理设置,如图 1−20 所示。

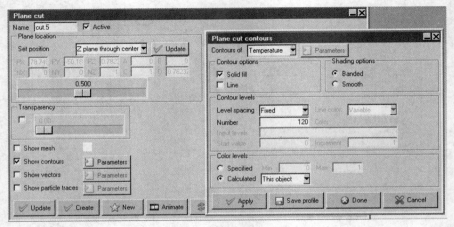

图 1−20　切面温度云图的设置

单击图 1—20 中的 Apply,可得到 Z 方向中间切面的温度云图,如图 1—21 所示。

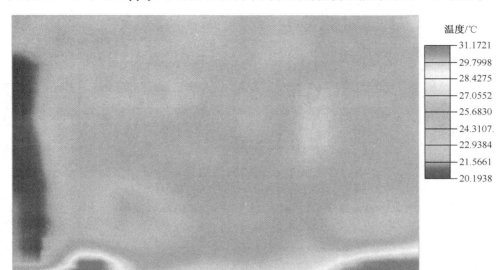

图 1—21　后处理温度云图

由图 1—21 可以发现,尽管电路板两侧的热流边界相同,但是切面的温度分布不均匀,这主要是由于电路板各向异性的热导率引起的。在温度云图中,电路板下侧部分出现两个高温区域,主要是因为这些区域内无过孔、无铜箔布线,这些区域的材料为 FR4,热导率较低,因此这些区域温度较高。

在图 1—20 中,单击 Contours of 后侧下拉菜单,选择 K_X,表示 X 方向的热导率;单击 Apply,可得到 X 方向热导率分布;同理,选择 K_Y,可以得到 Y 方向的热导率分布,如图 1—22 所示。可以发现,电路板的热导率局部区域均不同。

在图 1—20 中,修改 Set position 为 Y plane through center,单击 Contours of 后侧下拉菜单,选择 K_X,单击 Apply,可得到切面 X 方向热导率分布;同理,修改 Set position 为 X plane through center,单击 Contours of 后侧下拉菜单,选择 K_Z,表示 Z 方向的热导率,单击 Apply,可得到切面 Z 方向热导率分布,可以看出热导率各个区域完全不同,如图 1—23 所示。

通过图 1—22、图 1—23 可以发现,尽管电路板在 X、Y、Z 方向不同区域的热导率是不同的,但是热导率在电路板厚度(法向)方向上是相同的。

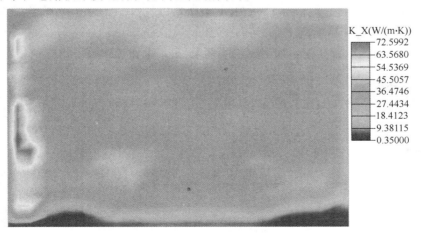

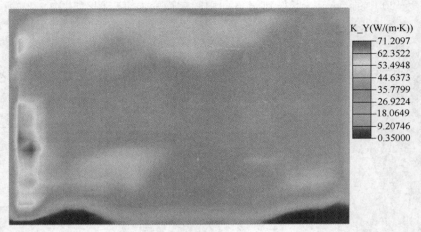

图 1-22   电路板 X、Y 方向的热导率

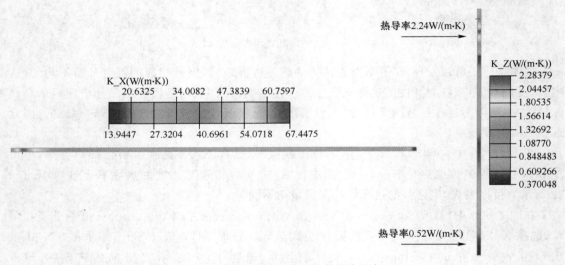

图 1-23   电路板 X、Z 方向的热导率

1.2.6   电路板铜层细化

双击模型树下的 Solid 实体 Block，打开其编辑窗口，选择 Geometry 面板。单击图 1-11 中 Trace layers and vias 后侧的 Edit，可打开图 1-13 的 Board layer and via information 面板，勾选 Model layers separately，如图 1-24 所示，可对电路板铜箔层进行细化建模。

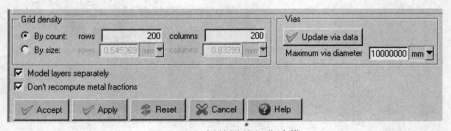

图 1-24   铜箔层的细化建模

单击图 1—24 的 Accept，完成电路板铜箔层的细化。软件会自动在模型树 Model 下罗列铜箔层的薄壳模型，如图 1—25 所示。

图 1—25　细化的铜箔模型

重新对细化后的模型划分网格，进行求解计算，可得到电路板最精确的热导率分布。单击后处理工具栏中的 Object face，在 Object 中单击下拉菜单，选择 Solid，勾选 Show contours 进行云图显示；单击其后侧的 Parameters，单击 Contours of 后侧下拉菜单，选择 K_X，Number 中输入 120，在 Calculated 中选择 This object，可显示整体电路板 X 方向的热导率，如图 1—26 所示。

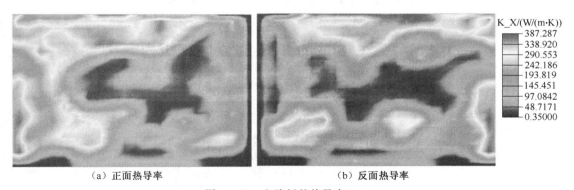

（a）正面热导率　　　　　　　　　　（b）反面热导率

图 1—26　电路板的热导率（一）

单击快捷工具栏的 X 轴视图，可查看电路板厚度法向方向的热导率，局部区域放大后，如图 1—27 所示。可以明显看出，电路板铜箔区域的热导率较高，铜箔之间的 FR4 热导率较低，正确反映了电路板的各向异性热导率。

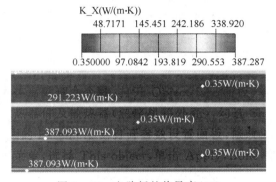

图 1—27　电路板的热导率（二）

电路板各向异性的热导率完全与布线和过孔的布置相关,铜箔大的区域,热导率较高,过孔密集的区域,热导率也比较高,反之亦然。图 1-28 为此电路板第 4 层铜箔布线的分布及 X 方向热导率的分布。

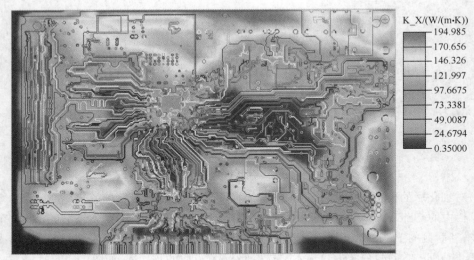

图 1-28　电路板第 4 层铜箔布线及热导率分布

1.3　导入 ECAD 的 PCB 建立电路板模型

在 ANSYS Icepak 里,PCB 类型的对象▣也可以导入布线过孔信息,然后建立详细的电路板热模型。使用第 1.1.1 节、第 1.1.2 节和第 1.1.3 节的步骤,可将电路板的 CAD 模型读入 ANSYS Icepak,读入后的模型类型为 PCB 类型。

与第 1.2.1 类似,双击模型树下 PCB 类型的 Solid(Solid 为几何模型的名称,进入 ANSYS Icepak 后模型名称仍为 Solid,可以自行修改),选择其编辑面板 Geometry,单击 Choose type,选择 ASCII TCB,布线过孔的接口如图 1-29 所示,浏览导入 ECAD 的布线和过孔文件,完成布线过孔的导入。

单击图 1-29 面板中 Trace layers and vias 后侧的 Edit,打开 Board layer and via information 面板,可以发现 Model layers separately 是默认勾选的,表示 PCB 类型的模型导入布线后,会自动进行铜箔层的细化建模,如图 1-30 所示。

与 1.2.2 节类似,完成热边界模型的建立,输入恒定的温度和热流密度;与 1.2.3 节类似,完成基本参数和求解计算的设置。

单击快捷工具栏中划分网格的按钮▣,打开网格控制面板。在 Mesh type 中选择 Hexa unstructured,表示选择非结构化网格,修改 Minimum gap 中 Z 后侧的值为 0.00001m,保持其他选项为默认设置,单击 Generate,即可划分网格,网格个数为 24840,如图 1-31 所示。单击 Quality,可进行网格质量的检查。单击 Solve 求解按钮,单击 Start solution 进行求解计算。

此方法计算的电路板热导率与 1.2.6 节的精度相同。单击后处理工具栏中的 Object face,在 Object 中单击下拉菜单,选择 Solid,勾选 Show contours 进行云图显示;单击其后侧的 Parameters,单击 Contours of 后侧下拉菜单,选择 K_X,Number 中输入 120,在 Calculated

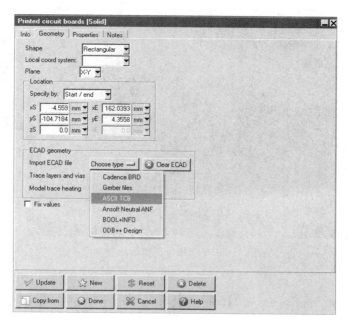

图 1—29　PCB 导入布线过孔的接口

图 1—30　PCB 类型铜箔层的细化建模

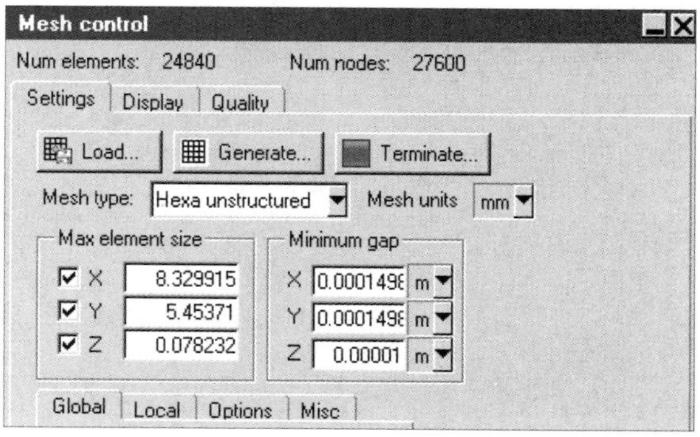

图 1—31　PCB 类型铜箔层的细化建模

中选择 This object，可显示整体电路板 X 方向的热导率，如图 1—32 所示。与图 1—26 相比，可以发现，两者的热导率是完全相同的。

　　其他计算结果的后处理显示，读者可自行进行操作练习。

图 1-32　电路板正面的热导率

1.4　小　　结

　　本章重点讲解了 ANSYS Icepak 进行电路板热模拟的几种方法,包含基于对象 PCB 建立电路板的简化热模型、导入 ECAD 布线过孔的 Block 块建立电路板模型、导入 ECAD 布线过孔的 PCB 建立电路板模型等,并比较了不同方法计算的电路板热导率。对比相应的计算结果,可以发现,使用导入 ECAD 布线过孔的 Block 块和导入 ECAD 布线过孔的 PCB 板建立电路板模型,其计算的热导率精度最高,可以精确反映电路板内各层铜箔导致的不均匀热导率。因此,在进行电子热模拟计算时,使用这两种方法可以提高计算仿真的精度。

第 2 章　强迫风冷机箱热模拟计算

【内容提要】

本章将以一个强迫风冷散热的机箱为案例,讲解此三维机箱 CAD 模型导入 ANSYS Icepak 的过程。另外,如第 1 章节所述,模拟电路板有多种不同的方法,本章分别使用基于对象 PCB 建立电路板热模型(第一种方法)和导入 ECAD 布线过孔的 PCB 建立电路板模型(第二种方法),详细比较了在强迫风冷条件下,这两种不同建模方法对此强迫风冷机箱热分布的影响。

【学习重点】

- 掌握在 ANSYS Workbench 平台下,如何将三维 CAD 模型导入 ANSYS Icepak 软件;
- 深刻理解模拟电路板的不同方法对机箱热分布的影响。

2.1　三维 CAD 模型导入 ANSYS Icepak

某强迫风冷机箱的结构示意图如图 2-1 所示,包括进出风口、电路板、芯片等发热器件、散热器、机箱外壳等。电路板内各器件布局位置如图 2-1 所示。忽略散热器与芯片之间的接触热阻,环境温度 20℃。

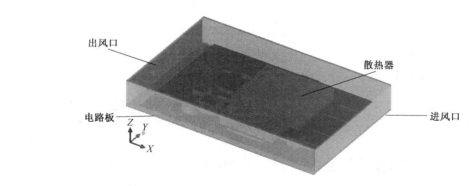

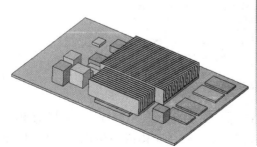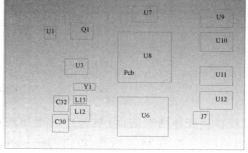

图 2-1　风冷机箱结构示意图及电路板器件布局图

2.1.1 机箱的 CAD 模型导入 DM

与 1.1.1 节类似,启动 ANSYS Workbench 平台,双击 Component Systems 工具栏中的 Geometry,建立 Geometry 单元;单击 Save 保存,在调出的保存面板中,浏览选择相应的目录,在文件名中输入项目的名称,单击 Save 保存。注意,项目名称及保存的目录均不允许存在中文字符。

双击 Geometry 单元的 A2,可打开 DM 软件。单击 File→Import External Geometry File,在调出的面板中,浏览选择学习光盘文件夹 2 下的 fenglengjixiang.stp,单击 open 打开,鼠标右键单击选择模型树下的 Import1,选择 Generate(F5),在 DM 的视图区域中,将出现此风冷机箱模型,如图 2—2 所示。

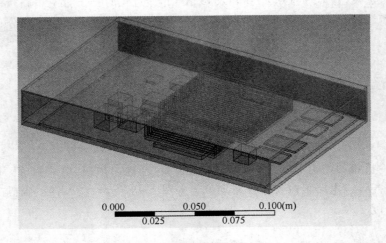

图 2—2   风冷机箱模型导入 DM

2.1.2 进出风口的建立

由于原始机箱模型中未建立进出口的边界,因此需要在 DM 中建立进出口模型。单击 DM 主菜单栏 Tools→Electronics→Opening,打开建立开口的命令,如图 2—3 所示。

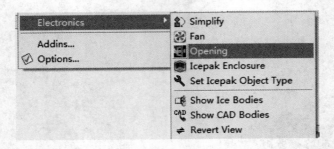

图 2—3   建立开口的命令

选择机箱壳体两端的面(被选中的面呈现绿色),在 Details of Opening 面板的 Faces 栏中,单击 Apply,如图 2—4 所示;单击 Generate,DM 会自动在壳体两端生成进出风口,如图 2—5 所示,完成进出风口的建立。

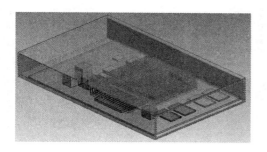
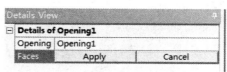

图 2—4　建立开口的操作

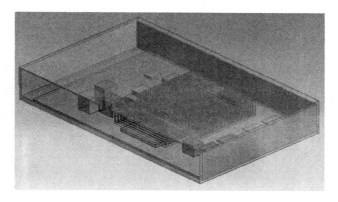

图 2—5　建立开口

2.1.3　指定电路板类型

当此机箱模型导入 DM 后，ANSYS Icepak 认可的体均为 Block 方块。对于电路板模型而言，需要人为指定其为 PCB 类型。单击 DM 主菜单栏 Tools→Electronics→Set Icepak Object Type，打开指定类型的命令，如图 2—6 所示。

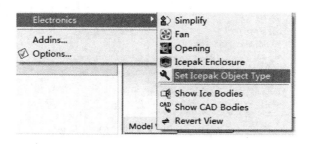

图 2—6　打开指定类型命令

单击选择图形区域内的电路板模型；在 Set Icepak Object Type 面板的 Bodies 中，单击 Apply；在 Icepak Object Type 中，单击后侧的下拉条，选择 PCB，即可将机箱模型内的 Block 块转化为电路板的 PCB 类型，如图 2—7 所示。

当指定电路板为 PCB 类型后，在 DM 的模型树下，电路板模型将由 Block 图标"📦"转化

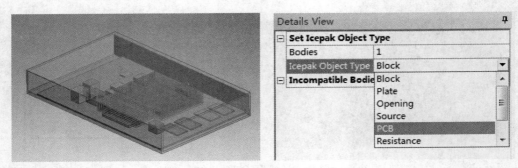

图 2-7 指定电路板为 PCB 类型

为 PCB 的图标"〔▪〕",如图 2-8 所示,完成 OCB 类型的指定。

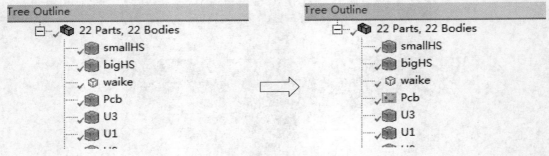

图 2-8 电路板模型图标的变化

2.1.4 机箱外壳的转化

单击 DM 主菜单栏 Tools→Electronics→Show CAD Bodies,可以仅仅显示模型中 ANSYS Icepak 不认可的模型。DM 视图区域中将仅仅显示机箱的外壳模型,如图 2-9 所示, 因此需要在 DM 中对机箱的外壳模型做相应的转化。

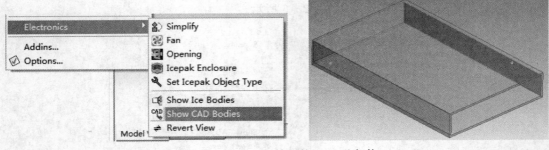

图 2-9 Icepak 不认可的 CAD 几何体

单击 DM 主菜单栏 Tools→Electronics→Icepak Enclosure,可以将规则的方腔、方舱模型 转化为 Icepak 认可的 Enclosure 模型,如图 2-10 所示。此命令会自动识别方舱的 CAD 模型 是否密闭;如果有开口,DM 会自动将方舱模型转化成带开口特征的 Enclosure。

在 DM 视图区域中,单击图 2-9 中的机箱外壳,被选中的模型变为黄颜色的实体模型。 在打开的 Details of IcepakEnclosure 面板中,单击 Select Bodies 后侧的 Apply,可以发现, Details of IcepakEnclosure 面板中的 Boundary type at Min X、Boundary type at Max X 后侧

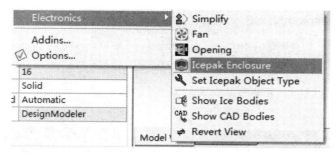

图 2-10　Icepak Enclosure 转化命令

的框栏中会变为 Open,其他的保持 Thick;另外,机箱外壳将显示为绿色,如图 2-11 所示,单击 Generate,完成机箱外壳的转化。

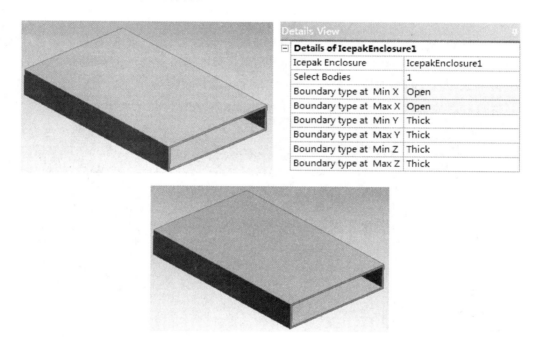

图 2-11　Icepak Enclosure 转化操作

当机箱外壳完成转化后,在 DM 的模型树下,机箱外壳的模型将由 CAD 类型块的图标"▣"转化为 Enclosure 的图标"▣",如图 2-12 所示。

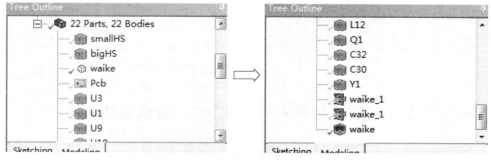

图 2-12　机箱外壳模型图标的变化

2.1.5　机箱模型导入 ANSYS Icepak

关闭 DM 软件,进入 ANSYS Workbench 平台,双击平台左侧工具箱中的 Icepak 软件,建立 Icepak 单元,拖动 Geometry(A2)至 Icepak 的 Setup(B2),如图 2-13 所示,可将机箱的 CAD 模型导入 ANSYS Icepak 软件。

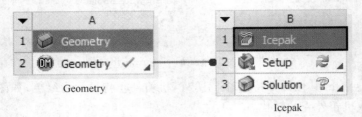

图 2-13　DM 将 CAD 模型导入 ANSYS Icepak

双击 ANSYS Workbench 平台 Icepak 单元下的 Setup,可打开 ANSYS Icepak 软件。如图 2-14 所示,ANSYS Icepak 界面将出现导入的强迫风冷机箱模型。这样,通过 DM 的转化命令,可以将强迫风冷机箱的模型导入 ANSYS Icepak 软件。

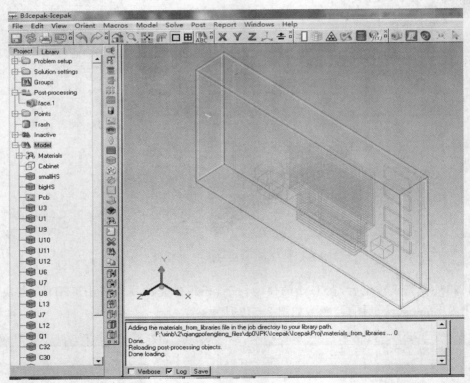

图 2-14　导入 ANSYS Icepak 后的机箱模型

2.2　风冷机箱——使用 PCB 模拟电路板

本案例为强迫风冷散热,因此忽略机箱外壳的自然对流和辐射换热计算。电路板上各器件的材料属性及热耗可参考表 2—1,总热耗为 32.7W;大小散热器、机箱外壳的材料为铝型材（ANSYS Icepak 默认的材料）;电路板为 4 层板,各层铜箔的厚度及铜箔覆盖率可参考表 1—1。机箱进风口风速度为 1m/s,进风口温度为 20℃。忽略散热器与芯片之间的接触热阻。

表 2—1 机箱各器件材料热耗信息表

名　　称	类型	材料或热导率(W/m·K)	热耗/W
smallHS/bigHS	Block(Solid)	Al—Extruded	无
U1/U9/U10/U11/U12	Block(Solid)	12.0	2
U3	Block(Solid)	12.0	2.7
U6	Block(Solid)	12.0	5
U8	Block(Solid)	12.0	7
U7/Y1/C30/C32/J7/L12/L13/Q1	Block(Solid)	12.0	1

2.2.1　器件热耗及材料输入

通过 2.1 节,完成了机箱模型的 CAD 导入,即建立了强迫风冷机箱的热仿真模型。打开导入后的 Icepak 模型,如图 2—14 所示。

1. 电路板 PCB 信息输入

双击 ANSYS Icepak 模型树下的电路板 PCB 模型,打开其编辑窗口,单击电路板的属性 Properties 面板,在 Trace layer type 中选择 Detailed 类型,与 1.1.4 节相同,按照表 1—1 的参数,在电路板 PCB 的属性面板中输入此电路板四层铜箔的厚度信息以及各层的含铜率。单击属性面板下侧的 Update,可计算得到此电路板 Effective conductivity(plane)切向的热导率为 39.1619W/(m·K),Effective conductivity(normal)法向的热导率为 0.401811 W/(m·K),如图 1—10 所示。

2. 建立器件新材料

单击模型工具栏下建立新材料的按钮,ANSYS Icepak 会自动调出建立新材料的面板,单击 Info,在 Name 中输入 U,表示新材料的名称。单击新材料的属性 Properties 面板,取消 Conductivity 后侧的勾选符号√,在 Conductivity 后侧的空白处输入 12,表示发热器件材料的热导率,如图 2—15 所示,其他保持默认设置,完成新材料的建立。

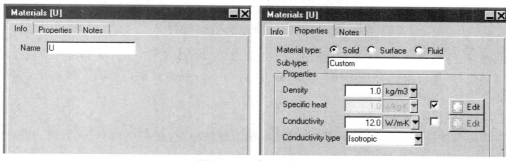

图 2—15　建立新材料

3. 器件材料及热耗输入

1) 多个器件输入同一材料

本案例中所有热源均使用新建立的材料,因此在模型树下,选择所有的发热器件(可以单个点击,也可以框选),然后单击编辑按钮■,打开多体编辑面板。单击属性 Properties 面板,单击 Solid material 后侧的下拉菜单,选择 Custom 中的 U,表示对所有的发热器件输入用户自建立的材料 U,如同 2—16 所示。

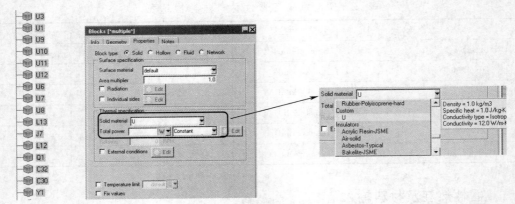

图 2—16　对多个体输入同一材料

2)多个器件输入同一热耗

同时选择模型树下的 U1、U9、U10、U11、U12 器件,然后单击编辑按钮■,打开多体编辑面板,单击属性 Properties 面板,在 Total power 后侧的空白处输入 2.0,表示对多个发热器件输入 2W 的热耗,如图 2—17 所示。

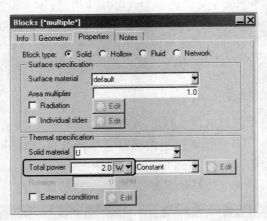

图 2—17　对多个体输入同一热耗

同理,选择模型树下 U7、Y1、C30、C32、J7、L12、L13、Q1 器件,然后单击编辑按钮■,打开多体编辑面板,单击属性 Properties 面板,在 Total power 后侧的空白处输入 1.0,表示对多个发热器件输入 1W 的热耗。

3)单个器件输入热耗

双击模型树下 U3 器件,打开其编辑窗口,单击属性面板,在 Total power 后侧的空白处输入 2.7,表示对 U3 器件输入 2.7W 的热耗,如图 2—18 所示。

同理,对 U6 器件输入 5.0W 热耗,对 U8 器件输入 7.0W 热耗。

4)器件热耗统计

单击快捷工具栏中的热耗统计按钮 ■,打开热耗统计面板,向下拖动右侧滚动条,可查看器件总热耗为 32.7W,如图 2—19 所示。

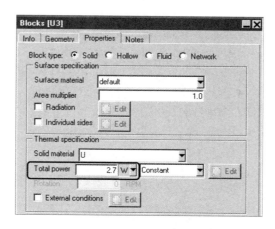

图 2-18　对单个器件输入热耗

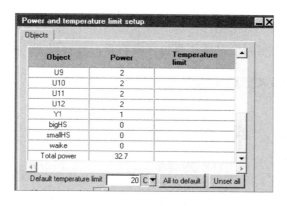

图 2-19　器件热耗统计

5）其他器件材料输入

其他器件，如散热器、机箱外壳，在其属性面板中保持 Solidmaterial 处默认的 Default，表示这些器件的材料为 Basic parameters 面板中默认的固体材料（Al-Extruded）。

6）进风口速度的输入

双击模型树下进风口 waike_1.1（DM 自动生成的名称，可自行修改），打开进风口编辑窗口，单击开口的属性面板，勾选 X Velocity 前的方框，输入-1.0，表示进风口的速度为 1m/s，负号表示风向与坐标轴相反。单击 Icepak 左上角的保存按钮，保存项目。

2.2.2　机箱系统的网格划分

单击快捷工具栏中的网格划分按钮，打开网格划分的控面板。在 Mesh type 中选择 Hexa unstructured 非结构化网格。第一次打开网格划分面板时，ANSYS Icepak 会自动调整 Max element size 下的 X、Y、Z 数值，设置其为计算区域 Cabinet 三个方向尺寸的 1/20，其他保持默认设置，如图 2-21 所示。单击 Generate，进行机箱整体的网格划分，划分的网格个数为 226512。

单击 Display，可检查几何模型的体网格和切面网格，整体模型划分的结果如图 2-21 所

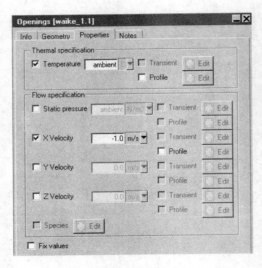

图 2—20   进风口速度的输入

示,可以看出,非结构化网格完全贴体了强迫风冷机箱的几何模型。

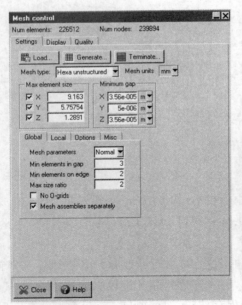
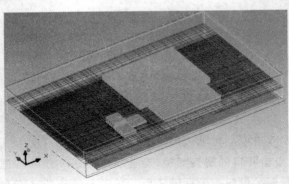

图 2—21   网格划分控制面板及结果

单击网格控制面板的 Quality,可以检查网格划分的质量。单击 Face alignment,ANSYS Icepak 会自动计算网格的面对齐率,此模型划分的网格面对齐率为 0.412181 ~ 1;单击 Quality,ANSYS Icepak 会自动计算网格的扭曲比,此模型划分的网格扭曲比为 0.273799 ~ 1;单击 Volume,ANSYS Icepak 会自动计算网格的体积值,此模型划分的网格体积数值为 $1.42731 \times 10^{-12} \sim 5.24951 \times 10^{-8} \, \text{m}^3$,如图 2—22 所示。

网格不同标准的具体数值会在 ANSYS Icepak 的 Message 窗口进行显示,如图 2—23 所示。

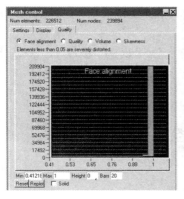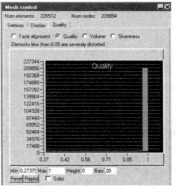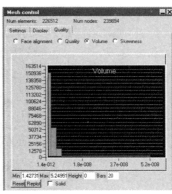

图 2—22　网格质量检查标准

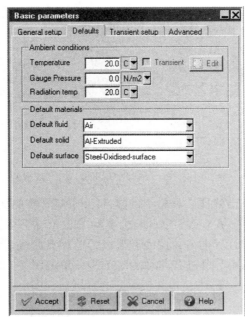

图 2—23　不同网格标准的结果

2.2.3　计算求解设置

单击 Problem setup 下的 Basic parameters，打开基本参数设置面板，保持勾选 Flow（velocity/pressure）和 Temperature。单击 Radiation 下的 Off，表示关闭辐射换热。单击选择 Flow regime 下面的 Turbulent，保持湍流模型为 Zero equation。不勾选 Gravity vector，表示忽略自然对流计算，如图 2—24 所示，单击 Accept，关闭面板。

图 2—24　基本参数设置面板

单击选择 Defaults 面板,保持 Temperature 为默认的 20,表示环境温度为 20℃,其他保持默认设置,如图 2-24 所示。

双击 Solution settings 下的 Basic settings,打开求解基本设置面板,修改 Number of iterations 为 200,表示最大迭代步数为 200 步;如图 2-25 所示,保持其他默认设置,单击 Accept,关闭面板。

图 2-25 求解基本设置面板

选择模型树下的 U10,拖动至监控点 Points 模型树下,ANSYS Icepak 会自动监测 U10 器件中心点的温度;在 ANSYS Icepak 视图区域中,U10 中心点会被标记为红色;双击 Points 模型树下的 U10,可以打开监控点面板,在 Location 中可以手动修改监控点的坐标,在 Monitor 处可以勾选不同的监控变量,如图 2-26 所示。

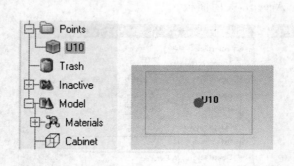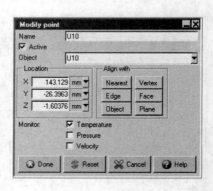

图 2-26 求解监控点坐标及变量设置

单击快捷工具栏中的图标,打开求解计算的面板,保持默认设置,单击 Start solution,进行求解计算。ANSYS Icepak 会驱动 Fluent 求解器进行计算;在 ANSYS Icepak 界面下,会自动出现求解计算的残差曲线和温度的监控点曲线,当求解计算收敛后,计算终止,如图 2-27 所示,本次求解计算迭代步数为 182 步。单击图 2-27 中的 Done,完成求解计算。

2.2.4 风冷机箱系统的后处理显示

单击快捷工具栏中的切面后处理命令,打开 Plane cut 面板,保持 Set position 为 Z

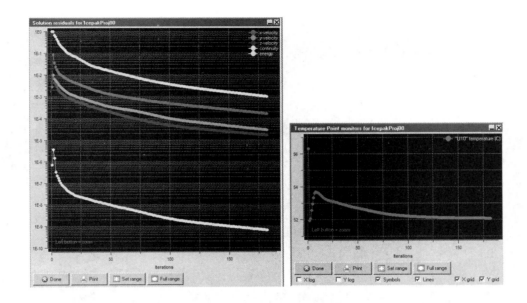

图 2—27 求解的残差曲线和温度监控点曲线

plane through center,勾选 Show contours,进行切面的云图显示;单击其后侧的 Parameters,打开参数设置面板,修改 Number 的数值为 120,单击 Calculated 后侧的下拉菜单,选择 This object,单击 Apply,Done,如图 2—28 所示,ANSYS Icepak 将显示切面的温度云图分布。

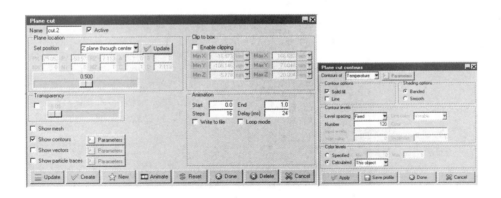

图 2—28 切面后处理面板设置

Z 方向中间切面的温度云图分布如图 2—29 所示,切面的最高温度为 51.208℃,最低温度为进口处冷风的温度 20℃。

单击快捷工具栏中的体后处理命令 ,打开 Object face 面板,单击 Object 后侧的下拉菜单,选择电路板、所有的发热器件及散热器(忽略机箱外壳),勾选 Show contours,进行体的后处理云图显示;单击其后侧的 Parameters,打开参数设置面板,修改 Number 的数值为 120,单击 Calculated 后侧的下拉菜单,选择 This object,单击 Apply,Done,如图 2—30 所示,ANSYS Icepak 将显示发热器件的温度云图分布。

发热器件、散热器及电路板的温度分布如图 2—31 所示,可以看出,整个模型的最高温度

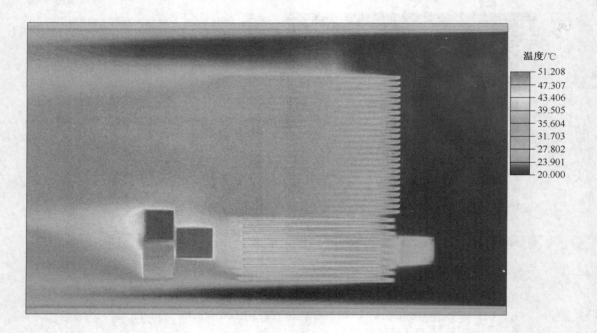

图 2—29　切面后处理的温度分布

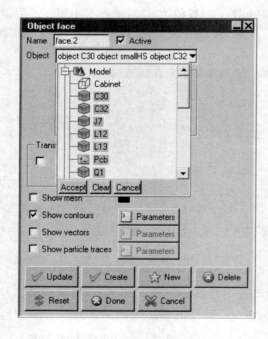

图 2—30　体后处理的面板设置

为 80.172℃,最低温度为 33.695℃。

　　选择模型树下所有的发热器件,单击鼠标右键,在调出的面板中选择 Summary report→Separate,如图 2—32 所示,ANSYS Icepak 会自动调出 Define summary report 统计面板,用于定量统计各个器件不同变量的具体数值等。

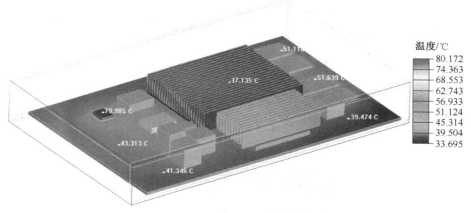

图 2−31　发热器件及电路板的后处理温度分布

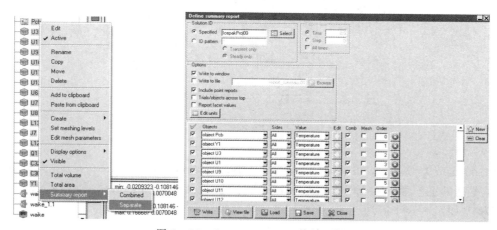

图 2−32　Summary report 统计面板

单击图 2−32 中的 Write，ANSYS Icepak 将罗列定量统计各个发热器件及电路板的温度数值，包含各个器件温度的最小数值、最大数值、平均数值等，如图 2−33 所示。

Object	Section	Sides	Value	Min	Max	Mean	Stdev	Area/volume	Mesh
Pcb	All	All	Temperature (C)	36.7803	78.4536	42.306	2.8807	0.0381384 m2	Full
Y1	All	All	Temperature (C)	50.0264	56.3164	54.9298	0.891884	0.000365222 m2	Full
U3	All	All	Temperature (C)	56.9014	67.9566	66.3262	1.41515	0.000584595 m2	Full
U1	All	All	Temperature (C)	62.6418	80.1722	77.1406	3.22119	0.000200738 m2	Full
U9	All	All	Temperature (C)	45.5759	51.6735	50.3731	1.09876	0.00069421 m2	Full
U10	All	All	Temperature (C)	46.9219	52.1784	51.1116	0.943533	0.000726935 m2	Full
U11	All	All	Temperature (C)	47.0496	52.3806	51.304	0.956226	0.00072695 m2	Full
U12	All	All	Temperature (C)	45.9843	52.1821	50.9297	1.05292	0.000697911 m2	Full
U6	All	All	Temperature (C)	37.8228	43.0637	41.9424	0.446149	0.00236871 m2	Full
U7	All	All	Temperature (C)	43.2576	46.9268	46.2012	0.579895	0.000702069 m2	Full
U8	All	All	Temperature (C)	35.2123	40.0715	37.7131	0.673517	0.00318505 m2	Full
L13	All	All	Temperature (C)	56.2958	68.0694	65.8651	1.91621	0.00026124 m2	Full
J7	All	All	Temperature (C)	43.0141	46.2128	45.4036	0.410254	0.000561823 m2	Full
L12	All	All	Temperature (C)	45.7032	50.0289	49.1743	0.514229	0.00089417 m2	Full
Q1	All	All	Temperature (C)	45.8748	50.9315	50.1656	0.499267	0.000660714 m2	Full
C32	All	All	Temperature (C)	46.9686	51.2408	50.3417	0.562296	0.000888089 m2	Full
C30	All	All	Temperature (C)	44.1902	48.3335	47.2253	0.535897	0.000869961 m2	Full

图 2−33　各器件温度数值的定量统计表

2.3 风冷机箱——使用 PCB 导入布线模拟电路板

2.3.1 机箱系统的模型修复

在 2.2 节的基础上,双击模型树下的电路板 PCB 模型,打开其编辑窗口,单击其 Geometry 面板,与 1.3 节类似,单击图 1—29 中的 Choose type,选择 ASCII TCB,ANSYS Icepak 会自动调出 Trace file 面板,取消 Trace file 面板下侧的 Resize PCB 前的勾选,如图 2—34 所示,浏览学习光盘文件夹 1,选择 PCB. tcb 布线文件,单击 Open,进行布线过孔的导入。

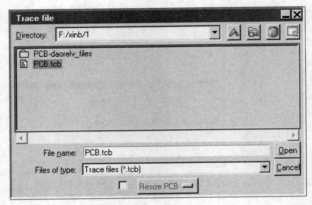

图 2—34　导入布线过孔文件

与 1.2.1 节类似,在 ANSYS Icepak 调出的 Board layer and via information 面板中,输入表 1—1 罗列的铜箔和 FR4 厚度,单击图 1—13 中的 Accept,完成布线过孔的导入,导入后的电路板模型如图 1—14 所示。

电路板导入布线后,整体风冷机箱的模型显示如图 2—35 所示。

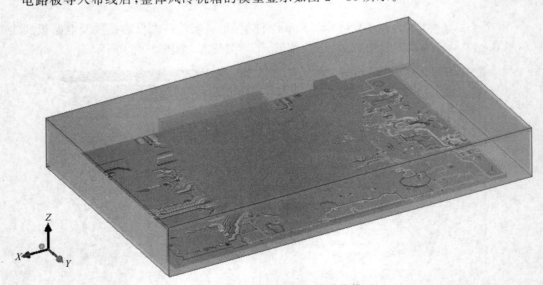

图 2—35　导入布线后的机箱系统模型

单击 ANSYS Icepak 界面左上角的保存命令,保存项目。选择模型树下的电路板模型

PCB,单击鼠标右键,在调出的面板中选择 Trace→Off,如图 2－36 所示,可关闭电路板的布线过孔显示。

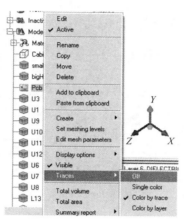

图 2－36　关闭布线过孔的显示

2.3.2　机箱系统的网格划分及求解计算

由于对电路板导入了布线过孔信息,因此需要对模型重新划分网格。打开网格控制面板,保持默认设置,单击 Generate,进行网格划分,划分的网格个数为 694720,如图 2－37 所示。

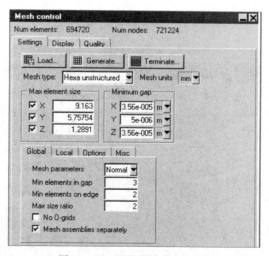

图 2－37　网格划分控制面板

与 2.2.2 节类似,单击网格控制面板中的 Display,可以查看模型的网格分布结果,如图 2－38 所示。

单击图 2－37 中的 Quality 面板,分别单击 Face alignment、Quality、Volume 以检查网格的面对齐率、网格的扭曲比和网格的体积数值,不同的网格标准数值如图 2－39 所示,均满足 ANSYS Icepak 的网格标准。

与 2.2.3 节类似,打开求解计算的面板,单击 Start solution,进行求解计算。当求解计算收敛后,计算终止,相应的残差曲线如图 2－40 所示,本次计算迭代步数为 231 步,单击图 2－40 中的 Done,完成求解计算。

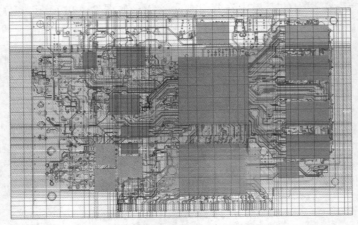

图 2—38　模型的体网格和切面网格

Monitor point colors: red = temperature, blue = velocity, yellow = pressure, violet = multiple, gray = none
Computing element quality (face alignment) ...
        range: 0.685396 -> 1
Computing element quality (quality) ...
        range: 0.833619 -> 1
Computing element quality (volume) ...
        range: 7.47692e-013 -> 4.31877e-008
Visible images:

☐ Verbose ☑ Log Save

图 2—39　网格质量的检查结果

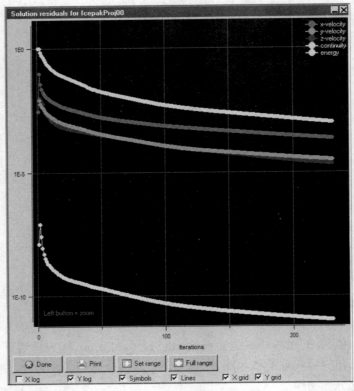

图 2—40　计算求解的残差曲线

2.3.3　机箱系统的后处理显示

与 2.2.4 节类似,单击切面后处理命令🔲,打开 Plane cut 面板,按照图 2—28 的设置,可得到 Z 方向中间切面的温度云图分布(与图 2—29 的切面位置完全相同),如图 2—41 所示,切面的最高温度为 48.934℃,最低温度为 20℃。

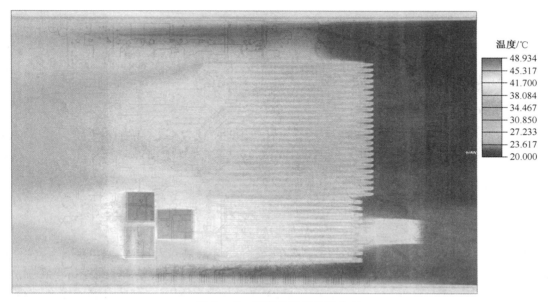

图 2—41　切面的温度云图分布

同样,使用切面的后处理命令,可检查第一层铜箔切面的热导率分布,如图 2—42 所示,因此,导入布线和过孔信息的电路板模型,可以精确反映电路板各向异性的热导率,大大提高计算模拟的精度。

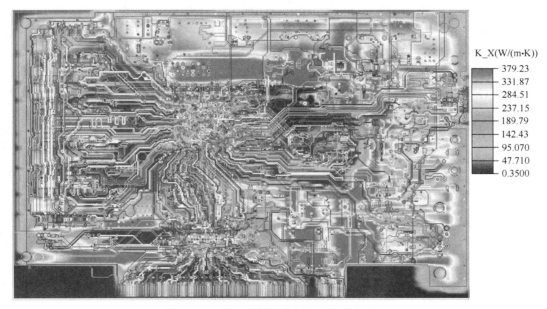

图 2—42　第一层铜箔的切向热导率分布

与 2.2.4 节类似,单击体后处理命令██,打开 Object face 面板,按照图 2—30 的设置,可得到发热器件、散热器及电路板的温度分布,如图 2—43 所示,可以看出,整个模型的最高温度为 64.449℃,最低温度为 33.221℃。

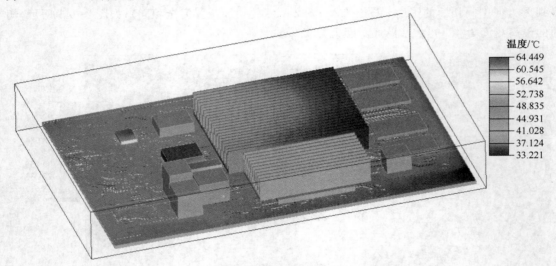

图 2—43　发热器件及电路板的后处理温度显示

与 2.2.4 节类似,选择模型树下所有的发热器件,单击鼠标右键,在调出的面板中选择 Summary report—Separate,如图 2—32 所示,ANSYS Icepak 会自动调出 Define summary report 统计面板,单击图 2—32 中的 Write,ANSYS Icepak 将罗列定量统计各个发热器件及电路板的温度数值,包含各个器件温度的最小数值、最大数值、平均数值等,如图 2—44 所示。

Object	Section	Sides	Value	Min	Max	Mean	Stdev	Area/volume	Mesh
Pcb	All	All	Temperature (C)	33.2207	62.9266	42.0016	2.11461	0.149937 m2	Full
Y1	All	All	Temperature (C)	53.5681	61.3472	59.8421	0.851365	0.000365222 m2	Full
U3	All	All	Temperature (C)	55.3362	64.449	62.8164	0.858771	0.00058469 m2	Full
U1	All	All	Temperature (C)	49.9372	63.0789	59.2873	1.99278	0.000200721 m2	Full
U9	All	All	Temperature (C)	43.5921	48.9932	47.2624	1.03001	0.000694202 m2	Full
U10	All	All	Temperature (C)	44.2856	48.2407	46.9652	0.651765	0.000727004 m2	Full
U11	All	All	Temperature (C)	44.3088	48.2188	47.2467	0.719977	0.000726891 m2	Full
U12	All	All	Temperature (C)	43.5264	49.1505	47.3001	0.926833	0.000697843 m2	Full
U6	All	All	Temperature (C)	37.8311	42.4364	41.3517	0.44941	0.00237559 m2	Full
U7	All	All	Temperature (C)	42.2228	44.6361	44.0506	0.287839	0.000702092 m2	Full
U8	All	All	Temperature (C)	35.6825	40.2368	38.2909	0.671927	0.00318518 m2	Full
L13	All	All	Temperature (C)	47.4353	53.4413	51.743	0.863218	0.000261281 m2	Full
J7	All	All	Temperature (C)	42.1244	45.5715	44.7472	0.45649	0.000561838 m2	Full
L12	All	All	Temperature (C)	44.7325	47.8886	47.0343	0.457619	0.000884171 m2	Full
Q1	All	All	Temperature (C)	43.9992	47.2662	46.4814	0.380599	0.000660714 m2	Full
C32	All	All	Temperature (C)	45.4513	49.1015	48.0688	0.638278	0.000888074 m2	Full
C30	All	All	Temperature (C)	43.6168	47.3608	46.3645	0.472335	0.000869943 m2	Full

图 2—44　各器件温度数值的定量统计表

2.4　小　　结

本章主要是以一个强迫风冷散热的机箱为案例,详细讲解了此三维机箱 CAD 模型导入

ANSYS Icepak 的过程。对于机箱内的电路板,使用了基于对象 PCB 类型(第一种方法)和导入 ECAD 布线过孔的 PCB 板(第二种方法)两种不同方法来建立电路板热模型,两者的比较结果如表 2-2 所列。

表 2-2　电路板不同模拟方法对机箱温度分布的影响

模拟方法　　温度/℃	基于对象 PCB 模拟电路板(第一种)	导入 ECAD 布线过孔模拟电路板(第二种)	差值(前者减去后者)
Z 切面的最高温度	51.208	48.934	2.274
Pcb 的最高温度	78.4536	62.9266	15.527
Y1 的最高温度	56.3164	61.3472	−5.0308
U3 的最高温度	67.9566	64.449	3.5076
U1 的最高温度	80.1722	63.0789	17.0933
U9 的最高温度	51.6735	48.9932	2.6803
U10 的最高温度	52.1784	48.2407	3.9377
U11 的最高温度	52.3806	48.2188	4.1618
U12 的最高温度	52.1821	49.1505	3.0316
U6 的最高温度	43.0637	42.4364	0.6273
U7 的最高温度	46.9268	44.6361	2.2907
U8 的最高温度	40.0715	40.2368	−0.1653
L13 的最高温度	68.0694	53.4413	14.6281
J7 的最高温度	46.2128	45.5715	0.6413
L12 的最高温度	50.0289	47.8886	2.1403
Q1 的最高温度	50.9315	47.2662	3.6653
C32 的最高温度	51.2408	49.1015	2.1393
C30 的最高温度	48.3335	47.3608	0.9727

对比表 2-2 可以发现,模拟电路板第一种方法计算的器件最高温度整体高于第二种方法,最大的差值为 U1 器件,相差约 17.1℃,而电路板的最高温度相差约 15.5℃;可以看出,使用第二种方法计算 Y1 的最高温度比第一种方法低约 5℃,这主要是因为 Y1 器件下 PCB 的热导率低于第一种方法计算的热导率,如图 2-45 所示,所以导致 Y1 的最高温度较高。

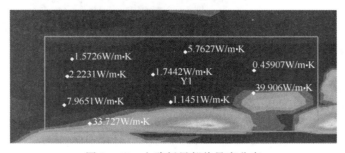

图 2-45　电路板局部热导率分布

本章详细比较在强迫风冷条件下,两种不同建模方法对此强迫风冷机箱温度分布的影响,可以看出,使用第二种方法器件的温度基本均低于第一种方法,其可以精确反应电路板的导热特性,大大提高了电路板热模拟计算的精度。

第3章 外太空机箱热模拟计算

【内容提要】

本章将在第 2 章节机箱模型的基础上,将进出口进行封闭,以此机箱为案例,仍然使用基于对象 PCB 建立电路板热模型(第一种)和导入 ECAD 布线过孔的 PCB 来建立电路板模型(第二种),详细比较在外太空条件下,两种不同建模方法对此机箱热分布的影响。

【学习重点】

- 深刻理解电路板各向异性热导率对外太空机箱温度分布的影响;
- 掌握此机箱导入 ANSYS Icepak 的过程;
- 掌握 ANSYS Icepak 外太空模拟的相关设置。

3.1 机箱模型导入 ANSYS Icepak

在第 2 章节风冷机箱模型的基础上,封闭进出口面,取消 U6、U8 器件上的散热器模型,机箱内部包含一个大气压的空气(由于环境为外太空,因此此空气为固态空气),此机箱的结构示意图如图 3-1 所示,其内部布置的电路板模型以及各器件布局位置均不做改变,如图 2-1 所示。

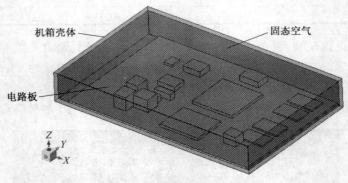

图 3-1 机箱结构示意图

3.1.1 机箱的 CAD 模型导入 DM

与 2.1.1 节相同,启动 ANSYS Workbench 平台,双击 Component Systems 工具栏中的 Geometry,建立 Geometry 单元;单击 Save"保存",在调出的保存面板中,浏览选择相应的目录,在文件名中输入项目的名称,单击"保存"。注意,项目名称及保存的目录均不允许存在中文字符。

双击 Geometry 单元的 A2,可打开 DM 软件。单击 File→Import External Geometry File,在调出的面板中,浏览选择学习光盘文件夹 3 下的 waitaikong.stp,单击打开,用鼠标右键选择模型树下的 Import1,选择 Generate(F5),在 DM 的视图区域中,将出现此风冷机箱模型,如图 3-2 所示。

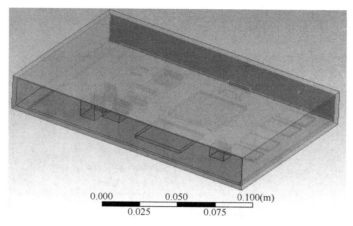

图 3-2　机箱模型导入 DM 软件

与 2.1.3 节相同,将电路板模型的类型由 Block 转化为 PCB;与 2.1.4 节相同,将机箱的外壳模型转化为 ANSYS Icepak 认可的 Enclosure 模型。

3.1.2　固态空气的转化

单击 DM 主菜单栏 Tools→Electronics→Show CAD Bodies,表示仅仅显示模型中 CAD 类型的几何,如图 3-3 所示,这些几何 ANSYS Icepak 不认可,需要经过相应的转化。

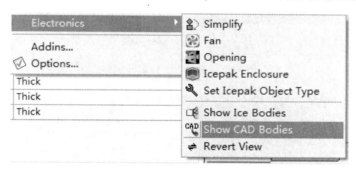

图 3-3　显示 CAD 类型的几何命令

执行 Show CAD Bodies 命令后,DM 将仅仅显示固态空气模型,如图 3-4 所示。

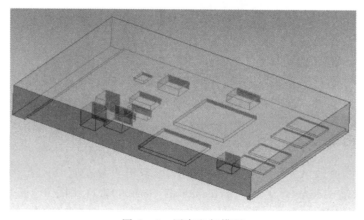

图 3-4　固态空气模型

单击 DM 主菜单栏 Tools→Electronics→Simplify,如图 3—5 所示,可使用 Simplify 的转化命令,将异形的固态空气进行转化。

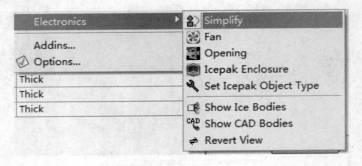

图 3—5　Simplify 转化命令

在出现的 Details of Simplify 面板中,单击 Simplification Type 后侧的下拉菜单,选择 Level 0,然后用鼠标左键单击选择视图区域中的固态空气模型,在 Select Bodies 后侧单击 Apply,如图 3—6 所示。固体空气区域将变为绿色,单击 DM 的 Generate,完成异形固体空气的转化。转化后的模型将变为一个规则的方块,如图 3—7 所示。

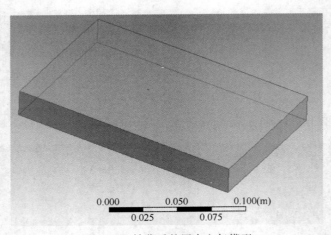

图 3—6　Simplify 转化的设置

图 3—7　转化后的固态空气模型

3.1.3　机箱模型导入 ANSYS Icepak

关闭 DM 软件,进入 ANSYS Workbench 平台,双击平台左侧工具箱中的 Icepak 软件,建立 Icepak 单元,拖动 Geometry(A2)至 Icepak 的 Setup(B2),如图 3—8 所示,可将机箱的 CAD 模型导入 Icepak 软件。

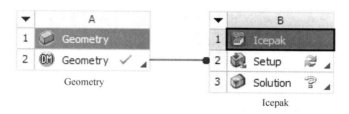

图 3－8　CAD 模型导入 ANSYS Icepak

双击 ANSYS Workbench 平台 Icepak 单元下的 Setup,可打开 Icepak 软件。如图 3－9 所示,Icepak 界面中将出现导入的强迫风冷机箱模型。这样,通过 DM 的转化命令,可以将强迫风冷机箱的模型导入 ANSYS Icepak 软件。

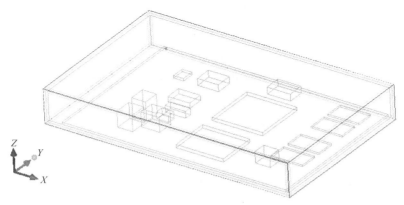

图 3－9　热模型导入 ANSYS Icepak

3.2　外太空机箱——使用 PCB 模拟电路板

本案例机箱放置于外太空,其环境温度为 55℃,机箱被安装在一恒温面上,恒温面的温度为 55℃。机箱的散热方式主要是传导和辐射换热。由于机箱处于外太空状态,因此机箱内部的空气不能流动,处于静止状态。

机箱内部包含发热器件和电路板,其中机箱的材料、发热器件的材料和热耗与 2.2.1 节完全相同;电路板 PCB 的铜箔层数、铜箔厚度、各层铜箔的含铜量均与 2.2.1 节相同,在此不再叙述。

3.2.1　机箱热模型的修改及边界条件设定

1. 修改计算区域的大小

双击模型树下的 Cabinet,打开计算区域的编辑面板。单击选择 Geometry 面板,在 Specify by 下对 xS、yS 减小 0.01m;对 xE、yE 增大 0.01m;对 zE 增大 0.01m,如图 3－10 所示;表示除了安装面(zS)以外,计算区域沿着其他 5 个面均扩大 0.01m,用于模拟外太空的空间区域。

2. 边界条件的设定

单击图 3－10 中的属性 Properties 面板,单击 Min z 后侧的下拉菜单,选择 Wall,如图 3

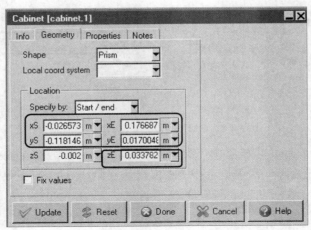

图 3－10　计算区域大小的修改

－11 所示，表示使用 Wall 模拟外太空机箱的安装面。

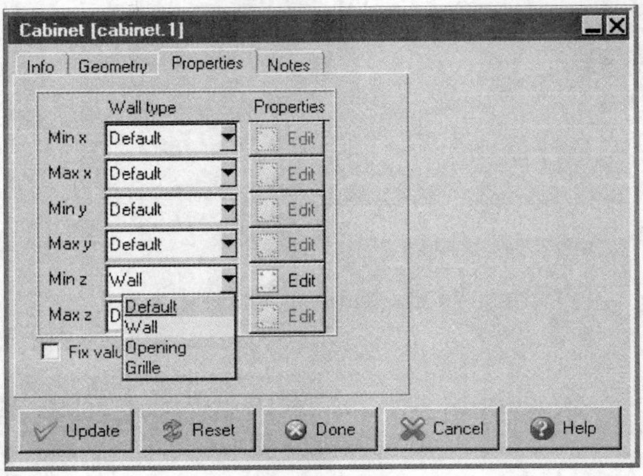

图 3－11　机箱安装面的建立

　　单击 Min z 后侧的 Edit，打开 Wall 的编辑面板，单击 External conditions 后侧的下拉菜单，选择 Temperature，在其下侧的 Temperature 中输入 55，表示安装面的温度为恒温 55℃，如图 3－12 所示。

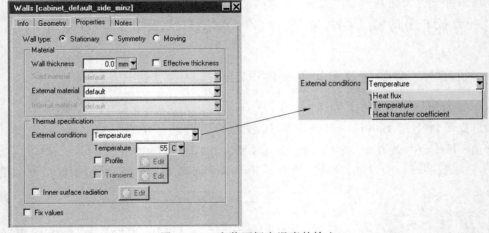

图 3－12　安装面恒定温度的输入

在图 3—11 的基础上,分别单击 Min x、Max x、Min y、Max y、Max z 后侧的下拉菜单,对计算区域的这 5 个面选择 Opening 的类型,如图 3—13 所示,用于模拟机箱所处的外太空环境。

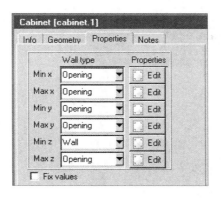

图 3—13　开口 Opening 的选择建立

3. 固态空气的修改

双击模型树下名为 Solid 的实体模型,打开其编辑窗口,在 Info 面板中,修改 Name 为 air,修改 Priority 中的数值为 0,单击 Apply,如图 3—14 所示;固体空气的模型会自动上移至模型树的最上面,表示其划分网格的优先级最低。

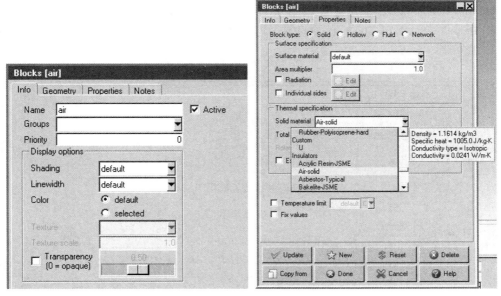

图 3—14　固态空气的参数修改

如图 3—14 所示,单击固态空气的属性面板,单击 Solid material 后侧的下拉菜单,选择 Air—solid,表示输入固态空气的材料属性。

3.2.2　机箱系统的网格划分

单击快捷工具栏中的网格划分按钮 ,打开网格划分的控制面板。在 Mesh type 中选择

Hexa unstructured 非结构化网格，保持其他默认的设置，单击 Generate，进行机箱整体的网格划分，划分的网格个数为 92016，如图 3—15 所示。

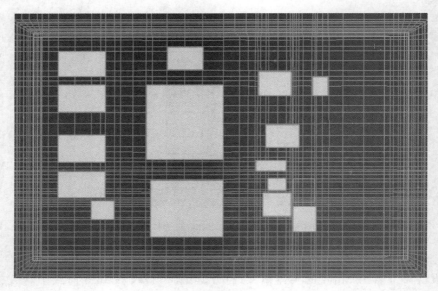

图 3—15　网格划分结果

与 2.2.2 节相同，单击 Display，可检查几何模型的体网格和切面网格。单击网格控制面板的 Quality，可以检查网格划分的质量。分别单击 Face alignment、Quality、Volume，ANSYS Icepak 会自动在 Message 窗口显示网格的面对齐率、网格的扭曲比、网格的体积值，如图 3—16 所示。

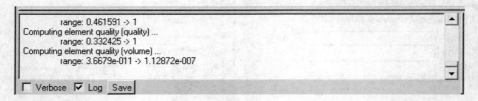

图 3—16　网格质量的检查结果

3.2.3　计算求解设置

单击 Problem setup 下的 Basic parameters，打开基本参数设置面板，取消 Flow(velocity/pressure)前面的勾选，保持 Temperature 前面的勾选，表示仅仅计算能量方程。在 Radiation下单击选择 Discrete ordinates radiation model，表示考虑辐射换热计算。单击 Defaults 面板，在 Temperature 和 Radiation temp 后均输入 55，表示环境温度为 55℃，如图 3—17 所示，单击 Accept，关闭面板。

单击图 3—17(b)Default fluid 右侧的下拉菜单，选择 Create material，如图 3—18 所示，进行外太空默认流体材料的建立。在调出的面板中，对新材料的黏度、密度、热容、热导率中均输入"1.0e—6"，完成新材料的建立，如图 3—18 所示。

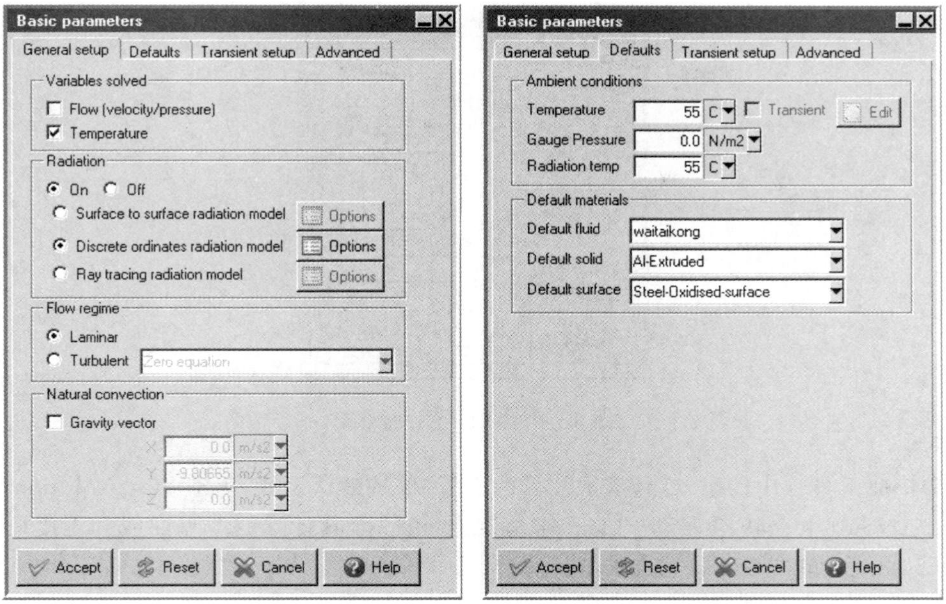

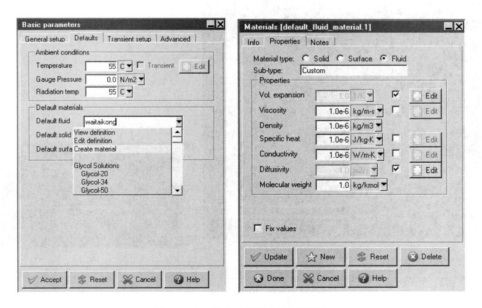

图 3—17 基本参数的设置

图 3—18 外太空流体材料的建立

  双击 Solution settings 下的 Basic settings，打开求解基本设置面板，修改 Number of iterations 为 200，表示最大迭代步数为 200 步；由于外太空热模拟计算仅仅考虑固体传导和辐射换热，因此需要修改 Energy 的残差数值为 1e—17，如图 3—19 所示，保持其他默认设置，单击 Accept，关闭面板。

  与图 2—26 类似，选择模型树下的发热器件 U3，拖动至监控点 Points 模型树下，完成变量监控点的设置。

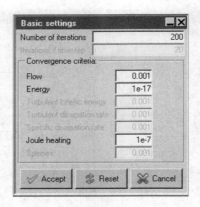

图 3—19　求解参数的设置

　　单击快捷工具栏中的 ■，打开求解计算的面板，保持默认设置，单击 Start solution，进行求解计算。ANSYS Icepak 会驱动 Fluent 求解器进行计算，其计算的残差曲线和温度监控曲线如图 3—20 所示，单击 Done，完成求解计算。

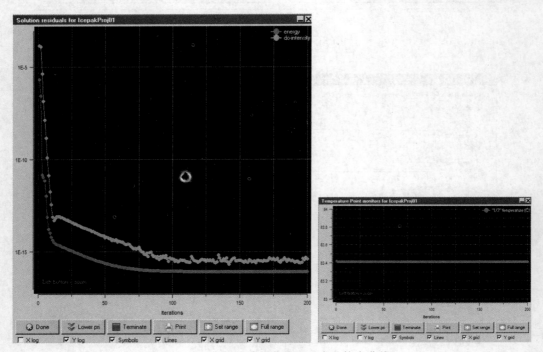

图 3—20　求解的残差曲线和温度监控点曲线

3.2.4　风冷机箱系统的后处理显示

　　与图 2—28 类似，单击快捷工具栏中的切面后处理命令 ■，打开 Plane cut 面板，保持 Set position 为 Z plane through center，勾选 Show contours，进行切面的温度云图显示，如图 3—21 所示。

　　Z 方向中间切面的温度云图分布如图 3—21 所示，切面的最高温度为 74.740℃，最低温度为 55.013℃。

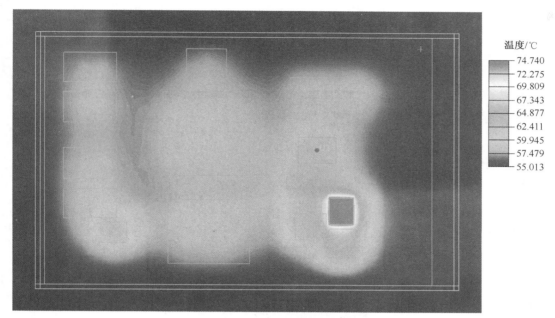

图 3—21　切面后处理的温度分布

与图 2—30 类似，单击快捷工具栏中的体后处理命令 ，打开 Object face 面板，单击
Object 后侧的下拉菜单，选择电路板、所有的发热器件(忽略机箱外壳和固态空气模型)，如图
3—22 所示，ANSYS Icepak 将显示发热器件的温度云图分布。可以看出，整个模型的最高温
度为 98.142℃，最低温度为 55.001℃。

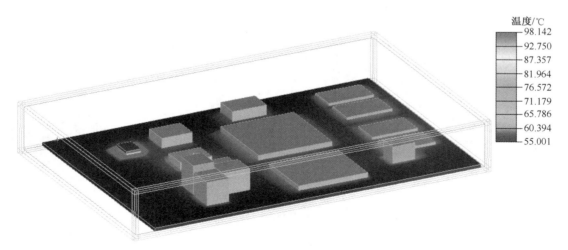

图 3—22　体后处理的温度分布

选择模型树下所有的发热器件，单击鼠标右键，在调出的面板中选择 Summary report→
Separate，如图 3—23 所示，ANSYS Icepak 会自动调出 Define summary report 统计面板，用
于定量统计各个器件不同变量的具体数值等。

单击图 3—23 中的 Write，ANSYS Icepak 将罗列定量统计各个发热器件及电路板的温度
数值，包含各个器件温度的最小数值、最大数值、平均数值等，如图 3—24 所示。

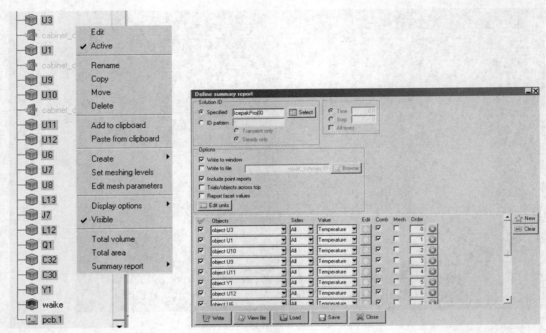

图 3—23　Summary report 统计面板

Object	Section	Sides	Value	Min	Max	Mean	Stdev	Area/volume	Mesh
U3	All	All	Temperature (C)	71.7808	84.0525	81.6097	1.91123	0.000584638 m2	Full
U1	All	All	Temperature (C)	78.523	98.1425	93.6776	4.19662	0.00020075 m2	Full
U10	All	All	Temperature (C)	64.3357	70.2094	69.017	1.0415	0.000726878 m2	Full
U9	All	All	Temperature (C)	62.7925	69.7017	68.1956	1.19258	0.000694138 m2	Full
U11	All	All	Temperature (C)	64.5722	70.4414	69.2741	1.05818	0.000726941 m2	Full
Y1	All	All	Temperature (C)	69.2604	79.9268	78.0864	1.51885	0.000365239 m2	Full
U12	All	All	Temperature (C)	64.5789	70.7627	69.6966	1.02258	0.000697714 m2	Full
U6	All	All	Temperature (C)	62.0031	68.9365	67.5399	1.04858	0.00235905 m2	Full
U7	All	All	Temperature (C)	60.3969	65.7757	64.6917	0.762567	0.000702056 m2	Full
U8	All	All	Temperature (C)	63.312	70.3904	68.8637	1.05745	0.00318722 m2	Full
L13	All	All	Temperature (C)	73.1072	86.6878	83.7846	2.254	0.00026122 m2	Full
J7	All	All	Temperature (C)	65.2108	74.7707	73.0564	1.27877	0.000561855 m2	Full
L12	All	All	Temperature (C)	61.7262	67.85	66.4256	0.808938	0.000884164 m2	Full
Q1	All	All	Temperature (C)	61.6905	66.994	66.0764	0.680509	0.000660653 m2	Full
C32	All	All	Temperature (C)	65.0789	74.7426	72.8845	1.29219	0.000888029 m2	Full
C30	All	All	Temperature (C)	62.6201	70.903	69.371	1.04653	0.000869931 m2	Full
pcb.1	All	All	Temperature (C)	55.0008	96.028	58.2482	2.88948	0.0381309 m2	Full

图 3—24　各器件温度数值的定量统计表

3.3　外太空机箱——使用 PCB 导入布线模拟电路板

3.3.1　机箱系统的模型修复

在 3.2 节的基础上，双击模型树下的电路板 PCB 模型，打开其编辑窗口，单击其

Geometry 面板,与 1.3 节类似,单击图 1－29 中的 Choose type,选择 ASCII TCB,ANSYS Icepak 会自动调出 Trace file 面板,取消 Trace file 面板下侧的 Resize PCB 前的勾选,如图 3－25 所示,浏览学习光盘第 1 章的文件夹,选择 PCB.tcb 布线文件,单击 Open,进行布线过孔的导入。

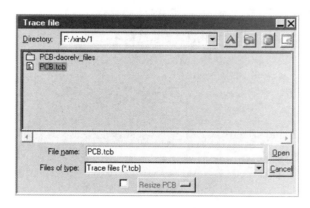

图 3－25　导入布线过孔文件

与 1.2.1 节类似,在 ANSYS Icepak 调出的 Board layer and via information 面板中,输入表1－1所列的铜箔和 FR4 厚度,单击图 1－13 中的 Accept,完成布线过孔的导入,导入后的电路板模型如图 1－14 所示。

电路板导入布线后,整体外太空机箱的模型显示如图 3－26 所示。

图 3－26　导入布线后的机箱系统模型

3.3.2　机箱系统的网格划分及求解计算

由于对电路板导入了布线过孔信息,因此需要对模型重新划分网格。打开网格控制面板,保持默认设置,单击 Generate,进行网格划分,划分的网格个数为 287626,如图 3－27 所示。

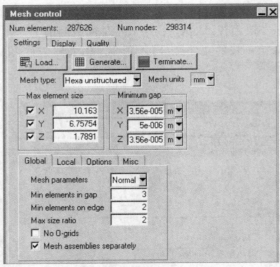

图 3—27　网格划分控制面板

与 3.2.2 节类似,单击网格控制面板中的 Display,可以查看模型的网格分布结果,如图 3—28 所示。

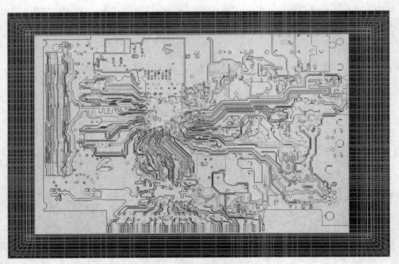

图 3—28　模型的体网格和切面网格

单击图 3—27 中的 Quality 面板,分别单击 Face alignment、Quality、Volume 以检查网格的面对齐率、网格的扭曲比和网格的体积数值,不同的网格标准数值如图 3—29 所示,均满足 ANSYS Icepak 的网格标准。

```
          range: 0.452974 -> 1
Computing element quality (quality) ...
          range: 0.363236 -> 1
Computing element quality (volume) ...
          range: 9.49915e-013 -> 1.0716e-007
```

☐ Verbose　☑ Log　Save

图 3—29　网格质量的检查结果

与 3.2.3 节类似,打开求解计算的面板,单击 Start solution,进行求解计算。当求解计算收敛后,计算终止,相应的残差曲线如图 3—30 所示,单击图 3—30 中的 Done,完成求解计算。

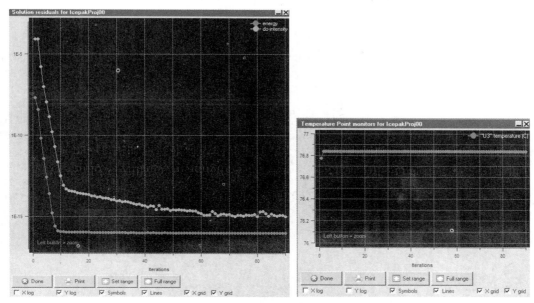

图 3—30　计算求解的残差曲线及温度监控点曲线

3.3.3　机箱系统的后处理显示

与 3.2.4 节类似,单击切面后处理命令，打开 Plane cut 面板,按照图 2—28 的设置,可得到 Z 方向中间切面的温度云图分布,如图 3—31 所示,切面的最高温度为 63.279℃,最低温度为 55.004℃。

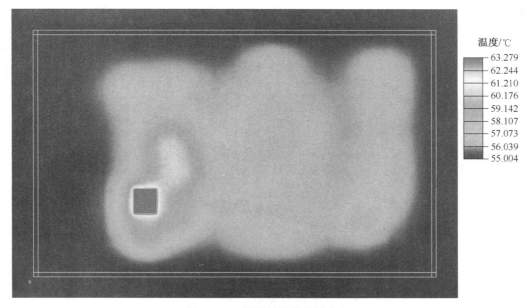

图 3—31　切面的温度云图分布

同样,使用切面的后处理命令,可检查第二层铜箔切面的热导率分布,如图 3－32 所示,因此,导入布线和过孔信息的电路板模型,可以精确反映电路板各向异性的热导率,大大提高计算模拟的精度。

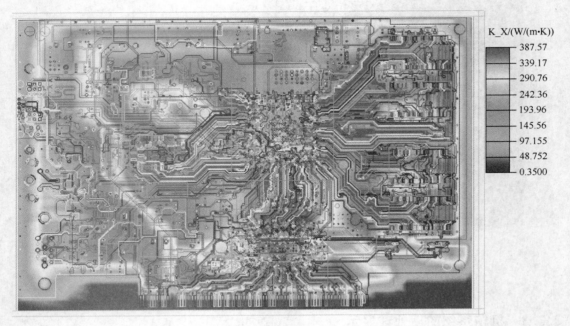

图 3－32　第二层铜箔的切向热导率分布

与 2.2.4 节类似,单击体后处理命令 ,打开 Object face 面板,按照图 2－30 的设置,可得到发热器件、散热器及电路板的温度分布,如图 3－33 所示,可以看出,整个模型的最高温度为 77.614℃,最低温度为 55℃。

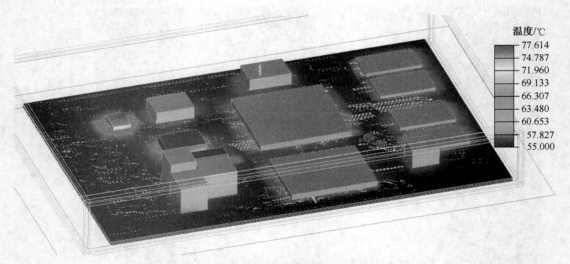

图 3－33　发热器件及电路板的后处理温度显示

与 2.2.4 节类似,选择模型树下所有的发热器件,单击鼠标右键,在调出的面板中选择 Summary report—Separate,如图 2－32 所示,ANSYS Icepak 会自动调出 Define summary report 统计面板，单击图 2－32 中的 Write，ANSYS Icepak 将罗列定量统计各个发热器件及电路板的温度数值，包含各个器件温度的最小数值、最大数值、平均数值等，如图 3－34 所示。

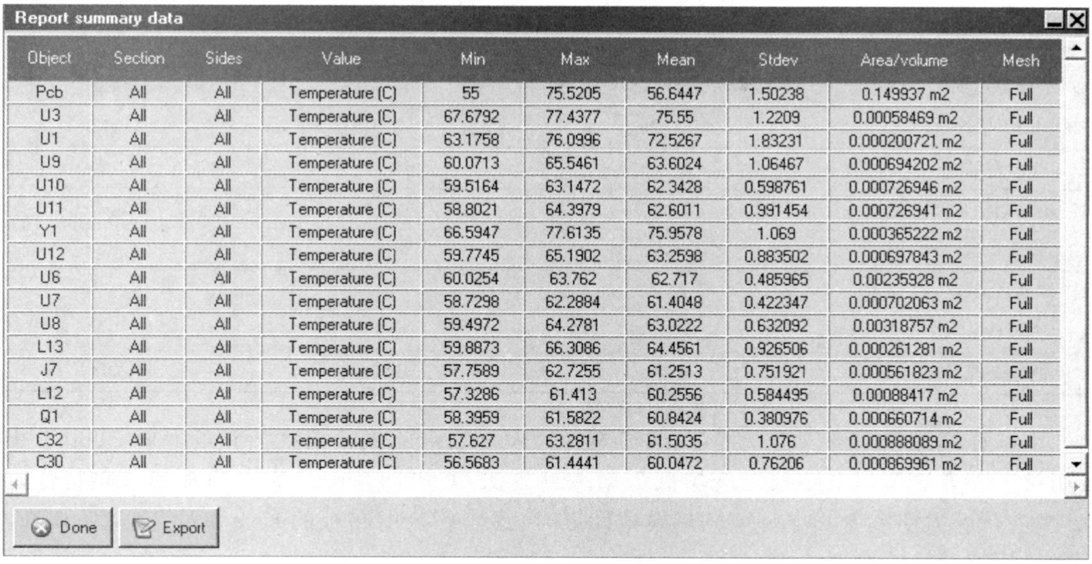

Object	Section	Sides	Value	Min	Max	Mean	Stdev	Area/volume	Mesh
Pcb	All	All	Temperature (C)	55	75.5205	56.6447	1.50238	0.149937 m2	Full
U3	All	All	Temperature (C)	67.6792	77.4377	75.55	1.2209	0.00058469 m2	Full
U1	All	All	Temperature (C)	63.1758	76.0996	72.5267	1.83231	0.000200721 m2	Full
U9	All	All	Temperature (C)	60.0713	65.5461	63.6024	1.06467	0.000694202 m2	Full
U10	All	All	Temperature (C)	59.5164	63.1472	62.3428	0.598761	0.000726946 m2	Full
U11	All	All	Temperature (C)	58.8021	64.3979	62.6011	0.991454	0.000726941 m2	Full
Y1	All	All	Temperature (C)	66.5947	77.6135	75.9578	1.069	0.000365222 m2	Full
U12	All	All	Temperature (C)	59.7745	65.1902	63.2598	0.883502	0.000697843 m2	Full
U6	All	All	Temperature (C)	60.0254	63.762	62.717	0.485965	0.00235928 m2	Full
U7	All	All	Temperature (C)	58.7298	62.2884	61.4048	0.422347	0.000702063 m2	Full
U8	All	All	Temperature (C)	59.4972	64.2781	63.0222	0.632092	0.00318757 m2	Full
L13	All	All	Temperature (C)	59.8873	66.3086	64.4561	0.926506	0.000261281 m2	Full
J7	All	All	Temperature (C)	57.7589	62.7255	61.2513	0.751921	0.000561823 m2	Full
L12	All	All	Temperature (C)	57.3286	61.413	60.2556	0.584495	0.00088417 m2	Full
Q1	All	All	Temperature (C)	58.3959	61.5822	60.8424	0.380976	0.000660714 m2	Full
C32	All	All	Temperature (C)	57.627	63.2811	61.5035	1.076	0.000888089 m2	Full
C30	All	All	Temperature (C)	56.5683	61.4441	60.0472	0.76206	0.000869961 m2	Full

图 3－34　各器件温度数值的定量统计表

3.4　小　　结

本章主要是以一个外太空机箱为案例，详细讲解了此三维机箱 CAD 模型导入 ANSYS Icepak 的过程。对于机箱内的电路板，分别使用了基于对象 PCB 类型（第一种方法）和导入 ECAD 布线过孔的 PCB（第二种方法）两种不同方法来建立电路板热模型，此外太空机箱热模拟的比较结果如表 3－1 所列。

对比表 3－1 可以发现，模拟电路板第一种方法计算的器件最高温度整体高于第二种方法，最大的差值为 U1 器件，相差约 22.0429℃，而电路板的最高温度相差约 20.5075℃。

表 3－1　电路板不同模拟方法对外太空机箱温度分布的影响

模拟方法 / 温度/℃	基于对象 PCB 模拟电路板（第一种）	导入 ECAD 布线过孔模拟电路板（第二种）	差值（前者减去后者）
Z 切面的最高温度	74.74	63.279	11.461
PCB 的最高温度	96.028	75.5205	20.5075
Y1 的最高温度	79.9268	77.6135	2.3133
U3 的最高温度	84.0525	77.4377	6.6148
U1 的最高温度	98.1425	76.0996	22.0429
U9 的最高温度	69.7017	65.5461	4.1556
U10 的最高温度	70.2094	63.1472	7.0622
U11 的最高温度	70.4414	64.3979	6.0435
U12 的最高温度	70.7627	65.1902	5.5725

（续）

模拟方法 温度/℃	基于对象 pcb 模拟 电路板（第一种）	导入 ECAD 布线过孔 模拟电路板（第二种）	差值 （前者减去后者）
U6 的最高温度	68.9365	63.762	5.1745
U7 的最高温度	65.7757	62.2884	3.4873
U8 的最高温度	70.3904	64.2781	6.1123
L13 的最高温度	86.6878	66.3086	20.3792
J7 的最高温度	74.7707	62.7255	12.0452
L12 的最高温度	67.85	61.413	6.437
Q1 的最高温度	66.994	61.5822	5.4118
C32 的最高温度	74.7426	63.2811	11.4615
C30 的最高温度	70.903	61.4441	9.4589

　　本章详细比较在外太空条件下，两种不同建模方法对此机箱温度分布的影响，可以看出，使用第二种方法模拟电路板温度均低于第一种方法，其更能精确反应电路板的导热特性，因此，在进行外太空或者真空环境的热模拟计算时，建议导入电路板的布线和过孔信息，提高电路板热模拟计算的精度。

第4章 MRF 模拟轴流风机

【内容提要】

本章将重点讲解在 ANSYS Workbench 平台下,使用 DM 软件将机箱模型导入 ANSYS Icepak 的详细过程。在建立了机箱模型后,首先使用 ANSYS Icepak 提供的简化 3D 风机来对机箱进行模拟计算,得到机箱的温度分布及压力分布;然后在此基础上,抑制简化的风机,修改为真实的风机模型,使用 ANSYS Icepak 提供的 MRF(Moving Reference Frame,旋转参考坐标系)功能,重新进行模拟计算,得到机箱的温度分布及压力分布;本章节主要比较了简化轴流风机模型和真实轴流风机模型对机箱散热的影响。

本案例假设读者熟悉 ANSYS Workbench 平台、熟悉 ANSYS Icepak 软件的操作。

【学习重点】

- 掌握在 ANSYS Workbench 平台下,DM 建立 Grille 的操作;
- 掌握 ANSYS Icepak 软件中,真实轴流风机模型的建立;
- 掌握 ANSYS Icepak 软件中,使用 MRF 模拟真实轴流风机的相关设置;
- 掌握 ANSYS Icepak 热模拟的其他相关设置。

4.1 机箱模型导入 ANSYS Icepak

某机箱的结构示意图如图 4-1 所示,包括进出风口、轴流风机电路板、芯片等发热器件、散热器、机箱外壳等。机箱内共包含三个模组,三个模组单元包含的器件、各器件的热耗均相同;单个电路板模组及各器件布局位置如图 4-1 所示。忽略散热器与芯片之间的接触热阻,环境温度 20℃。

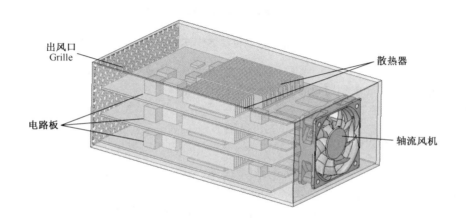

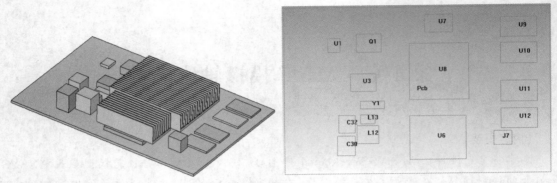

图 4－1　机箱结构示意图

4.1.1　机箱的 CAD 模型导入 DM

与前面章节类似，启动 ANSYS Workbench 平台，建立 Geometry 单元；单击 Save 保存，在调出的保存面板中，浏览选择相应的工作目录，在文件名中输入项目的名称，单击保存。

双击 Geometry 单元的 A2，可打开 DM 软件。单击 File→Import External Geometry File，在调出的面板中，浏览选择学习光盘文件夹 4 下的 jixiang. stp，单击打开，鼠标右键单击选择模型树下的 Import1，选择 Generate(F5)，在 DM 的视图区域中，将出现此机箱模型，如图 4－2 所示。

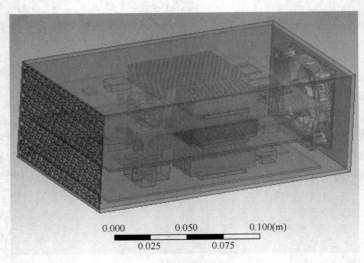

图 4－2　机箱模型导入 DM

单击 DM 主菜单栏 Tools→Electronics→Show Ice Bodies，可显示 ANSYS Icepak 认可的几何体；单击 DM 主菜单栏 Tools→Electronics→Show CAD Bodies，可显示 ANSYS Icepak 不认可的几何体；如图 4－3 所示。

4.1.2　出风口 Grille 的建立

机箱系统的出风口为 ANSYS Icepak 常见的 Grille 模型，由于 Grille 不模拟真实的出风口形状，因此首先抑制系统出口处真实的出风口模型，在 DM 的视图区域中选择 Grille 模型（或者直接在模型树下选择 Grille），单击鼠标右键，在调出的面板中，选择 Suppress Body，表示抑制 Grille 模型，如图 4－4 所示。

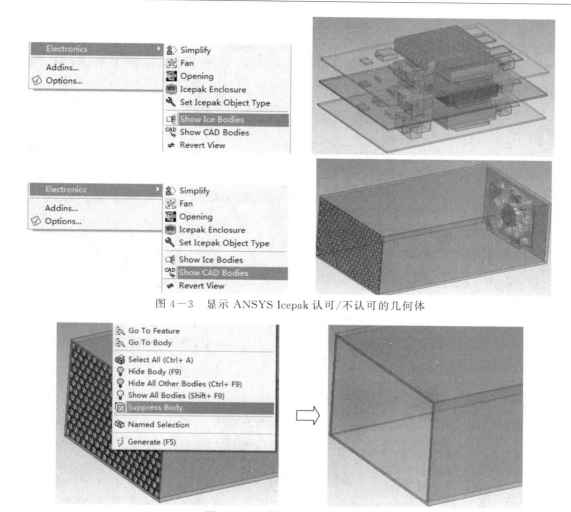

图 4-3　显示 ANSYS Icepak 认可/不认可的几何体

图 4-4　抑制出风口 Grille 模型

单击主菜单栏 Concept→Surfaces From Edges，表示使用多条边建立出风口模型。按住 Ctrl 键，同时使用鼠标左键选择出风口的四条边，如图 4-5 所示；在 Details View 面板中，修改 Line→Body Tool 后的名称为 Grille，单击面板 Edges 后侧的 Apply，被选中的边变为青色。单击 Generate，完成 Grille 面模型的建立。

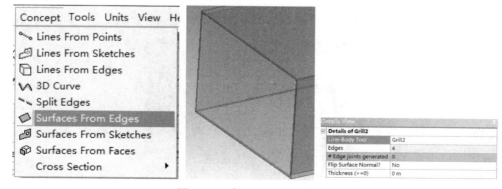

图 4-5　建立 Grille 的面模型

由于建立的 Grille 面模型为 Plate 类型,因此需要在 DM 下对其进行 Grille 类型的指定。单击单击 DM 主菜单栏 Tools→Electronics→Set Icepak Object Type,打开指定类型的命令,选择上述建立的 Grille 面模型,在 Details View 面板中,单击 Bodies 后侧的 Apply,单击 Icepak Object Type 后侧的下拉菜单,选择 Grille,完成 Grille 类型的指定。

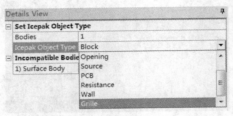

图 4-6   指定 Grille 类型

4.1.3   指定电路板类型

与前面章节类似,单击 DM 主菜单栏 Tools→Electronics→Set Icepak Object Type,打开指定类型的命令,将模型中 3 块电路板转化为 PCB 类型。

使用 Ctrl 键以及鼠标单击,选择图形区域内的 3 块电路板模型;在 Set Icepak Object Type 面板的 Bodies 中,单击 Apply;在 Icepak Object Type 中,单击后侧的下拉条,选择 PCB,即可将机箱模型内的 Block 块指定为电路板的 PCB 类型,如图 4-7 所示。

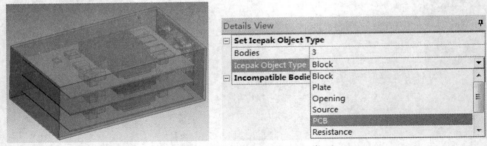

图 4-7   指定电路板为 PCB 类型

4.1.4   机箱外壳的转化

单击 DM 主菜单栏 Tools→Electronics→Show CAD Bodies,可以仅仅显示模型中 ANSYS Icepak 不认可的模型。DM 视图区域中将显示机箱的外壳模型和轴流风机模型,如图 4-8 所示,需要在 DM 中对机箱的外壳模型做相应的转化。

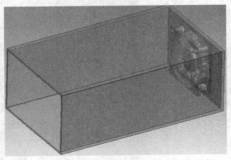

图 4-8   Icepak 不认可的 CAD 几何体

单击 DM 主菜单栏 Tools→Electronics→Simplify,在 Details View 中选择 Level 1,单击选择视图区域的机箱模型,在 Select Bodies 后侧,单击 Apply,单击 Generate,DM 会自动将此机箱进行分割,如图 4-9 所示。

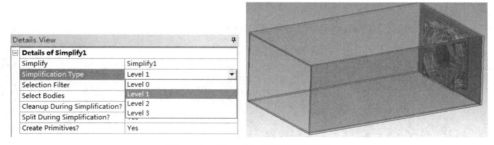

图 4-9　Simplify 转化机箱模型

4.1.5　轴流风机的转化

单击 DM 主菜单栏 Tools→Electronics→Show CAD Bodies,可以仅仅显示模型的轴流风机。单击 DM 主菜单栏 Tools→Electronics→Fan,可将风机模型进行转化。单击选择视图区域中风机的外框,在 Details View 的 Body To Extract Fan Data 中单击 Apply;单击视图区域中风机的 Hub 面以及 Case 的内径表面,在 Hub/Casing Faces 中单击 Apply,单击 Generate,完成轴流风机的转化,如图 4-10 所示。

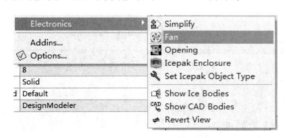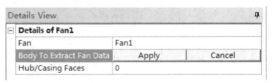
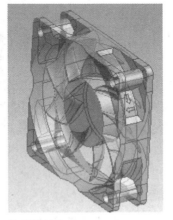

图 4-10　轴流风机模型的转化

4.1.6　机箱模型导入 ANSYS Icepak

关闭 DM 软件,进入 ANSYS Workbench 平台,双击平台左侧工具箱中的 Icepak 软件,建立 Icepak 单元,拖动 Geometry(A2)至 Icepak 的 Setup(B2),可将机箱的 CAD 模型导入
ANSYS Icepak 软件。

　　双击 ANSYS Workbench 平台 Icepak 单元下的 Setup,可打开 ANSYS Icepak 软件,如图
4-11 所示,ANSYS Icepak 界面中将出现导入的机箱模型。

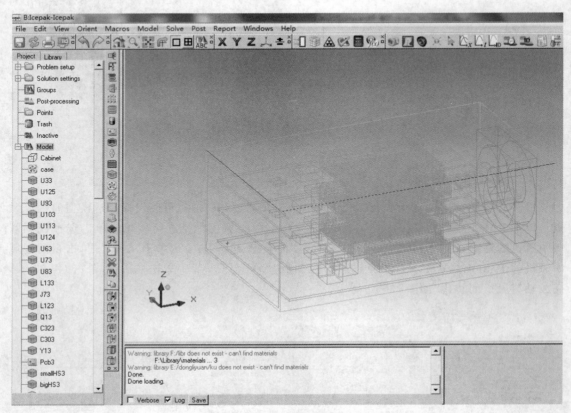

图 4-11　导入 Icepak 后的机箱模型

4.2　机箱系统(简化风机)热模拟计算

　　本案例为强迫风冷散热,为了考虑机箱外壳与外侧空气的自然冷却换热过程,需要
在 ANSYS Icepak 模型中建立 Wall 壳体模型,设置 6 个 Wall 面的换热系数为 $5\,W/(m^2 \cdot K)$。本案例中,三个电路板模组的器件完全相同,且每个模组的器件、热耗、材料等均与
2.2 节相同,在此不再叙述,读者需要将相应的参数输入,电路板上各器件的材料属性及
热耗可参考表 2-1,整个机箱总热耗为 98.1W;电路板为四层板,各层铜箔的厚度及铜
箔覆盖率可参考表 1-1。

4.2.1　模型修改及各参数输入

　　1. 发热器件热耗材料输入

　　按照 2.2.1 节,建立芯片的新材料,输入相应的热耗;输入 PCB 模型的相应参数;统计所
有模块的总热耗为 98.1W,如图 4-12 所示。

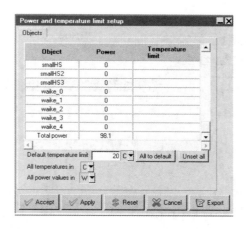

图 4-12　模块总热耗的统计

2. Wall 壳体模型的建立

双击模型树下的 Cabinet，打开 Cabinet 的编辑窗口。选择其属性面板 Properties，单击 Min x、Max x、Min y、Max y、Min z、Max z 后侧的下拉菜单，选择 Wall type 为 Wall，如图 4-13 所示。

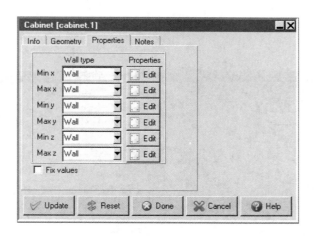

图 4-13　机箱外壳 Wall 的建立

分别单击各个面后侧的 Edit，打开 Wall 壳体的编辑窗口，单击 External conditions 后侧的下拉菜单，选择 Heat transfer coefficient，单击其下侧的 Edit，在调出的面板下，勾选 Heat transfer coefficient，在其右侧的 Heat transfer coefficient 中输入 5，如图 4-14 所示，表示 Wall 壳体与外界空气的换热系数。

3. Grille 出风口参数的输入

出风口开孔率计算，在 ANSYS SCDM 中，可对原始 CAD 模型的出风口面积进行测量，以此计算出口风的开孔率，经计算出风口的开孔率为 0.4734。

双击模型树下的出风口模型 Surface Body，打开其编辑窗口，在 Info 面板下，修改出风口的名称为 chufengkou，如图 4-15 所示。

如图 4-15 所示，单击出风口 Grille 的属性面板，在 Free area ratio 中输入开孔率

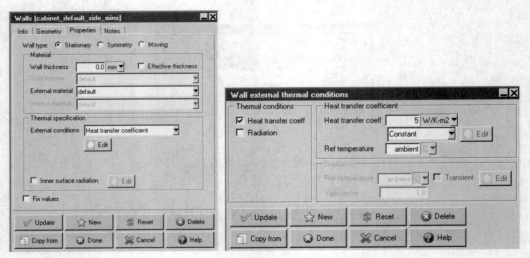

图 4－14　Wall 壳体模型换热系数的输入

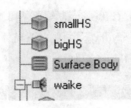

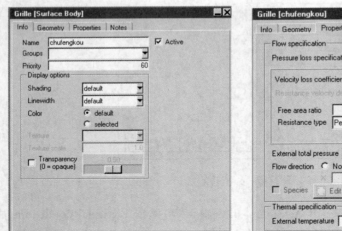
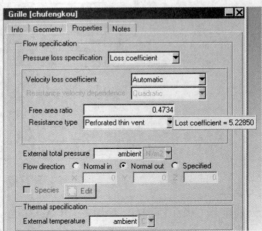

图 4－15　出风口 Grille 参数的输入

0.4734，单击下侧的 Update，ANSYS Icepak 会自动显示出风口的阻力系数为 5.2285。

4. 轴流风机的参数输入

本案例轴流风机转速为 3900r/min，相对应的 P—Q 曲线（风量风压曲线）如图 4－16 所示。

双击模型树下的风机模型，打开其编辑窗口，修改 Name 为 Fan；单击 Geometry 面板，在 Case location from fan 中，选择 Low side，修改风机模型中的箭头的位置，如图 4－17 所示；然后使用面对齐工具，将轴流风机（包含箭头的面）与机箱前侧壳体（X 正方向）的外表面相贴齐，如图 4－18 所示。

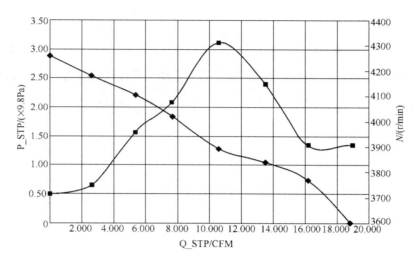

图 4—16　轴流风机的 P—Q 曲线

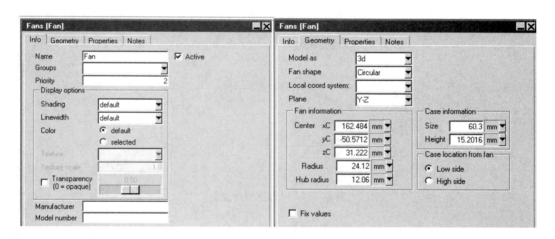

图 4—17　修改风机名称及箭头方向

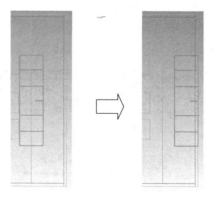

图 4—18　风机进风口与壳体对齐

单击风机的属性面板 Properties,保持 Fan type 为 Intake,在 Fan flow 中选择 Non-linear,表示输入非线性的 $P-Q$ 曲线;单击其右侧的 Edit,选择 Text editor,在调出的面板中,输入风机 $P-Q$ 曲线的各个点,如图 4-19 所示;单击 Edit 下的 Graph editor,可查看风机输入的 $P-Q$ 曲线。

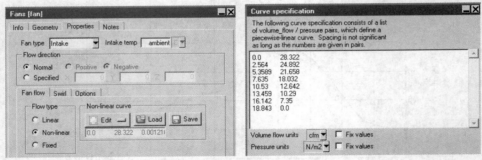

图 4-19　风机 $P-Q$ 曲线的输入

5. 风道开口的建立

由于模型中三个电路板模组形成了三个风道,为了统计进入各个风道的风量以及压力变化,因此需要在风道的上、下游区域建立 Opening 开口模型,在开口的属性面板中取消 Temperature 的勾选。另外,使用对齐工具将三个风道进行定位,建立好的开口模型如图 4-20 所示,共 6 个开口模型。三个风道从上往下依次命名为 A、B、C。

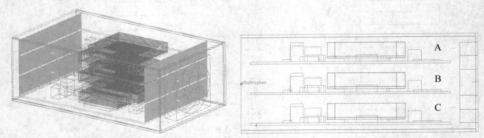

图 4-20　风道开口的建立

4.2.2　机箱系统的网格划分

选择模型树下某个电路板模组中的大散热器、小散热器,单击鼠标右键,在调出的面板中,选择 Create→Assembly,建立非连续性网格区域。双击模型树下建立的 Assembly,在其 Meshing 面板中,勾选 Mesh separately,在 Slack settings 中输入各个面为 1mm 的扩展空间,表示对此区域划分非连续性网格,如图 4-21 所示,其他保持默认。

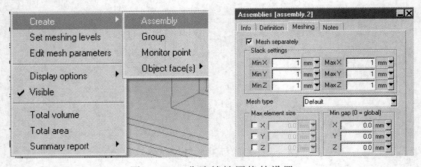

图 4-21　非连续性网格的设置

同理,对其他两个模组的大散热器、小散热器也建立非连续性网格,并做好相应的设置。在 ANSYS Icepak 的视图区域中,将包含三个非连续性网格,视图区域中紫色的空间为非连续性区域,如图 4－22 所示。

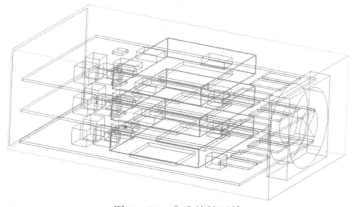

图 4－22　非连续性区域

单击快捷工具栏中的网格划分按钮 ,打开网格划分的控制面板,在 Mesh type 中选择 Hexa unstructured 非结构化网格。单击 Generate,进行机箱整体的网格划分,划分的网格个数为 567154。单击 Display,可检查几何模型的体网格和切面网格,整体模型划分的结果如图 4－23 所示,可以看出,非结构化网格完全贴体了机箱的几何模型,网格保持了轴流风机的圆形几何形状。

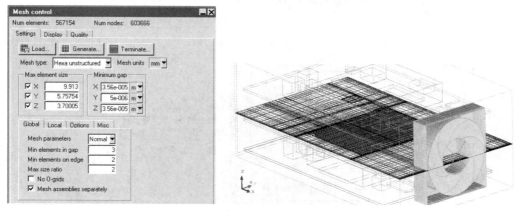

图 4－23　网格划分控制面板及结果

单击网格控制面板的 Quality,可以检查网格划分的质量。

4.2.3　计算求解设置

单击 Problem setup 下的 Basic parameters,打开基本参数设置面板,保持勾选 Flow (velocity/pressure)和 Temperature。单击 Radiation 下的 Off,表示关闭辐射换热。单击选择 Flow regime 下面的 Turbulent,保持湍流模型为 Zero equation。

单击选择 Defaults 面板,保持 Temperature 为默认的 20,表示环境温度为 20℃,其他保持默认设置,点击 Accept,关闭面板。

选择模型树下的 Grille 出风口模型,拖动至监控点 Points 模型树下,ANSYS Icepak 会自动监测出风口中心点的温度;双击 Points 下的 chufengkou,打开监测点面板,勾选 Monitor 下的 Velocity,表示同时监测此点的温度和速度,如图 4－24 所示。

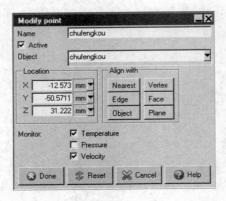

图 4－24　监控点坐标及变量设置

　　双击 Solution settings 下的 Basic settings,打开求解的基本设置面板,修改 Number of it-erations 为 300,表示最大迭代步数为 300 步;修改 Flow 残差标准为 0.0005,保持其他默认设置,如图 4－25 所示,点击 Accept,关闭面板。

　　单击快捷工具栏中的▦,打开求解计算的面板,保持其他默认设置,如图 4－25 所示;单击 Start solution,进行求解计算。

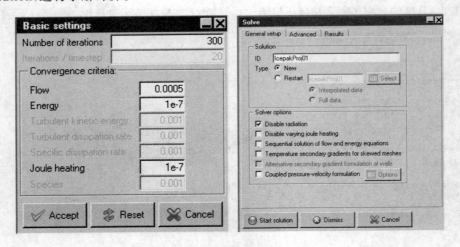

图 4－25　求解计算面板的相关设置

　　在 ANSYS Icepak 界面下,会自动出现求解计算的残差曲线和温度的监控点曲线,如图 4－26 所示,本次计算流动的迭代步数为 144 步,单击图 4－26 中的 Done,完成求解计算。

　　从图 4－26 可以看出,出风口中心点位置的温度为 30.5℃,中心点位置的速度约为 1.05m/s。

4.2.4　机箱系统的后处理显示

　　单击快捷工具栏中的切面后处理命令▨,打开 Plane cut 面板,保持 Set position 为 Z plane through center,勾选 Show contours,可得到 Z 方向中心切面的温度云图分布,如图 4－27 所示,切面的最高温度为 52.390℃。

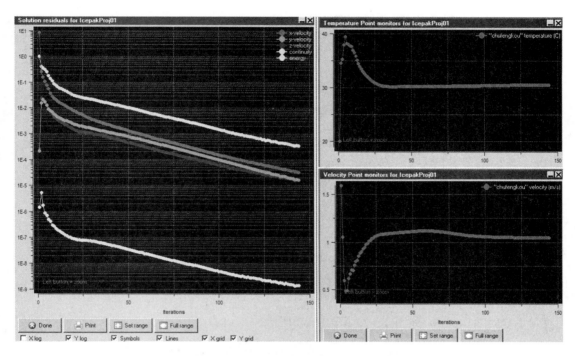

图 4-26　求解的残差曲线和速度监控点曲线

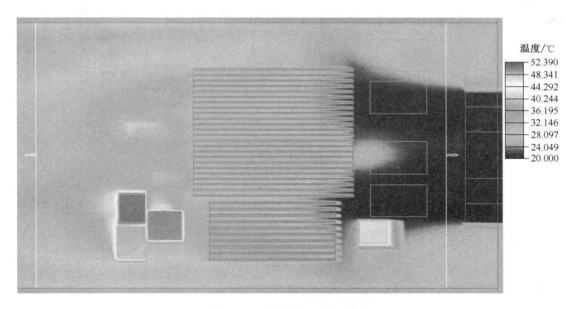

图 4-27　Z 切面温度云图分布

　　取消 Show contours 的勾选,勾选切面后处理命令的 Show vectors,点击其后侧的 Parameters,在调出的面板中,选择 Uniform,在其后侧输入 30000,在 Calculated 后侧选择 This object,单击 Apply,切面的速度矢量图如图 4-28 所示。

　　修改切面后处理设置中 Set position 中为 Y plane through center,可分别得到 Y 切面的

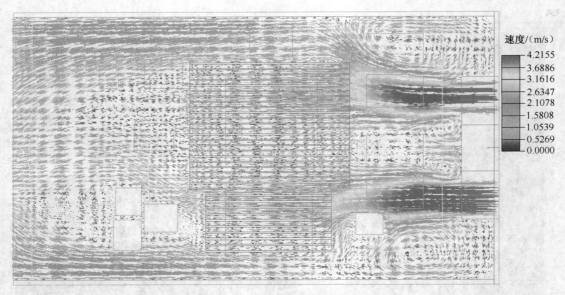

图 4—28　Z 切面速度矢量图分布

温度云图及速度矢量图,如图 4—29、图 4—30 所示。

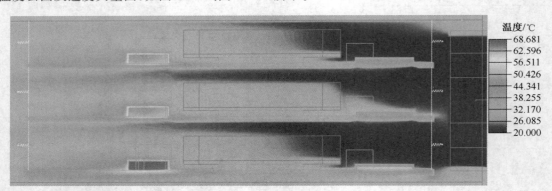

图 4—29　Y 切面温度云图分布

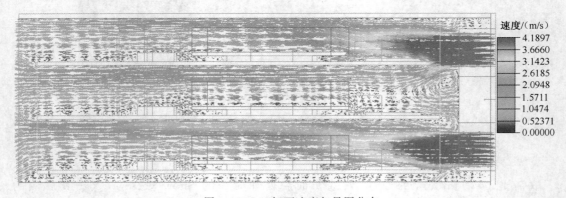

图 4—30　Y 切面速度矢量图分布

单击快捷工具栏中的体后处理命令 ,打开 Object face 面板,单击 Object 后侧的下拉菜单,选择三个电路板模组的所有器件,勾选 Show contours,进行体的后处理云图显示,如图

4-31 所示,模组的最高温度为 77.496℃,最低温度为 29.938℃。

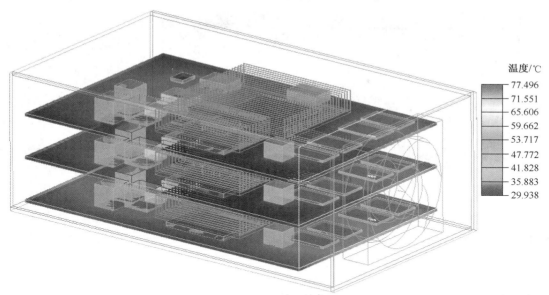

图 4-31　三个模组的温度分布云图

单击主菜单栏 Report→Fan operating points,可以得到风机的工作点,如图 4-32 所示,
ANSYS Icepak 会自动显示风机的体积流量和压力值。

Fan operating points

Object names	Volume flow	Pressure rise
fan	7.993e-003 m3/s	5.1906237747482 N/m2

✓ Ok　　✎ Export

图 4-32　风机工作点的显示

选择模型树下 A、B、C 三个风道的 6 个开口模型,单击鼠标右键,在调出的面板中选择
Summary report→Separate,ANSYS Icepak 会自动调出 Define summary report 统计面板,在
Value 栏中选择 Mass flow,用于定量统计各个风道进出口的质量,如图 4-33 所示;在 Value

Report summary data

Object	Section	Sides	Value	Total	Area/volume	Mesh
Afengdao	All	All	Mass flow (kg/s)	-0.00193641	0.00207377 m2	Full
Bfengdao	All	All	Mass flow (kg/s)	-0.00363427	0.00238252 m2	Full
Cfengdao	All	All	Mass flow (kg/s)	-0.00361992	0.00238252 m2	Full
Afengdao.1	All	All	Mass flow (kg/s)	-0.0019364	0.00207377 m2	Full
Bfengdao.1	All	All	Mass flow (kg/s)	-0.00363426	0.00238252 m2	Full
Cfengdao.1	All	All	Mass flow (kg/s)	-0.00361984	0.00238252 m2	Full

⊗ Done　　✎ Export

图 4-33　各个开口质量流量统计

栏中选择 Pressure,表示定量统计各个风道进出口的压力值,如图 4－34 所示。

Object	Section	Sides	Value	Min	Max	Mean	Stdev	Area/volume	Mesh
Afengdao	All	All	Pressure (N/m2)	1.37	6.73889	2.5338	0.497353	0.00207377 m2	Full
Bfengdao	All	All	Pressure (N/m2)	1.91971	6.07107	2.62788	0.499867	0.00238252 m2	Full
Cfengdao	All	All	Pressure (N/m2)	1.75302	5.6408	2.66267	0.454928	0.00238252 m2	Full
Afengdao.1	All	All	Pressure (N/m2)	2.14475	2.77249	2.52026	0.116477	0.00207377 m2	Full
Bfengdao.1	All	All	Pressure (N/m2)	2.42327	4.05082	3.19529	0.357046	0.00238252 m2	Full
Cfengdao.1	All	All	Pressure (N/m2)	2.16261	3.87946	2.92067	0.435663	0.00238252 m2	Full

图 4－34　各个开口的压力统计

表 4－1 为机箱系统内各个器件的最高温度数值。从表中可以看出,C 风道内器件的温度最高,这主要是因为 A、B 风道内的模块上下侧同时进行风冷散热,而 C 风道内仅仅上侧被强迫风冷散热,所以 A、B 风道内的器件温度稍低。

表 4－1　不同风道内各个器件的最高温度

器件名称	最高温度/℃		
	A 风道	B 风道	C 风道
Y1	61.5257	60.6079	64.4677
U3	64.543	64.513	68.883
U1	73.8731	73.3842	77.4957
U9	47.5764	47.5468	51.4779
U10	47.3665	47.0151	52.9003
U11	46.4217	47.7105	52.9589
U12	46.6302	46.4906	52.3638
U6	39.7104	36.6816	40.1031
U7	41.1527	40.8108	39.9418
U8	35.361	35.2798	36.5151
L13	68.6589	66.7262	70.6318
J7	49.084	46.5821	51.4691
L12	52.4931	50.5472	54.2567
Q1	46.9075	46.5632	50.0361
C32	54.3776	52.6082	56.5831
C30	50.8494	49.2826	52.5872
PCB 板	72.0362	71.5681	75.7165

读者自练习:

通常,随着海拔的升高,空气的密度会随之降低;另外,风机的 P－Q 曲线会随海拔的升高而有所修改;这些都会导致风机给机箱系统提供的质量流量减少,进而导致模组内器件温度的升高。

读者可以在本案例热模型的基础上,进行高海拔环境的热模拟计算,以比较高海拔对机箱系统散热的影响。在 ANSYS Icepak 里模拟高海拔对系统散热的影响,需要遵循以下方法:

(1) 双击打开 Basic parameters 面板,单击 Default 的 Advanced 面板,勾选 Altitude 选项,在其后侧输入相应的海拔高度,ANSYS Icepak 将自动根据国际标准 ISO 2533:1975 计算不同海拔下的空气密度。

(2) 勾选 Update fan curves,ANSYS Icepak 会基于高海拔环境和海平面下空气密度的比值来自动更新风机的风量风压曲线(此功能不适合固定流量的风机)。

注意:当勾选了 Altitude 选项后,自然对流的理想气体模型 Ideal gas law 将不能使用。当默认的流体是海平面下的空气时,勾选了 Altitude 选项后,ANSYS Icepak 会自动模拟高海拔对系统散热的影响。

4.3　机箱系统(真实风机)热模拟计算

4.3.1　CAD 模型的导入

与 4.1.1 节类似,启动 ANSYS Workbench 平台,建立 Geometry 单元;将学习光盘文件夹 4 下的 jixiangMRF. stp 导入至 DM 软件,单击 Save,输入项目的名称。

按照 4.1.1 节至 4.1.4 节的步骤,将机箱内的模型进行转换。

4.3.2　轴流风机的转化

(1) 单击 DM 主菜单栏 Tools→Electronics→Show CAD Bodies,可以仅仅显示模型的轴流风机,如图 4—35 所示。

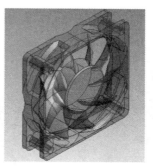

图 4—35　轴流风机模型

(2) 单击 DM 主菜单栏 Tools → Electronics → Simplify,在 Details View 中,单击 Simplification Type 后侧的下拉菜单,选择 Level 0;在视图区域中选择风机的外框,然后单击 Select Bodies 后侧的 Apply,单击 Generate,风机外框将转换成一个 Block 实体块,如图 4—36 所示。

(3) 重新单击 DM 主菜单栏 Tools→Electronics→Simplify,在 Details View 中,单击 Simplification Type 后侧的下拉菜单,选择 Level 3;在视图区域中选择风机的叶片模型,然后单击 Select Bodies 后侧的 Apply,单击 Facet Quality 后侧的下拉菜单,选择 Very Fine,单击 Generate,完成风机叶片的转换,如图 4—37 所示。

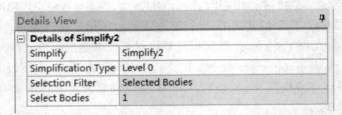

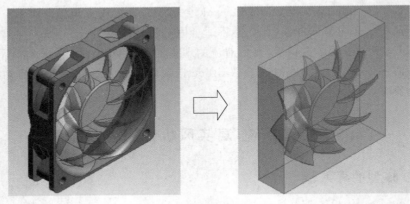

图 4－36　轴流风机外框的转换

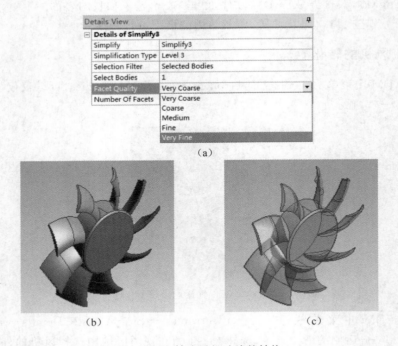

图 4－37　轴流风机叶片的转换

关闭 DM 软件，进入 ANSYS Workbench 平台，双击平台左侧工具箱中的 Icepak 软件，建立 Icepak 单元，拖动 Geometry（A2）至 Icepak 的 Setup（B2），可将机箱的 CAD 模型导入 ANSYS Icepak 软件。

双击 ANSYS Workbench 平台 Icepak 单元下的 Setup，可打开 ANSYS Icepak 软件，如图 4－38 所示，ANSYS Icepak 界面中将出现导入的机箱模型。

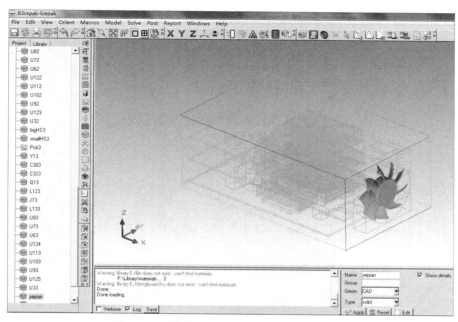

图 4-38　导入 ANSYS Icepak 后的机箱模型

4.3.3　热仿真参数的输入

按照 4.2.1 节中第 1、2、3 步的操作,完成机箱内各个芯片器件材料、热耗的输入;完成机箱外壳 Wall 的建立及换热系数的输入;在三个电路板 PCB 的属性面板中,输入相应的铜箔厚度及含铜量;机箱总热耗为 98.1W。

与 4.2.1 节中的第 5 步类似,建立各个风道开口模型,用于统计各个风道的风量以及压力,三个风道从上往下依次命名为 A、B、C,6 个开口模型。

双击模型树下的 air 圆柱体,打开其编辑窗口,单击其属性面板,在 Block type 中选择 Fluid 类型,保持 Fluid material 为 default,勾选 Use rotation for MRF,在 Rotation 中输入 3900,如图 4-39 所示,表示风机的转速为 3900r/min。

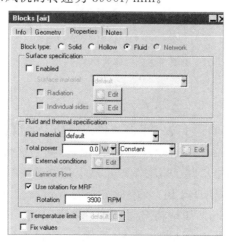

图 4-39　空气模型的参数输入

4.3.4　风机进风口的建立

单击自建模工具栏中的 Openings 命令，将其命名为 inlet，在 Shape 中选择 Circular，修改其 Plane 为 $Y-Z$，按照图 4—40 中的坐标参数，输入开口的几何位置（或者直接使用面匹配命令，将其与风机内圆柱 Block 几何体＜模型名称为 air＞的外表面匹配）。

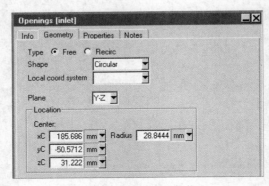

图 4—40　开口的几何信息

4.3.5　模型网格优先级的调整

务必保证模型树下风机叶片 yepian 的网格优先级大于 air 空气模型的网格优先级，air 空气模型的网格优先级大于风机外壳 case 的网格优先级，同时风机外壳 case 的网格优先级应大于机箱外壳的网格优先级，如图 4—41 所示。可以选择相应的模型，然后使用鼠标上下移动来调整模型的网格优先级。

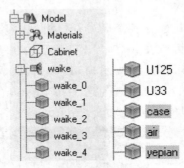

图 4—41　优先级的调整

4.3.6　系统的网格划分

与 4.2.2 节类似，选择模型树下某个电路板模组中的大散热器、小散热器，单击鼠标右键，在调出的面板中，选择 Create→Assembly，建立非连续性网格区域；非连续性网格的设置与图 4—21 相同。对其他两个模组的大散热器、小散热器也建立非连续性网格，并做好相应的设置。

由于模型中存在异形的 CAD 几何体，因此必须对此部分使用 Mesher－HD 网格进行划分，同时需要使用 Multi－level 多级网格来对其进行处理。

选择模型树下的风机外壳 case 模型、air 空气模型、yepian 叶片模型以及进风口 inlet 模型，单击鼠标右键，在调出的面板中，选择 Create→Assembly，建立非连续性网格区域。双击此 Assembly,在其 Meshing 面板中,按照图 4－42,输入相应的 Slack 数值,在 Mesh type 中选择 Mesher－HD,单击 Global 面板,勾选图 4－42(a)中的选项。

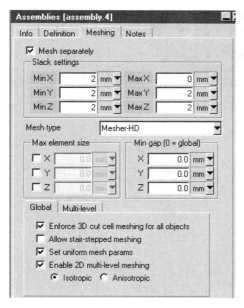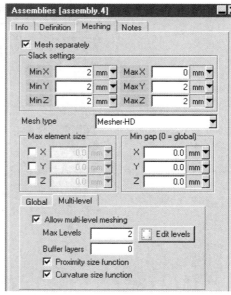

（a）Global面板的设置　　　　　　　　　　（b）Multi－level面板的设置

图 4－42　非连续性网格参数的输入

单击图 4－42(b)中的 Multi－level 面板,勾选 Allow multi－level meshing,表示划分多级网格,单击 Edit levels,打开多级网格级数的编辑面板,如图 4－43 所示,对不同的几何模型输入相应的级数。

图 4－43　多级网格级数的输入

单击快捷工具栏中的网格划分按钮，打开网格划分的控面板,在 Mesh type 中选择 Hexa unstructured 非结构化网格,单击 Generate,进行机箱整体的网格划分,划分的网格个数为 723251,如图 4－44 所示。

单击图 4－44 中的 Display,可检查几何模型的体网格和切面网格。风机壳体、叶片、air 空气模型的网格如图 4－45 所示,可以看出,Mesher－HD 的多级网格完全贴体了叶片的几何模型,保持了轴流风机真实的几何形状。

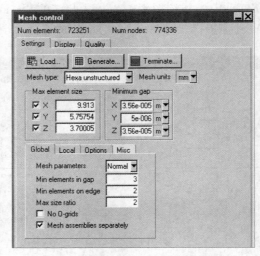

图 4—44   网格划分控制面板

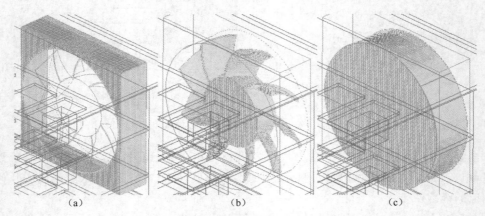

图 4—45   不同模型的网格划分结果

     整体模型切面划分的网格结果如图 4—46 所示,可以看出,整个热模型使用了混合网格,背景区域使用了非结构化网格,而在风机的非连续性区域内,使用了 Mesher—HD 的多级网格;可以清楚看到不同模型使用了不同的级数。

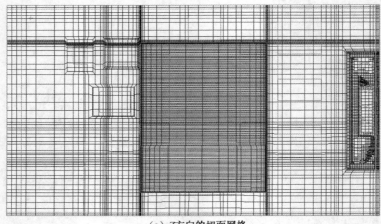

(a) Z 方向的切面网格

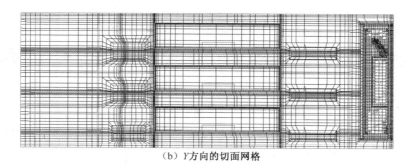

（b）Y 方向的切面网格

图 4—46　不同切面的网格显示

单击网格控制面板的 Quality，可以检查网格划分的质量。

4.3.7　计算求解设置

单击 Problem setup 下的 Basic parameters，打开基本参数设置面板，保持勾选 Flow（velocity/pressure）和 Temperature。单击 Radiation 下的 Off，表示关闭辐射换热。单击选择 Flow regime 下面的 Turbulent，单击其后侧的下拉菜单，选择湍流模型为 Realizable two equation，如图 4—47 所示。

单击选择 Defaults 面板，保持 Temperature 为默认的 20，表示环境温度为 20℃，其他保持默认设置，单击 Accept，关闭面板。

双击 Solution settings 下的 Basic settings，打开求解的基本设置面板，修改 Number of iterations 为 1000，表示最大迭代步数为 1000 步；按照图 4—48 所示，修改流动的残差标准为 1e—5，保持其他默认设置，单击 Accept，关闭面板。

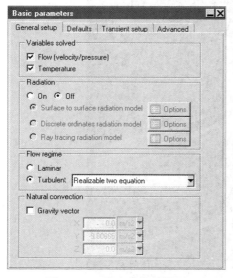

图 4—47　基本参数的设置

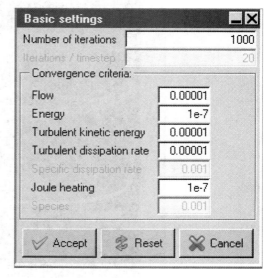

图 4—48　求解基本参数的设置

选择模型树下的 Grille 出风口模型，拖动至监控点 Points 模型树下，ANSYS Icepak 会自动监测出风口中心点的温度；双击 Points 下的 chufengkou，打开监测点面板，勾选 Monitor 下的 Velocity，表示同时监测此点的温度和速度，如图 4—49 所示。

单击快捷工具栏中的█，打开求解计算的面板，保持所有的默认设置，单击 Start solution，进行求解计算，如图 4－50 所示。

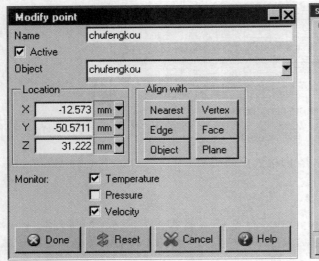

图 4－49　求解监控点坐标及变量设置

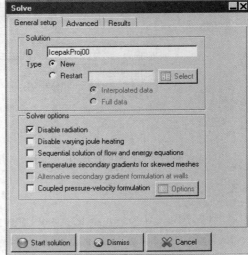

图 4－50　求解计算面板的设置

在 ANSYS Icepak 界面下，会自动出现求解计算的残差曲线和温度的监控点曲线，如图 4－51 所示，本次计算流动的迭代步数为 654 步，求解达到设定的残差标准，监测的出风口温度及速度平稳，如图 4－52 所示，求解完全收敛。单击图 4－51 中的 Done，完成求解计算。

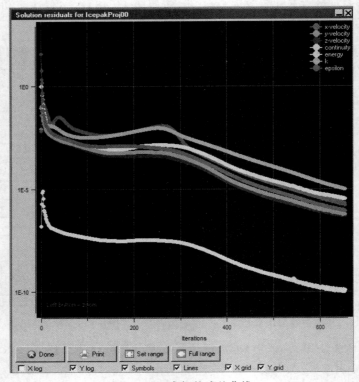

图 4－51　求解的残差曲线

　　从图 4－52 可以看出,出风口中心点的温度为 28.31℃,速度为 1.39m/s。与图 4－26 相比较,出风口中心点的温度降低了约 2.2℃,出风口速度增加了 0.34m/s。

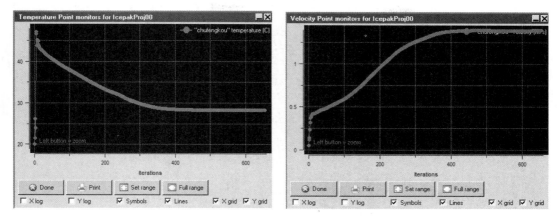

图 4－52　出风口的温度、速度监控点曲线

4.3.8　机箱系统的后处理显示

　　单击快捷工具栏中的切面后处理命令 ![icon]，打开 Plane cut 面板,保持 Set position 为 Z plane through center,勾选 Show contours,可得到 Z 方向中心切面的温度云图分布,如图 4－53 所示,切面的最高温度为 52.191℃。与图 4－27 相比,切面的最高温度降低了约 0.2℃。

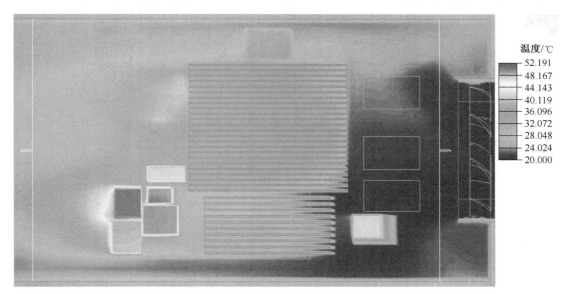

图 4－53　Z 切面温度云图分布

　　取消 Show contours 的勾选,勾选切面后处理命令的 Show vectors,单击 Apply,切面的速度矢量图如图 4－54 所示。与图 4－28 结果相比较,风机两侧的涡流区域减小,切面的最大速度增大,而且风机两侧的流场不对称。

　　修改切面后处理设置中 Set position 中为 Y plane through center,可分别得到 Y 切面的温度云图及速度矢量图,如图 4－55 和图 4－56 所示。

　　单击快捷工具栏中的体后处理命令 ![icon]，打开 Object face 面板,单击 Object 后侧的下拉菜

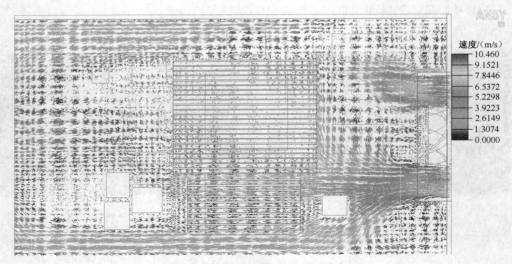

图 4—54　Z 切面速度矢量图分布

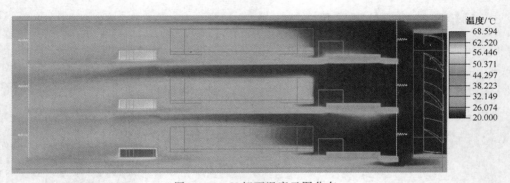

图 4—55　Y 切面温度云图分布

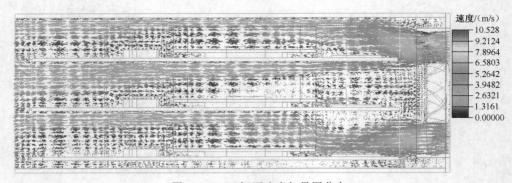

图 4—56　Y 切面速度矢量图分布

单,选择三个电路板模组的所有器件,勾选 Show contours,进行体的后处理云图显示,如图 4—57 所示,模组的最高温度为 79.476℃,最低温度为 27.884℃。

　　选择模型树下的进口 inlet、出风口 chufengkou,单击鼠标右键,在调出的面板中选择 Summary report→Separate,ANSYS Icepak 会自动调出 Define summary report 统计面板,在 Value 栏中选择 Mass flow,用于定量统计系统进出口的体积流量。统计后的体积流量如图 4—58 所示,可以看出,风机给系统提供的体积流量为 0.00990296m³/s。与图 4—32 相比较,

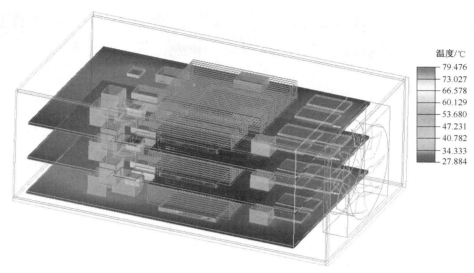

图 4-57　三个模组的温度分布云图

真实风机给系统提供的流量增大了 0.00190996m³/s,约增大 24%。

Object	Section	Sides	Value	Total	Area/volume	Mesh
inlet	All	All	Volume flow (m3/s)	0.00990296	0.00259463 m2	Full
chufengkou	All	All	Volume flow (m3/s)	-0.00990296	0.00778049 m2	Full

图 4-58　定量统计进出口的风量

　　选择模型树下 A、B、C 三个风道的 6 个开口模型,单击鼠标右键,在调出的面板中选择 Summary report→Separate,ANSYS Icepak 会自动调出 Define summary report 统计面板,在 Value 栏中选择 Mass flow,用于定量统计各个风道进出口的质量流量,如图 4-59 所示;在 Value 栏中选择 Pressure,表示定量统计各个风道进出口的压力值,如图 4-60 所示。

Object	Section	Sides	Value	Total	Area/volume	Mesh
Afengdao	All	All	Mass flow (kg/s)	-0.00291083	0.00207376 m2	Full
Bfengdao	All	All	Mass flow (kg/s)	-0.00395975	0.00238254 m2	Full
Cfengdao	All	All	Mass flow (kg/s)	-0.00437044	0.00238252 m2	Full
Afengdao.1	All	All	Mass flow (kg/s)	-0.00291084	0.00207376 m2	Full
Bfengdao.1	All	All	Mass flow (kg/s)	-0.00395975	0.00238254 m2	Full
Cfengdao.1	All	All	Mass flow (kg/s)	-0.00437043	0.00238252 m2	Full

图 4-59　各个开口质量流量统计

Object	Section	Sides	Value	Min	Max	Mean	Stdev	Area/volume	Mesh
Afengdao	All	All	Pressure (N/m2)	-3.16542	14.6992	3.44094	1.46881	0.00207376 m2	Full
Bfengdao	All	All	Pressure (N/m2)	-8.44347	27.6602	2.68662	4.55327	0.00238254 m2	Full
Cfengdao	All	All	Pressure (N/m2)	-1.77695	20.278	3.97022	2.35488	0.00238252 m2	Full
Afengdao.1	All	All	Pressure (N/m2)	3.38231	7.28896	4.16356	1.02968	0.00207376 m2	Full
Bfengdao.1	All	All	Pressure (N/m2)	3.51054	6.17412	4.35989	0.620775	0.00238254 m2	Full
Cfengdao.1	All	All	Pressure (N/m2)	2.99344	9.15465	4.27225	1.55713	0.00238252 m2	Full

图 4-60 各个开口的压力统计

ANSYS Icepak 使用 MRF 功能模拟真实轴流风机，可以计算得到真实轴流风机上的风速、压力面/吸力面的压力分布、整个系统内详细的迹线分布，如图 4-61 所示。

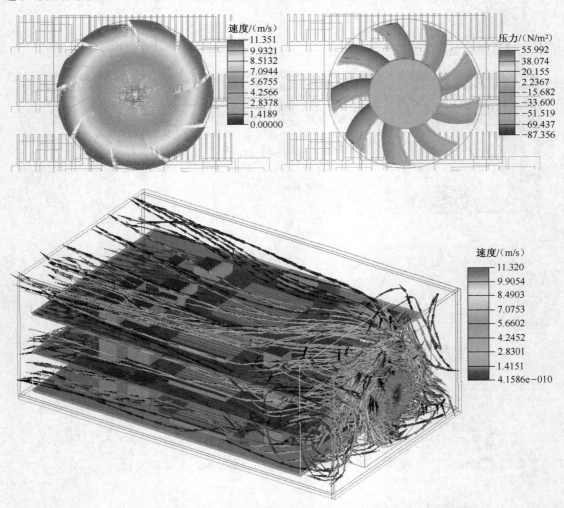

图 4-61 风机转速、压力及系统的迹线分布

表 4-2 为机箱系统内各个器件的最高温度数值。

表 4-2　不同风道内各个器件的最高温度

器件名称	最高温度/℃		
	A 风道	B 风道	C 风道
Y1	58.2138	58.6255	64.1899
U3	62.6477	62.3473	68.7005
U1	70.3739	68.5909	79.4762
U9	44.9375	44.1162	45.5119
U10	46.352	45.5333	46.1679
U11	45.3024	44.7621	47.471
U12	43.9065	43.4779	46.2828
U6	34.7522	35.4738	40.1866
U7	40.1459	39.4968	36.3422
U8	36.8211	37.0958	35.2766
L13	62.9764	64.6147	72.6177
J7	43.5355	43.1413	47.1364
L12	47.5144	49.8339	55.4863
Q1	46.8297	45.5313	47.0853
C32	49.998	52.65	58.2746
C30	46.5328	49.1747	53.4295
PCB	68.5471	66.7916	77.4256

4.4　小　　结

　　本章主要是以一个强迫风冷机箱散热为案例,分别使用了简化风机模型和真实风机模型来建立轴流风机,详细比较了二者对机箱系统内各个模块温度分布的影响,各个风道内流量及压力的影响。在 ANSYS CFD-Post 软件中,对二者的计算结果进行比较,Y 轴某切面的温度分布、速度分布如图 4-62 所示,图中标注的区域温度分布有所差别。

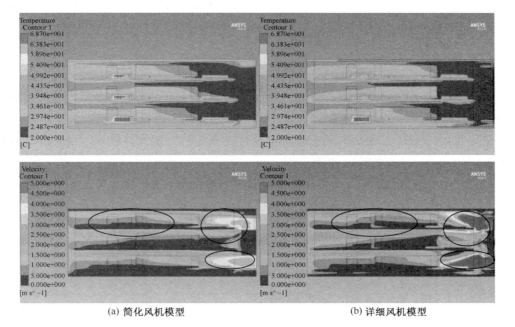

(a) 简化风机模型　　　　　　　　　　　(b) 详细风机模型

图 4-62　Y 轴切面的温度分布比较图

同样，Z 轴某个切面的温度分布、速度分布如图 4-63 所示，图中标注的区域温度均有所差别。

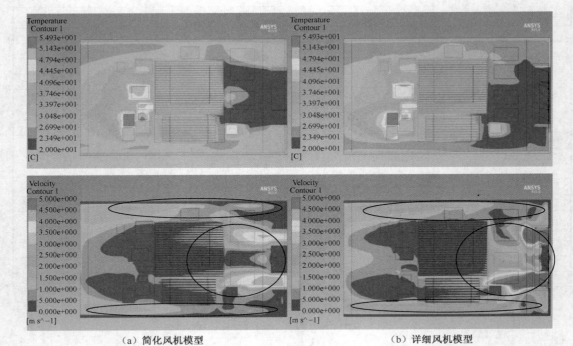

（a）简化风机模型　　　　　　　　　　（b）详细风机模型

图 4- 63　Z 轴切面的温度分布比较图

表 4-3 为两种模拟方法导致的不同风道风量比较表。

表 4-3　不同风道流量比较表

风道名称	风道内的流量/(kg/s)	
	简化风机	详细风机
A 风道	0.00193641	0.00291084
B 风道	0.00363427	0.00395975
C 风道	0.00361984	0.00437044

针对 4.2 节、4.3 节的计算结果，总体来说，使用详细真实的风机模型计算的各个模块温度低于使用简化风机的计算结果，前者局部区域存在高于后者的计算结果。两种方法计算的各个风道内器件的最高温度及差值详见表 4-4。

表 4-4　不同风道内各个器件的最高温度及差值

器件名称	最高温度及差值（简化风机结果减去详细风机结果）/℃								
	A 风道			B 风道			C 风道		
	简化风机	详细风机	差值	简化风机	详细风机	差值	简化风机	详细风机	差值
Y1	61.5257	58.2138	3.3119	60.6079	58.6255	1.9824	64.4677	64.1899	0.2778
U3	64.543	62.6477	1.8953	64.513	62.3473	2.1657	68.883	68.7005	0.1825
U1	73.8731	70.3739	3.4992	73.3842	68.5909	4.7933	77.4957	79.4762	-1.981

（续）

器件名称	最高温度及差值（简化风机结果减去详细风机结果）/℃								
	A 风道			B 风道			C 风道		
	简化风机	详细风机	差值	简化风机	详细风机	差值	简化风机	详细风机	差值
U9	47.5764	44.9375	2.6389	47.5468	44.1162	3.4306	51.4779	45.5119	5.966
U10	47.3665	46.352	1.0145	47.0151	45.5333	1.4818	52.9003	46.1679	6.7324
U11	46.4217	45.3024	1.1193	47.7105	44.7621	2.9484	52.9589	47.471	5.4879
U12	46.6302	43.9065	2.7237	46.4906	43.4779	3.0127	52.3638	46.2828	6.081
U6	39.7104	34.7522	4.9582	36.6816	35.4738	1.2078	40.1031	40.1866	−0.0835
U7	41.1527	40.1459	1.0068	40.8108	39.4968	1.314	39.9418	36.3422	3.5996
U8	35.361	36.8211	−1.460	35.2798	37.0958	−1.816	36.5151	35.2766	1.2385
L13	68.6589	62.9764	5.6825	66.7262	64.6147	2.1115	70.6318	72.6177	−1.9859
J7	49.084	43.5355	5.5485	46.5821	43.1413	3.4408	51.4691	47.1364	4.3327
L12	52.4931	47.5144	4.9787	50.5472	49.8339	0.7133	54.2567	55.4863	−1.2296
Q1	46.9075	46.8297	0.0778	46.5632	45.5313	1.0319	50.0361	47.0853	2.9508
C32	54.3776	49.998	4.3796	52.6082	52.65	−0.042	56.5831	58.2746	−1.6915
C30	50.8494	46.5328	4.3166	49.2826	49.1747	0.1079	52.5872	53.4295	−0.8423
PCB	72.0362	68.5471	3.4891	71.5681	66.7916	4.7765	75.7165	77.4256	−1.7091

通过前面的比较可以发现,使用真实的风机模型可以精确模拟机箱系统内的热特性分布,但是需要较大的计算量;而使用简化风机可大大减少计算量。

第5章 芯片封装的热阻计算

【内容提要】

本章以某一芯片封装为案例,重点讲解如何利用 ANSYS Icepak 计算封装的 R_{ja}(芯片 Die 与空气的热阻)、R_{jb}(芯片 Die 与电路板的热阻)、R_{jc}(芯片 Die 与封装管壳的热阻)。针对 R_{ja} 来说,分别计算了封装放置于 JEDEC(美国联合电子设备工程协会)标准机箱内自然冷却、强迫对流情况下的热阻数值。

本案例假设读者熟悉 ANSYS Icepak 软件的相关操作。另外,部分内容参考了 JEDEC 的电子器件热测试系列标准(JESD51)。

【学习重点】

- 掌握 ANSYS Icepak 如何导入芯片封装的 ECAD 模型;
- 掌握 ANSYS Icepak 模拟计算 R_{ja} 的方法;
- 掌握 ANSYS Icepak 模拟计算 R_{jb} 的方法;
- 掌握 ANSYS Icepak 模拟计算 R_{jc} 的方法。

5.1 封装 R_{ja} 热阻的计算

封装的热阻 R_{ja},表示芯片的节点 Junction 与外界空气的热阻,单位为 ℃/W,一般由芯片制造商提供。热阻 R_{ja} 的大小,通常用来判断芯片散热性能的好坏。图 5-1 表示某芯片的热阻 R_{ja}(包括自然冷却和强迫风冷)。

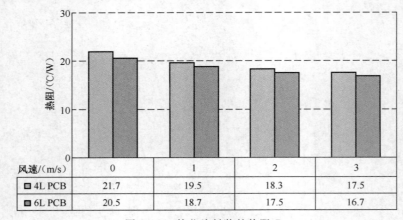

风速/(m/s)	0	1	2	3
■ 4L PCB	21.7	19.5	18.3	17.5
■ 6L PCB	20.5	18.7	17.5	16.7

图 5-1 某芯片封装的热阻 R_{ja}

5.1.1 热阻 R_{ja} 说明

热阻 R_{ja} 通常包括两种:一种为将芯片放置于 JEDEC 标准的密闭测试机箱中,芯片通过自然冷却进行散热,即外侧风速为 0,计算芯片封装的 R_{ja},如图 5-2 所示;另一种为将芯片放置于 JEDEC 标准的风洞中,通过外界的强迫风冷对芯片进行散热,需要计算不同风速下的芯片热阻 R_{ja},如图 5-3 所示,其中风洞垂直距离 h 应该大于测试电路板流向长度 L 的 2 倍,即 $h>2L$。

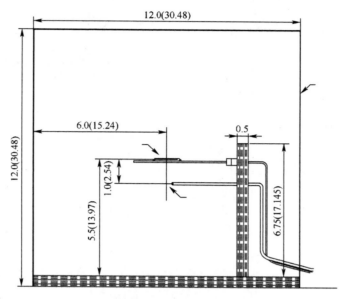

图 5-2　自然冷却状态下芯片热阻 R_{ja} 测试示意图

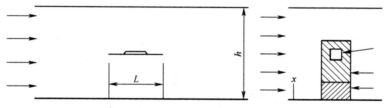

图 5-3　强迫风冷下芯片热阻 R_{ja} 测试示意图

芯片热阻 R_{ja} 的计算公式如下:

$$R_{ja} = (T_j - T_a)/P \qquad (5-1)$$

式中:R_{ja} 为芯片节点 Junction 至环境空气的热阻(℃/W);T_j 为芯片 Die 的最高温度(℃);T_a 为环境的空气温度(℃);P 为芯片 Die 的热耗(W);T_j、T_a 测量点示意图如图 5-4 所示。

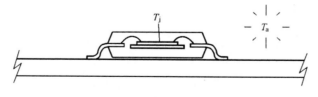

图 5-4　T_j、T_a 测量点示意图

进行 R_{ja} 计算时,芯片务必放置于电路板上,当芯片封装的尺寸小于 27mm 时,测试电路板的尺寸如图 5-5(a)所示;当芯片封装尺寸大于等于 27mm 时,测试电路板的尺寸如图 5-5(b)所示。

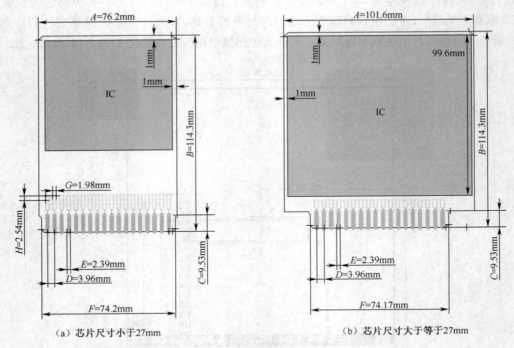

（a）芯片尺寸小于27mm　　　　　　（b）芯片尺寸大于等于27mm

图 5—5　JEDEC—测试电路板尺寸

5.1.2　自然冷却 R_{ja} 的计算

本案例芯片封装的尺寸为 14.06mm（长）×2.15mm（高）×14.06mm（宽），焊球个数 272 个。

1. 建立项目

单独启动 ANSYS Icepak 软件，在其欢迎界面中单击 New，建立新项目，在项目命名面板中输入 Rja—natural，完成项目的建立。

2. JEDEC 密闭机箱的建立

单击主菜单栏的 Macros→Packages→IC packages-Enclosures→JEDEC，如图 5—6 所示，打开建立 JEDEC 机箱的面板。

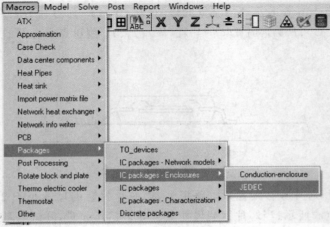

图 5—6　建立 JEDEC 机箱的命令

如图 5－7 所示,打开建立 JEDEC 机箱的面板。单击选择 Natural Convection,表示建立自然对流的 JEDEC 机箱。Plane 表示电路板所处的面,默认为 $X-Z$;如果芯片封装尺寸小于27mm,保持 Location 下的坐标及尺寸为默认设置;如果芯片尺寸大于等于 27mm,则在Location 下 Specify by 中输入芯片的长度和宽度。

在 Number of Package leads/balls(I/O)中输入芯片焊球的个数 272,在 Board Type 中选择 4－layer,Top layer thickness 保持默认设置,表示 JEDEC 标注测试板顶层、底层的铜箔厚度,Inner layer thickness 保持默认设置,表示 JEDEC 标注测试板中间两层铜箔的厚度;勾选Create assembly,单击 Accept,完成机箱的建立,如图 5－8 所示。

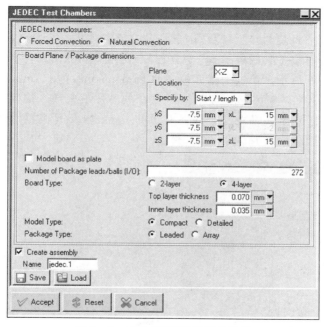

图 5－7　建立 JEDEC 机箱的面板

如图 5－8 所示,在模型树下,罗列了机箱的所有模型,包括电路板 board、机箱 6 个面 wall,

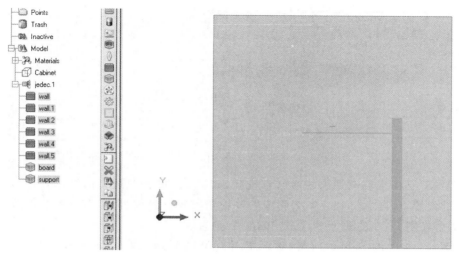

图 5－8　建立的 JEDEC 机箱

support 固定支架。ANSYS Icepak 会自动将 JEDEC 机箱的参数输入给相应的模型，不需要用户自己建立，机箱各个部件及属性参数可参考表 5—1。

表 5—1　机箱各部件材料属性

器件名称	密度/(kg/m³)	比热容/(J/kg·K)	热导率/(W/(m·K))	换热系数
wall	—	—	—	5W/(m²·K)
board	1250	1300	切向：25.76328 法向：0.383493	
support	1120	1400	0.2	

3. 芯片封装的 EDA 导入

为了详细模拟芯片封装的热阻参数，因此在建立热模型时，建议导入 ECAD 软件设计的芯片封装模型。单击模型工具栏中的 █，建立芯片封装模型，双击模型树下的封装模型，打开其编辑窗口，如图 5—9 所示。单击编辑面板中的 Dimensions，单击 Import ECAD file 后侧的 Choose type，可打开 ANSYS Icepak 与 ECAD 软件的芯片模型导入接口。选择 ASCII TCB，在调出的面板中，浏览选择学习光盘文件夹 5 下的 Package.tcb 模型，如图 5—9 所示，单击 Trace file 面板下的打开，读入 tcb 的布线文件。

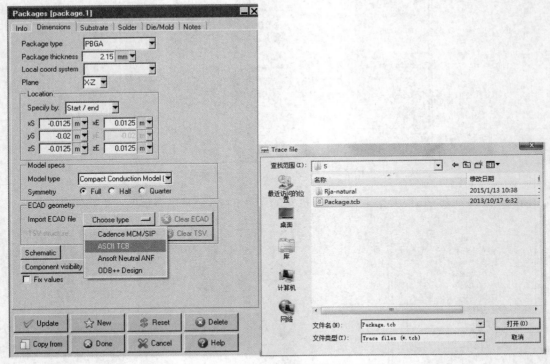

图 5—9　ANSYS Icepak—封装的 ECAD 接口

ANSYS Icepak 会自动调出芯片封装基板 Substrate 的铜箔过孔信息，如图 5—10 所示，保持默认的设置，单击 Accept。本案例芯片封装导入 ECAD 文件后，芯片封装放置的面不正确，因此需要在图 5—9 的面板中，修改 Plane 后侧为 $X-Z$。

单击图 5—9 中的 Solder 面板（表示芯片封装的焊球参数），如图 5—11 所示，在 Ball shape 中选择 Cylinder，表示将芯片封装的焊球简化等效成圆柱体；单击 Die/Mold 面板，在

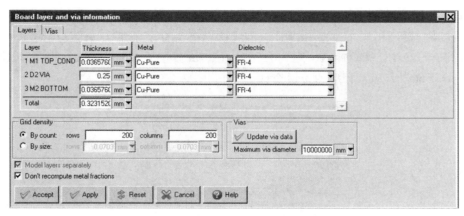

图 5－10　芯片封装基板的布线过孔信息

Total power 中输入 1，表示芯片的热耗为 1W；其他保持默认设置，单击图 5－9 中的 Update，Done，完成芯片封装的参数输入。

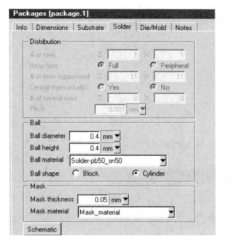 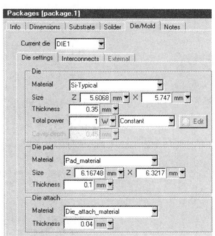

图 5－11　芯片封装焊球和 Die 的参数信息

　　ANSYS Icepak 会根据芯片封装的 ECAD 模型信息，自动建立芯片封装的大小、基板、焊球、Die、金线等的尺寸参数；完全导入 ECAD 信息的芯片封装模型如图 5－12 所示，简化后的金线模型将变为多边形的 Plate 薄板模型，如图 5－12 所示。

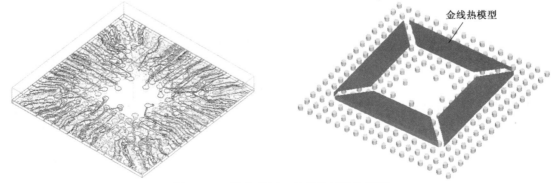

图 5－12　导入 ECAD 的芯片封装热模型

4. 芯片封装定位

由于芯片封装的坐标是根据 ECAD 模型的信息得到的,因此需要对芯片封装进行定位。

芯片封转导入 ECAD 布线后,图 5−9 中 Location 面板下的坐标输入框将变为灰色,如图 5−13 所示,不能对其输入相应的坐标信息。

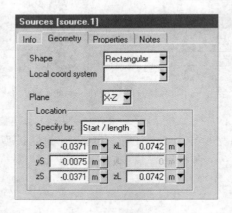

图 5−13 芯片封装的编辑面板

按照图 5−5 所示,需要将芯片定位到测试电路板的对应位置。为了将芯片定位到准确的位置,本案例使用 Source 面热源来作为参考,对芯片封装进行坐标定位。单击模型工具栏中的 Source,建立 Source 面热源,按照图 5−14 的标注,输入热源的坐标及尺寸信息。

图 5−14 Sources 面热源的尺寸信息

在模型树下选择建立的芯片封装 Package.1 模型,单击右键,在弹出的面板内,选择 Create—Assembly,如图 5−15 所示,对封装完成装配体的建立。

使用两个面中心位置对齐的命令,将芯片封装装配体的底面与 Source 面热源的中心位置进行对齐,如图 5−16 所示,可以发现芯片位置进行了移动。选择模型树下的 Source,单击鼠标右键,选择 Active,将 Source 面热源抑制,或者直接删除 Source 面热源,完成封装位置的精确定位。按照上述步骤的操作,就得到了此芯片封装 JEDEC 自然冷却计算的热仿真模型。

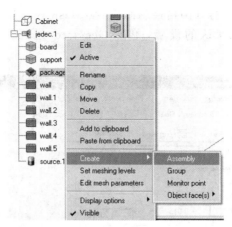

图 5—15　芯片封装装配体的建立

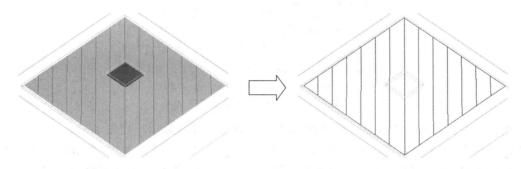

图 5—16　芯片封装的定位

5. 网格划分

双击图 5—15 建立的 assembly.1，打开其编辑窗口，单击 Meshing 面板，勾选 Mesh separately，在 Slack settings 下，在 Min X、Max X、Min Y、Max Y、Min Z、Max Z 后侧的空白处各输入 2mm，如图 5—17 所示，表示对芯片封装建立非连续性网格，非连续性区域六个面向外扩展 2mm，单击 Done，完成非连续性网格的设置。

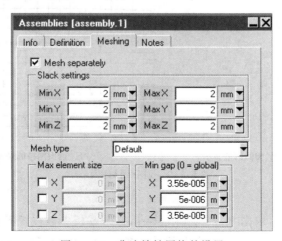

图 5—17　非连续性网格的设置

单击"网格划分"按钮，打开网格控制面板，在 Mesh type 中选择 Hexa unstructured，如图 5－18 所示，保持其他默认的设置，单击 Generate，进行网格划分，划分的网格个数为 830704。

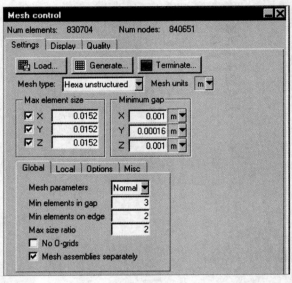

图 5－18　网格划分面板设置

单击图 5－18 中的 Display，可对整体热模型的网格进行显示。勾选 Display mesh，然后选择芯片封装模型，显示芯片封装的网格，如图 5－19(a)所示，可以发现，非结构化网格可以将芯片的焊球、金线等模型进行贴体划分。图 5－19(b)为热模型切面的网格显示，可以看出，非连续性网格可大幅度减少网格个数，降低 CFD 的计算量。单击图 5－18 的 Quality，可对划分的网格进行质量检查。

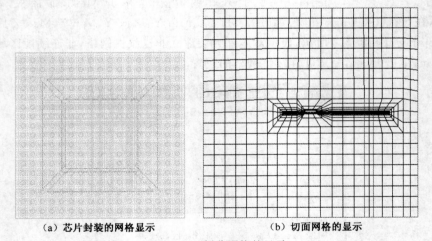

（a）芯片封装的网格显示　　　　（b）切面网格的显示

图 5－19　划分网格的显示

6. 基本参数设置

打开 Problem setup，双击 Basic parameters，打开基板参数设置面板，选择 Radiation 下的 Discrete ordinates radiation model，点击其后侧的 Options，在 Discrete ordinates parameters

面板中,输入 Theta divisions 和 Phi divisions 后侧的数值为 2,单击 Accept;在 Flow regime 下,选择 Turbulent 湍流模型,保持默认的 Zero equation 零方程模型;勾选 Gravity vector,保持 Y 后侧为 $-9.80665\mathrm{m/s^2}$,如图 5—20 所示。

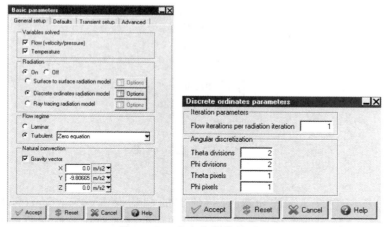

图 5—20　基本参数设置(一)

单击 Defaults,保持默认的环境温度为 20℃;单击 Transient setup,在 Y velocity 中输入 0.15,如图 5—21 所示,完成基本参数的输入。

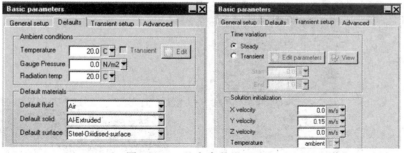

图 5—21　基本参数设置(二)

7. 求解残差设置

打开 Solution settings,双击 Basic settings,打开求解的基本参数设置面板,修改 Number of iterations 的数值为 200,表示迭代计算的最大步数为 200,保持其他残差数值不变,如图 5—22 所示,完成求解基本参数的输入。

图 5—22　求解基本参数设置面板

8. 设置变量的监控点

选择模型树下的 board，直接拖动至 Points 下，如图 5－23 所示，在求解计算过程中，ANSYS Icepak 会自动监测 board 中心点位置的温度。

图 5－23　温度监控点的建立

9. 求解计算

单击快捷工具栏中的求解按钮■，保持所有的默认设置，单击 Start solution，ANSYS Icepak 会启动 Fluent 求解器进行计算，随即跳出相应的残差曲线和温度监控点曲线，直至求解计算收敛，如图 5－24 所示。

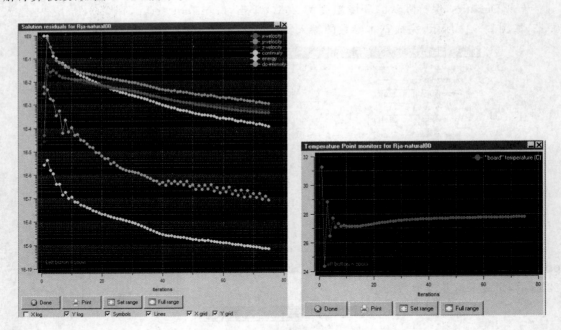

图 5－24　求解残差曲线及温度监控点曲线

10. 后处理显示及 R_{ja} 计算

使用 ANSYS Icepak 提供的体后处理命令和切面后处理命令，可查看芯片封装的温度云图分布及 JEDEC 自然冷却机箱内的切面速度矢量图分布，如图 5－25 所示。

根据图 5－25 可以得到，芯片封装 Die 的最高温度为 55.37℃，同时根据式(5－1)，可以计算自然冷却情况下，此芯片封装的热阻 R_{ja} 为

$$R_{ja}=\frac{T_j-T_a}{P}=\frac{55.37-20}{1}=35.37℃/W$$

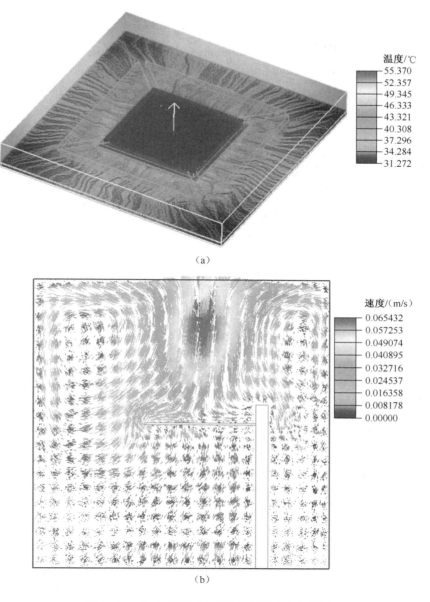

(a)

(b)

图 5－25　芯片的温度云图及切面的速度矢量图

5.1.3　强迫风冷 R_{ja} 的计算

1. 建立项目

启动 ANSYS Icepak 软件,在其欢迎界面中单击 New,建立新项目,在项目命名面板中输入 Rja－force,完成项目的建立。

2. JEDEC 强迫风冷机箱的建立

单击主菜单栏的 Macros → Packages → IC packages-Enclosures → JEDEC,打开建立 JEDEC 机箱的面板。

如图 5－26 所示,打开建立 JEDEC 机箱的面板。单击选择 Force Convection,表示建立强迫风冷的 JEDEC 机箱。Plane 表示电路板所处的面,默认为 $X-Z$;保持 Location 下的坐标及尺寸为默认设置。在 Number of Package leads/balls(I/O)中输入芯片焊球的个数 272,在 Board Type 中选择 4-layer,Top layer thickness 保持默认设置,表示 JEDEC 标注测试板顶层、底层的铜箔厚度,Inner layer thickness 保持默认设置,表示 JEDEC 标注测试板中间两层铜箔的厚度;勾选 Create assembly,如图 5-26 所示。单击 Accept,ANSYS Icepak 会弹出 Objects outside 面板,选择 Resize cabinet,表示自动缩放计算区域,完成 JEDEC 强迫风冷机箱的建立。

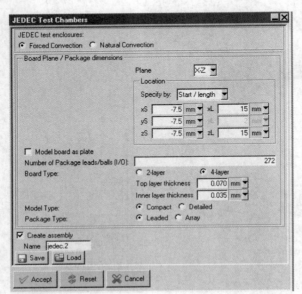
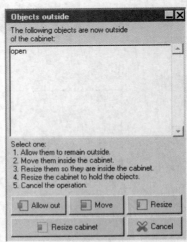

图 5-26 建立 JEDEC 机箱的面板

建立的强迫风冷 JEDEC 机箱模型如图 5-27 所示,其中测试电路板 Board 的切向热导率为 25.76328W/(m·K),法向热导率为 0.383493W/(m·K)。

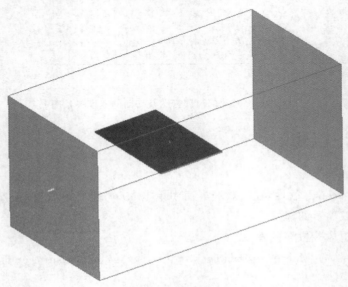

图 5-27 建立的 JEDEC 机箱模型

与 5.1.2 节的第 3 步完全相同,建立芯片封装 Package 模型,在 Package 的面板下,导入 tcb 布线过孔文件,建立详细的芯片封装热模型,同样,在芯片 Die/Mold 面板下,输入芯片的热耗 1W。

与 5.1.2 节的第 4 步完全相同,建立 Source(74.2mm×74.2mm)作为参考面,将芯片封装定位至合理的位置,如图 5-28 所示,然后删除或抑制 Source。

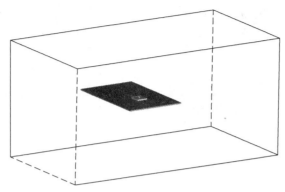

图 5-28　导入 ECAD 的芯片封装热模型

3. 网格划分处理

与 5.1.2 节的第 5 步相同,按照图 5-17 所示,对芯片封装的 Assembly 建立非连续性网格。

单击网格划分按钮▓,打开网格控制面板,在 Mesh type 中选择 Hexa unstructured,如图 5-29 所示,保持其他默认的设置,单击 Generate,进行网格划分,划分的网格个数为 832078。

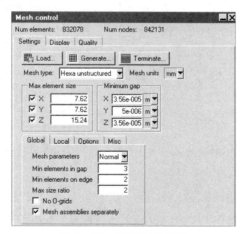

图 5-29　网格划分面板

单击图 5-29 中的 Display,可对整体热模型的体网格以及切面的网格进行显示,如图 5-30 所示。单击图 5-29 的 Quality,可对划分的网格进行质量检查。

4. 进口风速参数化

由于需要计算不同风速下的 R_{ja},因此本案例对进口的风速进行参数化设置。

双击模型树下的 Open,单击其属性面板,如图 5-31 所示。勾选 Z Velocity,设置其 Z 方向的速度,在其后侧输入"$sudu",设置进口风速为一变量。单击 Done,ANSYS Icepak 将调出 Param value 面板,提示输入变量 sudu 的初始值,在空白处输入 1,表示 sudu 的初始值为

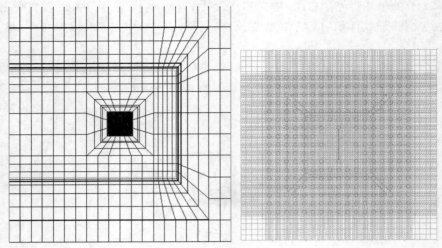

图 5—30　网格显示

1m/s。

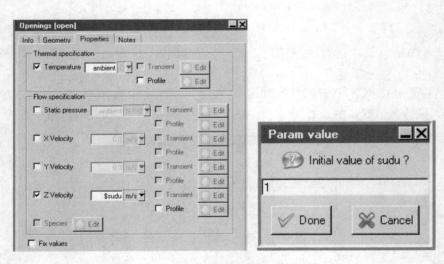

图 5—31　设置进口风速为变量并输入初始值

5. 基本参数设置

打开 Problem setup，双击 Basic parameters，打开基板参数设置面板，选择 Radiation 为 Off，表示忽略辐射换热计算；在 Flow regime 下，选择 Turbulent 湍流模型，保持默认的 Zero equation 零方程模型；保持其他默认设置，如图 5—32 所示，单击 Accept。

6. 求解残差设置

打开 Solution settings，双击 Basic settings，打开求解的基本参数设置面板，修改 Number of iterations 的数值为 200，表示迭代计算的最大步数为 200，保持其他残差数值不变，完成求解基本参数的输入。

7. 设置变量的监控点

选择模型树下的 open.1，直接拖动至 Points 下；双击 Points 下的 open.1，打开监测点变量的选择面板，勾选面板中的 Temperature、Velocity，如图 5—33 所示，ANSYS Icepak 会在计

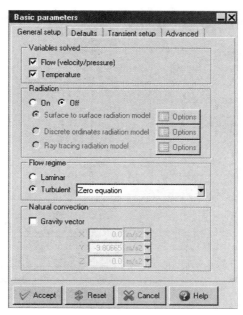

图 5－32　基本参数设置

算过程中,自动监测 open.1 中心点位置的温度和速度。

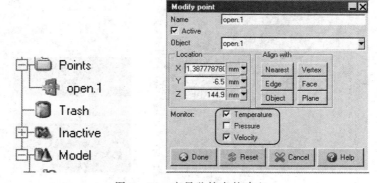

图 5－33　变量监控点的建立

8. 求解计算

单击主菜单栏的 Solve→Run optimization,可以打开参数化计算面板,如图 5－34(a)所示。选择 Parametric trials,表示进行参数化计算;单击 Design variables,如图 5－34(b)所示,选择 sudu,右侧的 Discrete value 中保留 sudu 的初始值 1,依次输入 2 3(数值之间至少保留一个空格),单击 Apply,表示设置变量 sudu 的数值为 1m/s、2m/s、3m/s。

直接单击图 5－34 面板中的 Run,ANSYS Icepak 会依次计算进口风速为 1m/s、2m/s、3m/s 情况下,芯片封装的温度分布。相应的迭代残差曲线和监控点曲线如图 5－35 所示。

9. 后处理显示及 R_{ja} 计算

使用 ANSYS Icepak 提供的体后处理命令可查看芯片封装在不同风速下的温度分布云图,如图 5－36 所示。

根据图 5－36 可以得到不同风速下芯片封装 Die 的最高温度,根据式(5－1),可以计算强迫风冷情况下,该芯片封装的热阻 R_{ja}。

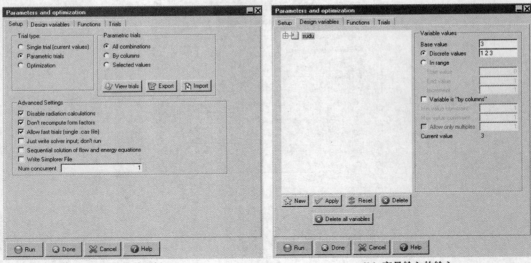

（a）参数化计算面板　　　　　　（b）变量输入的输入

图 5—34　参数化计算的设置

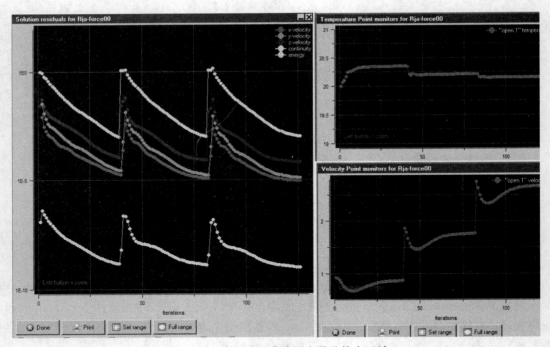

图 5—35　求解残差曲线及变量监控点区域

（1）进口风速 1m/s：

$$R_{ja} = \frac{T_j - T_a}{P} = \frac{49.86 - 20}{1} = 29.86(℃/W)$$

（2）进口风速 2m/s：

$$R_{ja} = \frac{T_j - T_a}{P} = \frac{48.12 - 20}{1} = 28.12(℃/W)$$

（3）进口风速 3m/s：

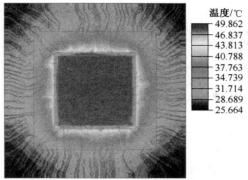

（a）进口风速1m/s

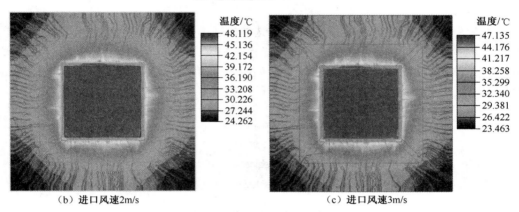

（b）进口风速2m/s　　　　　　　（c）进口风速3m/s

图 5－36　不同风速下芯片的温度云图分布

$$R_{ja} = \frac{T_j - T_a}{P} = \frac{47.14 - 20}{1} = 27.14(℃/W)$$

表 5－2 为该芯片在不同工况下的热阻 R_{ja} 数值。

表 5－2　芯片封装的热阻 R_{ja} 值

风速/(m/s)	0(自然冷却)	1(强迫风冷)	2(强迫风冷)	3(强迫风冷)
Die 的最高温度/℃	55.37	49.86	48.12	47.14
热阻/(℃/W)	35.37	29.86	28.12	27.14

5.2　芯片封装热阻 R_{jc} 的计算

R_{jc} 表示芯片封装的节点 Die 至芯片管壳 Case 顶部的热阻。将芯片封装放置于四周绝热的环境中，芯片封装仅仅通过管壳的顶部与外接环境进行换热，恒定的换热系数为 25W/K·m²。R_{jc} 测试的示意图如图 5－37 所示。

R_{jc} 的计算公式为

$$R_{jc} = (T_j - T_c)/P \tag{5-2}$$

式中：T_j 为芯片 Die 的最高温度(℃)；

　　　T_c 为芯片管壳 Case 的最高温度(℃)；

　　　P 为芯片 Die 的热耗(W)。

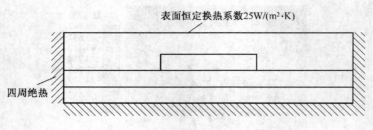

图 5－37　R_{jc} 测试示意图

5.2.1　模型修复及热边界条件加载

1. 模型修复

打开 5.1.2 节自然冷却计算的芯片模型,选择模型树下除了 package.1 以外的所有器件,单击右键,选择 Delete,删除选择的模型。选择模型树下的 package.1,拖动至 Model 下,将芯片封装的模型移出装配体,然后删除装配体。如图 5－38 所示,模型树下仅仅包含 package.1模型。

图 5－38　R_{jc} 计算热模型

双击模型树下的 package.1 模型,打开其编辑窗口,单击 Die/Mold 面板,修改其 Total power 为 0.5W。

选择模型树下的 Cabinet,单击右下角区域的 Autoscale,如图 5－39 所示,ANSYS Icepak自动缩放计算区域的大小。

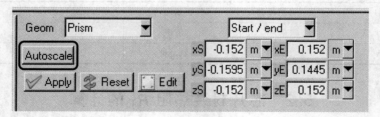

图 5－39　自动缩放计算区域

2. 热边界条件加载

双击模型树下的 Cabinet,打开其编辑窗口,单击 Max y 的下拉菜单,选择 Wall,保持其他默认设置。单击 Max y 右侧的 Edit,可以打开 Wall 的编辑窗口,如图 5－40 所示。在 External conditions 下选择 Heat transfer coefficient,表示输入换热系数的热边界条件,勾选 Heat transfer coeff,在其右侧的 Heat transfer coeff 中输入 25,表示芯片封装的管壳顶部与外界环境的换热系数。

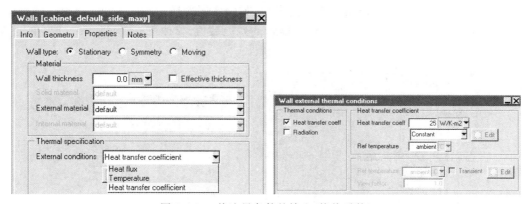

图 5－40　热边界条件的输入(换热系数)

5.2.2　模型的网格划分

打开网格划分的面板,如图 5－41 所示,保持 Mesh type 为 Hexa unstructured,表示使用非结构化网格;在 Max element size 中对 X、Y、Z 分别输入 0.703mm、0.1075mm、0.703mm(各个方向尺寸为计算区域 Cabinet 的 1/20),保持其他默认的设置,单击 Generate,进行网格的划分,划分的网格个数为 766101。

单击网格控制面板中的 Display,可以对芯片封装的模型及切面网格进行显示检查;单击 Quality,可检查不同标准的网格质量数值。

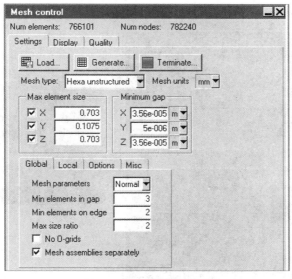

图 5－41　网格划分设置

5.2.3　计算求解设置

由于进行芯片封装热阻 R_{jc} 模拟计算时,模型四周均绝热,芯片封装仅仅通过管壳顶部散热,模型内部几乎没有空气,因此仅仅需要计算传导,而无流动计算。双击 Basic parameters,打开基本参数设置面板,如图 5－42 所示,取消 Flow(velocity/pressure)前的勾选。辐射换热 Radiation 下选择 Off,表示忽略辐射换热。

双击 Basic settings,打开求解基本设置面板,如图 5-42 所示,修改 Number of iterations 为 200。由于仅仅计算传导,因此需要减小能量的残差数值,修改 Energy 为 1e-17,单击 Accept。

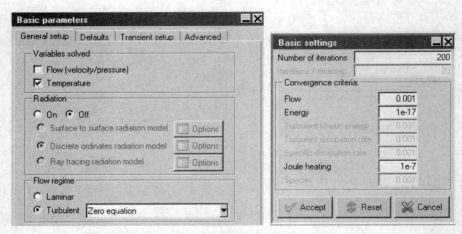

图 5-42　基本参数及求解基本设置面板

选择模型树下的 package. 1,拖动至 Points 下,在求解计算过程中,ANSYS Icepak 会默认监测 package. 1 中心点的温度。

单击快捷工具栏中的求解按钮,打开求解计算面板,单击 Start solution,ANSYS Icepak 会驱动 Fluent 求解器进行计算,求解计算的残差曲线及温度监控点曲线如图 5-43 所示。

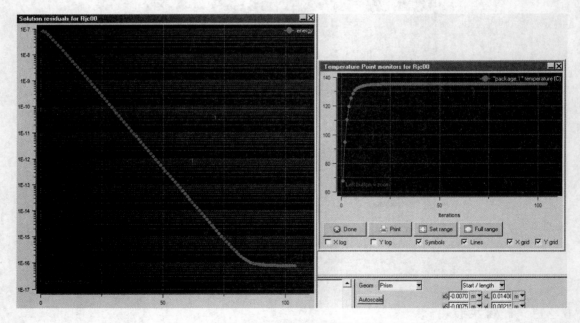

图 5-43　求解计算的残差曲线及温度监控点曲线

5.2.4　后处理显示

使用 ANSYS Icepak 的体后处理命令,可显示芯片封装的管壳、Die、金线、基板及焊球等的温度分布,如图 5—44 所示。

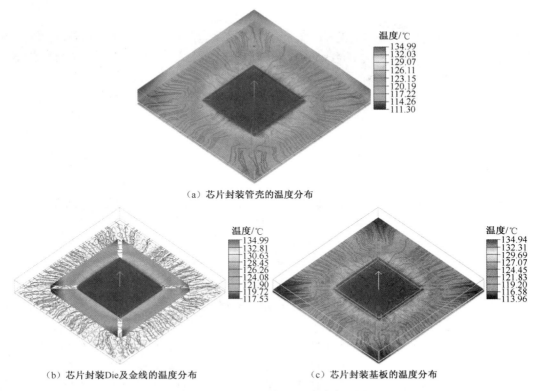

（a）芯片封装管壳的温度分布

（b）芯片封装Die及金线的温度分布　　　　　　（c）芯片封装基板的温度分布

图 5—44　芯片封装的温度分布云图

选择模型树下的 cabinet_default_side_maxy（建立的 Wall 模型）,单击鼠标右键,在调出
的面板下选择 Summary report→Separate,ANSYS Icepak 将调出 Define summary report 的
面板,如图 5—45 所示,保持 Value 下默认选择 Temperature。

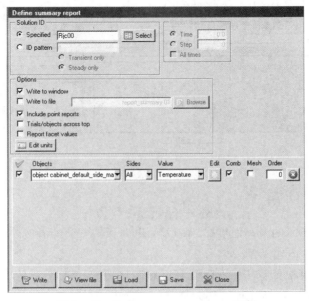

图 5—45　Define summary report 面板

单击图 5—45 中的 Write，ANSYS Icepak 将统计此面(芯片封装的管壳顶部)温度的最大数值、最小数值以及平均温度，如图 5—46 所示。

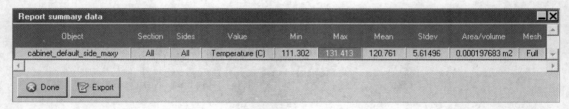

图 5—46　Define summary report 面板

5.2.5　芯片封装 R_{jc} 计算

由图 5—44 可以看出，Die 的最高温度为 134.99℃。由图 5—46 可以看出，芯片封装 Case 的最高温度为 131.413℃，根据式(5—2)，可计算热阻 R_{jc} 的数值：

$$R_{jc} = \frac{T_j - T_c}{P} = \frac{134.99 - 131.413}{0.5} = 7.154(℃/W)$$

5.3　芯片封装热阻 R_{jb} 的计算

R_{jb} 表示芯片封装的节点 Die 至电路板 Board 的热阻，其真实的测试示意图如图 5—47 所示。芯片封装放置于 PCB 电路板上，电路板长、宽方向的尺寸均大于芯片封装 5mm，将芯片和电路板放置于密闭的空间内，电路板四周的面处于恒定的温度，芯片封装的热量只能通过电路板传导至电路板四周恒温的壁面。

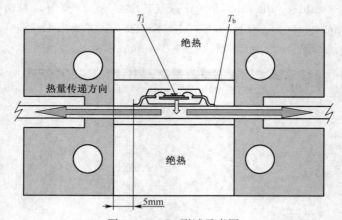

图 5—47　R_{jb} 测试示意图

芯片封装 R_{jb} 的计算公式为

$$R_{jb} = (T_j - T_b)/P \tag{5—3}$$

式中：T_j 为芯片 Die 的最高温度(℃)；T_b 为电路板 board 的温度(℃)；P 为芯片 Die 的热耗(W)。

ANSYS Icepak 模拟计算 R_{jb} 的热模型示意图如图 5—48 所示，其中阴影部分为绝热壁面，箭头标注的面为 PCB 四周的面，其为恒定的壁面温度(0℃)。

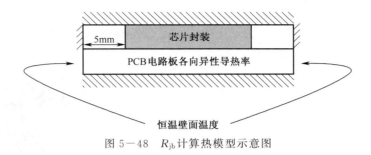

图 5-48　R_{jb} 计算热模型示意图

5.3.1　模型修复

1. 模型修复

打开 5.1.2 节自然冷却计算的芯片模型,选择模型树下除了 package.1 以外的所有器件,单击右键,选择 Delete,删除选择的模型。选择模型树下的 package.1,拖动至 Model 下,将芯片封装的模型移出装配体,然后删除装配体,模型树下仅仅包含 package.1 模型。

2. R_{jb} 热边界条件生成

单击主菜单 Macros→Packages→IC packages→BGA,在调出的 pbga creation 面板下,如图5-49 所示,单击 Dimensions,默认 Plane 为 $X-Z$ 面,再 Specify by 中输入芯片封装的长、宽尺寸分别 14.06mm,在 Package thickness 中输入 2.15mm,在 Model type 中选择 Characterize JB,勾选 Create assembly,如图 5-49 所示,单击 Accept。

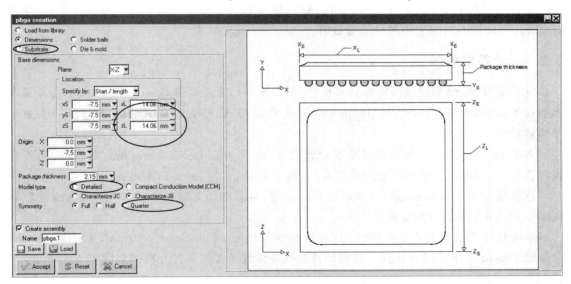

图 5-49　R_{jb} 热边界模型的建立

在模型树下打开 pbga.1 装配体,选择 board.1、iso-wallyx、iso-wallyx.1、iso-wallyz、iso-wallyz.1,拖动至 Model 下,将 R_{jb} 计算的热边界模型及电路板模型移出 pbga.1 装配体,关闭 pbga.1 装配体。使用中心对齐的命令,将模型树下 package.1(导入布线的芯片)与 pbga.1 装配体进行中心对齐。

选择模型树下的 Cabinet,单击右下角区域的 Autoscale,ANSYS Icepak 自动缩放计算区域的大小,如图 5-50 所示,最后删除模型树下的 pbga.1 装配体模型。

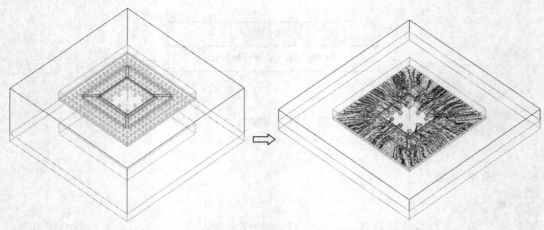

图 5-50　封装模型的对齐定位

5.3.2　模型的网格划分

打开网格划分的面板,保持 Mesh type 为 Hexa unstructured,表示使用非结构化网格;在 Max element size 中对 X、Y、Z 分别输入 1.203mm、0.1875mm、0.703mm(各个方向尺寸为计算区域 Cabinet 的 1/20),保持其他默认的设置,单击 Generate,进行网格的划分,划分的网格个数为 1262521。

单击网格控制面板中的 Display,可以对芯片封装的模型及切面网格进行显示检查;单击 Quality,可检查不同标准的网格质量数值。

5.3.3　计算求解设置

计算芯片 R_{jb} 热阻时仅仅需要计算传导,而无流动计算。双击 Basic parameters,打开基本参数设置面板,取消 Flow(velocity/pressure)前的勾选,辐射换热 Radiation 下选择 Off,表示忽略辐射换热。

双击 Basic settings,打开求解基本设置面板,修改 Number of iterations 为 200。由于仅仅计算传导,因此需要减小能量的残差数值,修改 Energy 为 1e-17,单击 Accept。

选择模型树下的 package.1,拖动至 Points 下,在求解计算过程中,ANSYS Icepak 会默认监测 package.1 中心点的温度。

单击快捷工具栏中的求解按钮,打开求解计算面板,单击 Start solution,ANSYS Icepak 会驱动 Fluent 求解器进行计算。求解计算的残差曲线及温度监控点曲线如图 5-51 所示。

5.3.4　后处理显示

使用 ANSYS Icepak 的体后处理命令,可显示芯片封装的管壳、Die、金线、基板及焊球等的温度分布,如图 5-52 所示。

5.3.5　芯片封装 R_{jb} 计算

由图 5-52 可以看出,Die 的最高温度为 29.17℃。由于在上面的数值计算中,设定电路板四周的面为恒定的温度(0℃),那么式(5-3)中 T_b 的数值即为 0℃,因此此芯片封装的热

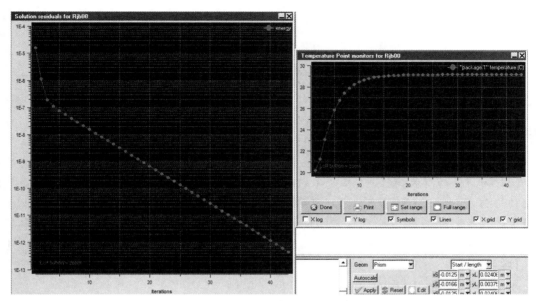

图 5-51　求解计算的残差曲线及温度监控点曲线

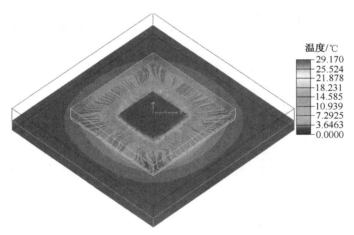

图 5-52　PCB 板及芯片封装的温度分布云图

阻为

$$R_{jb} = \frac{T_j - T_b}{P} = \frac{29.17 - 0}{1} = 29.17(\text{℃}/\text{W})$$

5.4　小　　结

本章主要是以一个 ECAD 模型的芯片封装为例,详细讲解了如何利用 ANSYS Icepak 计算封装的 R_{ja}(芯片 Die 与空气的热阻)热阻、R_{jc}(芯片 Die 与封装管壳的热阻)、R_{jb}(芯片 Die 与电路板的热阻)热阻。针对 R_{ja} 来说,分别计算了芯片封装放置于 JEDEC(美国联合电子设备工程协会)标准机箱内自然冷却、强迫对流情况下的热阻数值。

第6章　芯片封装 Delphi 模型的提取

【内容提要】

芯片封装 Delphi 模型是微电子封装的热阻模型,包含内部节点与封装各个面之间的热阻。通过对详细的封装模型进行多次不同边界条件工况的计算,可以得到节点与各个面之间的热阻数值。在常见的电子产品系统级热模拟计算中,应用芯片的 Delphi 热模型,可以在保证计算精度的同时,大幅度减少热模拟的计算量。本章将重点讲解 ANSYS Icepak 提取芯片封装 Delphi 模型的方法和步骤。

【学习重点】

- 掌握 Microsoft Office Excel 选项的正确配置;
- 掌握提取封装 Delphi 模型的方法和步骤。

6.1　正确配置 Microsoft Office Excel 选项

如果要提取详细芯片封装模型的 Delphi 热阻模型,首先需要在计算机上安装好 Microsoft Office Excel 和 ANSYS Icepak 软件(注意:Microsoft Office Excel 版本必须是 2003 以上的版本),对 Microsoft Office Excel 进行配置的步骤如下:

1. 建立 Microsoft Office Excel 文件

在计算机中,单击鼠标右键,选择新建 Microsoft Office Excel 工作表,如图 6-1 所示。对建立的 Microsoft Office Excel 文件进行命名,双击打开建立的 Microsoft Office Excel 文件。

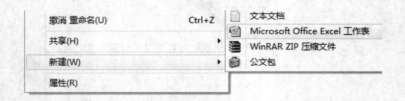

撤消 重命名(U)	Ctrl+Z		文本文档
共享(H)	▶		Microsoft Office Excel 工作表
新建(W)	▶		WinRAR ZIP 压缩文件
属性(R)			公文包

图 6-1　新建 Microsoft Office Excel 文件

2. MicrosoftOffice Excel ——加载项设置

单击 Microsoft Office Excel 界面左上角图标 ,单击选择下侧的 Microsoft Office Excel 选项,如图 6-2 所示。随即 Microsoft Office Excel 会自动弹出 Microsoft Office Excel 选项面板,如图 6-3 所示。

单击图 6-3 中左侧的加载项,出现图 6-4 的面板。单击图 6-4 中的规划求解加载项,然后单击下侧区域的"转到",可打开加载宏的面板,如图 6-5 所示。

在图 6-5 中,勾选规划求解加载项,单击确定。

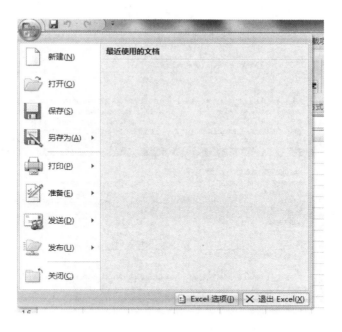

图 6－2 打开 Microsoft Office Excel 选项

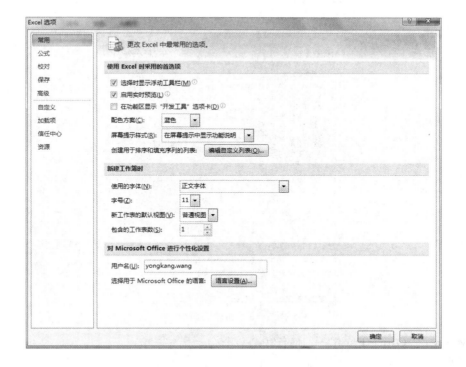

图 6－3 Microsoft Office Excel 选项面板

图 6—4　加载项面板

图 6—5　加载宏面板

3. Microsoft Office Excel ——信任中心设置

重新单击进入 Microsoft Office Excel 选项面板,单击图 6—3 中左侧的信任中心,如图 6—6 所示。单击图 6—6 中的信任中心设置,打开信任中心设置面板,如图 6—7 所示。

在图 6—7 面板中,单击选择左侧的宏设置,选择"启用所有宏(不推荐;可能会运行有潜在危险的代码)(E)",单击确定。

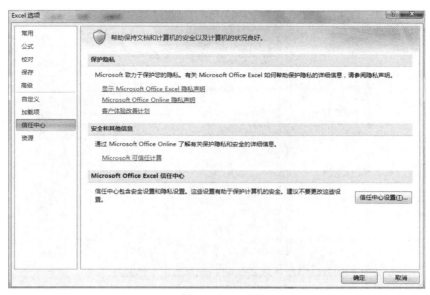

图 6－6 信任中心面板

至此，完成 Microsoft Office Excel 各个选项的配置。

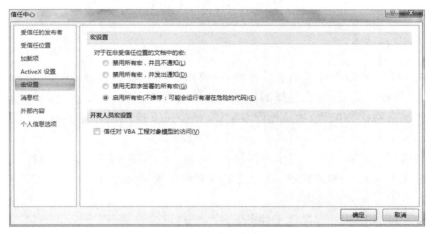

图 6－7 信任中心设置面板

4. Icepak —— Microsoft Office Excel 安装目录设置

在 ANSYS Icepak 里提取芯片封装的 Delphi 热阻模型，还需要保证在 ANSYS Icepak 里配置 Microsoft Office Excel 正确的安装位置。

启动 ANSYS Icepak 软件，单击主菜单 Edit→Preferences，单击左侧 Options 下的 Misc 选项，如图 6－8 所示，查看右侧的 Microsoft Excel location，确保是 Microsoft Office Excel 的正确安装目录。如果安装目录不正确，单击 Browse，配置正确的 Microsoft Office Excel 安装目录，最后单击 All projects，完成配置。

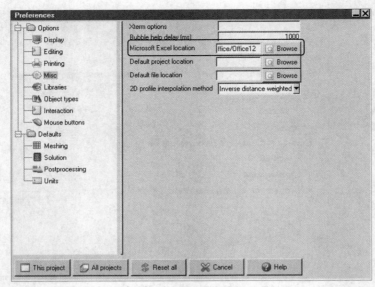

图 6－8　信任中心设置面板

6.2　Delphi 网络热阻的计算提取

6.2.1　模型修复

打开 5.1.2 节自然冷却计算的芯片模型,选择模型树下除了 package.1 以外的所有器件,单击鼠标右键,选择 Delete,删除选择的模型。选择模型树下的 package.1,拖动至 Model 下,将芯片封装的模型移出装配体,然后删除装配体,模型树下仅仅包含 package.1 模型。芯片封装的热耗大小为 1W。

单击模型树下 Cabinet,单击右小角区域的 Autoscale,ANSYS Icepak 会自动缩放计算区域的大小。删除 Points 下的监控点,拖动模型树下的芯片封装至 Points 下,ANSYS Icepak 默认监测芯片封装中心位置的温度。

在 ANSYS Icepak 里运行提取 Delphi 的宏命令,此命令将建立 Wall 的边界条件。通过改变边界条件的换热系数,进行多次工况运算,ANSYS Icepak 会记录芯片封装的最高温度及通过边界的热流密度。Microsoft Office Excel 软件使用这些数值,可以建立提取 Delphi 的热阻模型。

建立的芯片封装模型需要注意以下事项。

(1) 建立的芯片封装模型可以放置于任何平面上,但是封装的顶部必须朝向坐标轴的正向。

(2) 确保芯片封装的各个面没有包含任何物体(如 Source 热源、Wall 壳体、Plate 板等等),这是因为提取 Delphi 的程序会自动建立 Wall 模型,Wall 会将芯片封装包围起来。如果建立的 Wall 模型与封装四周的模型重叠相交,将导致错误的边界条件。

(3) 不能使用芯片封装的 CCM 模型来提取 Delphi 模型,最好使用 Detailed 详细封装模型来提取。

(4) 运行宏 Macros 的 Delphi 命令前,务必删除模型树下所有的 Wall 模型。

（5）避免使用非连续性网格。如果芯片封装被包含在非连续性网格内，需要将其拖出非连续性网格，并删除非连续性网格。

（6）保证芯片封装 Die 的热流密度小于 $5000\mathrm{W/m^2}$，如果 Die 的尺寸为 $10\mathrm{mm}\times10\mathrm{mm}$，那么可以输入 Die 的热耗为 $0.5\mathrm{W}$，这将确保芯片封装的温度低于 5000K。

（7）拖动封装模型至 Points 下，设置芯片封装的温度监控点。

（8）确保环境温度是 20℃。

（9）一些特殊符号（.，$,♯，@）等，不能出现在 ANSYS Icepak 的项目名称中。

6.2.2　Delphi 网络热阻计算

单击主菜单栏 Macros→Packages→IC packages→Characterization→Extract Delphi，如图 6-9 所示，可以打开 Delphi 的提取面板，如图 6-10 所示。

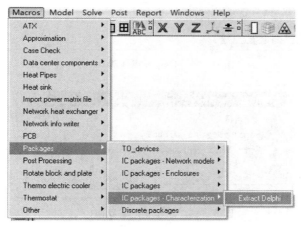

图 6-9　Macros-Delphi 的提取命令

在图 6-10 中，顶部标注的意思为

重要！

• 芯片封装必须顶部朝向正轴方向；

• 可以监控 Die 的温度，确保其温度不超过 5000K（如果必要，可以减少 Die 的热耗）；

• 不能使用非连续性网格接触芯片封装的边界。

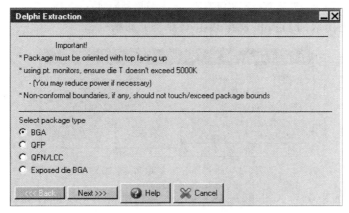

图 6-10　Delphi 提取界面（一）

　　保持图 6-10 中 Select package type 的类型为 BGA，单击 Next，出现如图 6-11 所示的面板。在面板中，选择焊球的类型为 Peripheral array，在 Suppressed region size 中，分别输入 z、x 数值为 4.44mm，在 Central thermal balls 中，选择 No，单击 Next，出现图 6-12 面板。

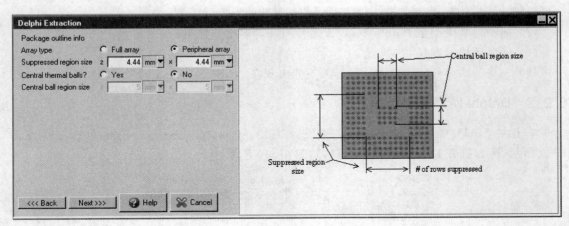

图 6-11　Delphi 提取界面(二)

图 6-12　Delphi 提取界面(三)

　　图 6-12 表示 Delphi 提取的拓扑类型，一种为 Basic topology(no side nodes)，表示基本拓扑类型，不包含芯片封装的边与边之间节点的热阻；另一种为 Complete topology(includes side nodes)，表示完整拓扑类型，包含芯片封装边与边之间节点的热阻。为了减少计算量，本案例选择默认的 Basic topology 基本拓扑类型，单击 Next，出现图 6-13 面板。

　　图 6-13 表示提取 Delphi 网络热阻模型的边界条件个数。如果图 6-12 中选择了 Complete topology 完整拓扑类型，那么在图 6-13 中，只能选择 56 Training BCs。本案例默认选择 15 Training BCs，单击 Next，出现图 6-14 面板。如果选择 56 Training BCs，会造成较大的计算量，但是提取的 Delphi 网络热阻模型会更加精确。

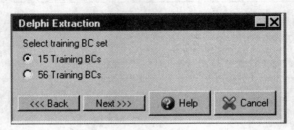

图 6-13　Delphi 提取界面(四)

　　单击图 6-14 面板中的 Finish，ANSYS Icepak 将进行多工况的计算。ANSYS Icepak 会自动在左侧模型树 Model 下生成 5 个 Wall 模型，并对其进行自动命名(top-outer-2、top-outer－1、top－inner、bot－outer、bot－inner)，如图 6－15 所示。

　　ANSYS Icepak 通过 Macros 建立了 Wall 边界模型，主要是通过改变 Wall 模型的换热系数，来进行不同热边界条件的计算。在计算过程中，ANSYS Icepak 会记录不同工况下，芯片封装 Die 的最高温度以及通过热边界的热流量。Microsoft Office Excel 程序使用这些数据进行计算，可以创建最优的芯片网络热阻模型。

图 6－14　Delphi 提取界面(五)

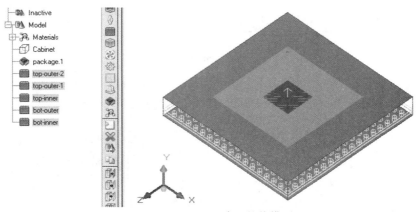

图 6－15　Macros 建立的热模型

　　ANSYS Icepak 会自动对热模型进行网格划分，并进行求解计算。图 6－13 中不同工况计算的残差曲线、温度监控点曲线如图 6－16 所示。当完成求解计算后，ANSYS Icepak 会自动出

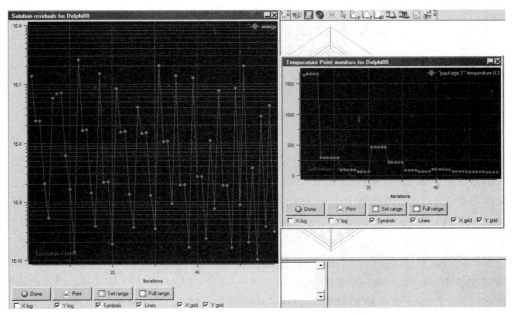

图 6－16　求解残差进线及温度监控总曲线

现计算完成的提示窗口，提示生成 delphi_optimizer_alpha.xls 文件，如图 6－17 所示。在 Windows 操作系统下，ANSYS Icepak 将自动启动 Microsoft Office Excel，在 Microsoft Office Excel 中计算得到 Delphi 网络热阻模型。

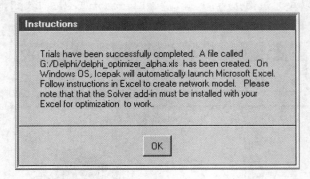

图 6－17　计算完成的提示窗口

单击图 6－17 中的 OK，ANSYS Icepak 自动启动 Microsoft Office Excel 软件，如图 6－18 所示。图中橙色部分表示的意思是"单击这里以优化生成 Icepak 网络模型"。

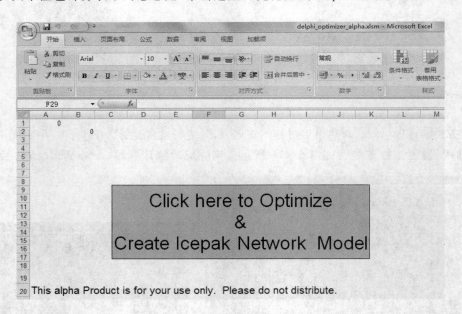

图 6－18　Delphi 热阻计算提示

单击图 6－18 的橙色部分，Microsoft Office Excel 将使用预定义的计算公式，对 ANSYS Icepak 模拟的不同边界条件结果进行自动推导，得到网络模型各个节点之间的热阻数值。

Microsoft Office Excel 最终的计算结果如图 6－20 所示，Microsoft Office Excel 表下侧罗列了 Chart1、Trial Errors、Trial Boundary Conditions 三个表格。其中 Chart1，表示不同边界条件下，芯片温度、芯片顶部热耗、芯片底部热耗相对误差柱状图。单击 Chart1，可以得到相对误差柱状图，如图 6－21 所示。单击 Trial Errors，可以得到不同边界条件下，芯片温度、芯片顶部热耗、芯片底部热耗相对误差数值，如图 6－22 所示。Trial Boundary Conditions 表示计算的不同边界条件，如图 6－20 所示。

	AC	AD	AE	AF	AG	AH	AI	AJ	AK	AL	AM	AN	AO
37	-4.8E-14		0.018559	0.320895	0.032494	0.277829	0.649777		0.024352	7.28E-05	0.000182	6.88E-09	0.000489
38	1.18E-14		0.008027	0.081043	0.048929	0.42011	0.558108		0.354269	0.000114	0.00317	1.95E-05	0.003914
39	1.64E-14		0.005938	0.041926	0.056941	0.534818	0.639623		0.690741	7.07E-05	0.002007	0.000284	0.001321
40	-3.1E-14		0.081635	0.890774	0.001452	0.0095	0.98336		0.119122	0.001871	0.001975	2.32E-07	4.92E-07
41	3.61E-14		0.074246	0.743381	0.010975	0.072922	0.901524		0.137558	0.002102	0.002277	9.29E-06	1.39E-06
42	-1.4E-15		0.056031	0.408359	0.033404	0.240738	0.738532		0.327287	0.003091	0.004806	2.7E-05	0.014336
43	3.18E-14		0.046351	0.262558	0.04607	0.382037	0.737016		0.637749	0.003091	0.003583	0.000694	0.04516
44	-1.6E-14		0.158396	0.831292	0.000622	0.002682	0.992992		0.464983	0.014111	0.014416	1.77E-07	7.33E-07
45	3.57E-14		0.154033	0.781669	0.005181	0.023242	0.964125		0.469661	0.014345	0.01668	1.12E-05	3.64E-05
46	2.79E-14		0.137816	0.605878	0.020433	0.109092	0.873219		0.517518	0.015326	0.010937	3.92E-05	0.000649
47	1.1E-14		0.124211	0.47657	0.032306	0.213189	0.846276		0.647833	0.01574	0.004379	0.000207	0.031422
48													
49									Sum	Sum	Sum	Sum	Sum
50								T_weighta	5.497009	0.069972	0.094584	0.001486	0.097554
51								0.5		Cost Func	2.880303		

图 6－19　Microsoft Office Excel 计算 Delphi 热阻的过程

	A	B	C	D	E	F
1						
2		top-inner	top-outer-1	top-outer-2	bot-inner	bot-outer
3		1	1	1	1	1
4		1	1	1	10	10
5		1	1	1	100	100
6		1	1	1	500	500
7		10	10	10	1	1
8		10	10	10	10	10
9		10	10	10	100	100
10		10	10	10	500	500
11		100	100	100	1	1
12		100	100	100	10	10
13		100	100	100	100	100
14		100	100	100	500	500
15		500	500	500	1	1
16		500	500	500	10	10
17		500	500	500	100	100
18		500	500	500	500	500

Chart1　Trial Errors　Trial Boundary Conditions

图 6－20　Microsoft Office Excel 计算 Delphi 热阻的结果

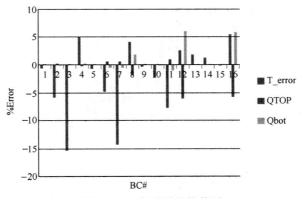

图 6－21　相对误差柱状图

	A	B	C	D	E	F
1		T_error				
2		-0.65105		0.067624		-0.06762
3		-5.8114		0.200195		-0.20019
4		-15.3864		0.078484		-0.07848
5		4.967904		-0.21884		0.218845
6		-0.71524		0.02315		-0.02315
7		-4.83868		0.565012		-0.56501
8		-14.2982		0.573655		-0.57365
9		4.113903		-1.84753		1.847528
10		-0.38658		0.000254		-0.00025
11		-2.29917		0.173816		-0.17382
12		-7.76004		0.962091		-0.96209
13		2.581964		-6.0417		6.041696
14		1.824371		-0.01633		0.01633
15		1.300022		-0.08403		0.084032
16		-0.07412		-0.1399		0.139904
17		5.425035		-5.78723		5.787232

图 6—22 相对误差数值

完成 Microsoft Office Excel 计算后,ANSYS Icepak 将会自动在相同的目录(Delphi 热模型所在的目录)下,生成一个 ANSYS Icepak 的热模型,本案例得到的 Delphi 网络模型自动命名为 Delphi00_delphi,如图 6—23 所示。

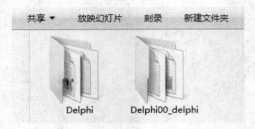

图 6—23 自动生成 Delphi 网络模型

6.2.3 Delphi 网络热阻模型验证

使用 ANSYS Icepak 软件打开图 6—23 中的 Delphi00_delphi,可以看到芯片的 Delphi 网络热阻模型,如图 6—24 所示。提取的 Delphi 网络热阻模型没有输入任何热耗,可通过其编辑面板,输入芯片相应的热耗数值。

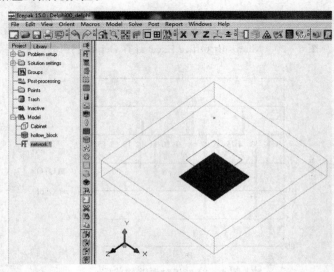

图 6—24 Delphi 网络热阻模型

双击模型树下 network.1，打开其编辑窗口，在其 Geometry 面板中包含 face0、face1、face2、face3 四个面，可以通过几何面板及视图区域（Ctrl＋W 实体显示模型）来查看各个 face 节点的物理位置。单击 Properties，可以看到芯片的 Delphi 网络模型包含 4 个面节点、3 个内部节点，如图 6－25 所示。

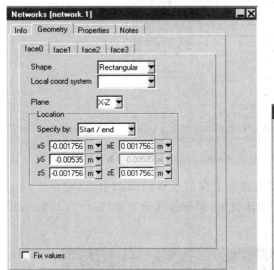
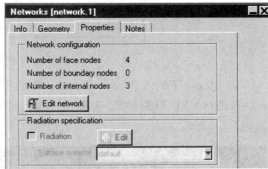

图 6－25　Delphi 模型编辑窗口

单击图 6－25 中的 Edit network，ANSYS Icepak 会自动调出网络模型热阻示意图，如图 6－26 所示。可以清楚看到芯片节点与各个节点之间的热阻数值，这些热阻数值是通过 Microsoft Office Excel 计算得到的。

在图 6－26 中，如果各个节点的连接比较混乱，可以单击 Reset locations 重置热阻的连接；也可以使用鼠标左键，选择某个节点，拖动至合适的位置，以将各个节点重新排列。

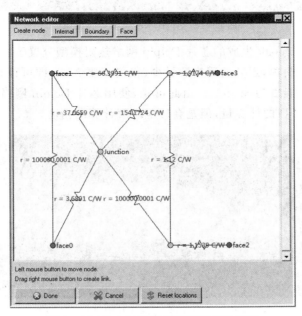

图 6－26　Delphi 网络热阻模型编辑窗口

　　双击图 6—26 中的节点 Junction，可打开节点 Junction 的编辑窗口，如图 6—27 所示，在 Power 中输入芯片 Die 的热耗数值，单击 Done，完成热耗输入。如果单击 Delete node，则删除此节点。

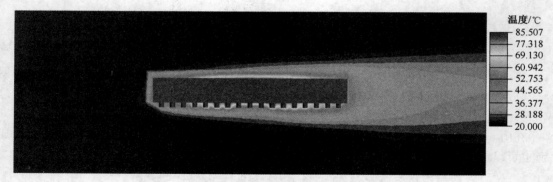

图 6—27　Delphi 网络热阻模型编辑窗口

　　双击 Model 下的 Cabinet，将 6.2.1 节的模型放置于强迫风冷的风洞中，设置相应的速度（1m/s），进行 CFD 数值计算，需要大约 80min 计算收敛，切面温度分布如图 6—28 所示，最高温度为 85.5℃。

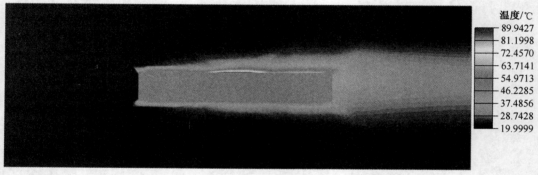

图 6—28　详细芯片模型计算结果

　　同样，将 ANSYS Icepak 生成的芯片 Delphi 网络热阻模型放置于相同的风道中进行 CFD 数值计算，由于其模型简单，划分的网格数量少，仅仅需要 2min 即可计算收敛，切面温度分布如图 6—29 所示，最高温度为 89.9℃。由此可见，使用芯片 Delphi 网络热阻模型进行热模拟计算，可以大大减少 CFD 的计算量，但是会影响求解计算的精度。

图 6—29　芯片 Delphi 网络热阻模型计算结果

6.2.4 芯片 Delphi 网络模型与系统级热模型合并

通过 6.2.2 节,可以得到详细芯片封装的 Delphi 网络热阻模型。在进行系统级热模拟计算时,可通过以下两种方法将 Delphi 网络热阻模型添加到系统热模型中:

（1）如果读者在 ANSYS Icepak 里建立了用户自定义模型库,可以将建立的 Delphi 网络热阻模型添加到用户自定义模型库中,具体可参考本书姊妹篇《ANSYS Icepak 电子散热基础教程》。当建立系统级热模型后,可从模型库中直接将 Delphi 网络热阻模型拖动至 Model 模型树下,然后使用旋转、对齐、移动命令,将芯片定位到合适的位置,完成热模型的建立。

（2）使用 ANSYS Icepak 打开系统级热模型,单击 File→Merge project,在调出的面板中,浏览选择 6.2.2 节提取建立的 Delphi 网络热阻模型,如图 6－30 所示,单击 Open,可以将 Delphi 网络热阻模型合并到系统级热模型中,然后使用旋转、对齐、移动命令,将芯片定位到合适的位置,完成热模型的合并。

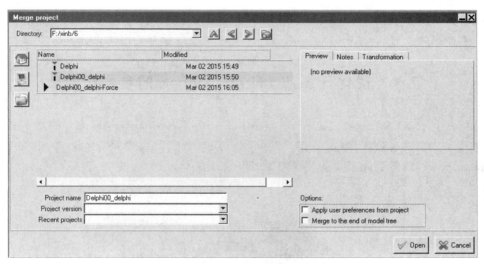

图 6－30　合并芯片 Delphi 网络热阻模型

6.3　小　　结

本章详细讲解了 ANSYS Icepak 提取芯片 Delphi 网络热阻模型对 Microsoft Office Excel 的要求,以及 Microsoft Office Excel 中各个选项的正确配置过程。后续主要以一个 ECAD 模型的芯片封装为例,详细讲解了如何利用 ANSYS Icepak 计算对芯片封装进行计算以提取 Delphi 网络热阻模型;然后在同一环境下,对详细芯片模型和提取的芯片 Delphi 网络热阻模型进行了对比计算,芯片 Delphi 网络热阻模型的最高温度高于详细芯片模型的最高温度,存在一定的误差（主要是由于计算的工况偏少导致提取的 Delphi 热阻模型不精确）,但是使用芯片 Delphi 网络热阻模型可大大减少热模拟的计算量,因此在进行系统机箱、机柜热模拟计算时,使用芯片 Delphi 网络热阻模型来模拟芯片封装,不失为一种较好的方法,最后介绍了如何将芯片 Delphi 网络热阻模型与系统级热模型进行合并的方法。

第7章 散热器热阻优化计算

【内容提要】

在电子产品的热设计中,散热器的优化设计是一个常见的问题。通常来说,减小散热器的热阻以及整个散热器的质量,是散热器热设计优化的关键。本案例的要求是系统最高温度不能超过70℃,同时整个散热器的质量不能超过0.4kg。通过ANSYS Icepak以及ANSYS DesignXplorer(DX)来对散热器的几何尺寸进行优化,以使得散热器的热阻值最小。

【学习重点】

- 掌握如何在ANSYS Icepak里设置变量、基本函数及复合函数;
- 掌握如何使用ANSYS DesignXplorer进行各个参数变量的优化计算。

7.1 优化计算前ANSYS Icepak的参数设置

本章采用ANSYS Icepak Tutorials里Minimizing Thermal Resistance的案例模型。读者可直接使用ANSYS Icepak的Unpack功能,解压缩学习光盘文件夹7中的optimization. tzr,以得到此系统的热模型,如图7−1所示。

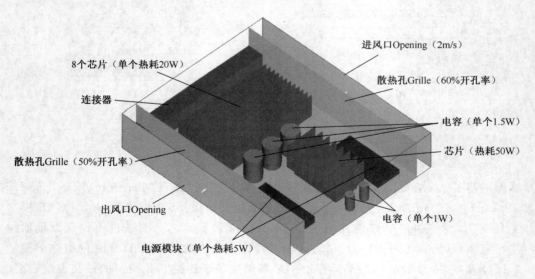

图7−1 系统热模型示意图

系统热模型包含一个电路板,尺寸为304.8mm(长)×203.2mm(宽)×1.5875mm(厚);上下游散热孔的开孔率分别为60%、50%;模型中包含两个电源模块(block.1.3、block1.3.1),单个热耗为5W;小散热器下侧的芯片热耗为50W,散热器与芯片直接涂抹导热硅脂(厚度0.254mm,热导率为3W/(m·K));大散热器下侧排列8个芯片,单个芯片热耗

20W,散热器与芯片直接涂抹导热硅脂(厚度 0.254mm,导热率为 3W/(m·K));进风口风速为 2m/s,环境温度 20℃。

本案例优化的几何参数、数值范围及类型见表 7-1 所列。

表 7-1 优化计算的变量及数值范围

变量名称	数值范围	类型
大散热器翅片个数	10~20	离散参数
大散热器翅片厚度/mm	0.254~2.032	连续性参数
小散热器翅片个数	6~12	离散参数
小散热器翅片厚度/mm	0.254~2.032	连续性参数
上、下游散热孔开孔率	30%~80%	连续性参数

7.1.1 定义热模型的参数变量

本案例主要是对大散热器、小散热器的翅片个数及翅片厚度;散热孔的开孔率进行优化计算,那么首先需要在 ANSYS Icepak 里对这些参数进行变量的定义。

单击模型树下装配体 hs_assembly_2,扩展该装配体,双击大散热器 heatsink_big 模型,打开其编辑窗口,单击 Properties 属性面板,出现 Fin setup 面板,表示翅片的信息。在 Count 后侧的空白栏中输入$fincountbig(注意变量名字前务必包含符号"$",用于引用变量的不同数值,变量名称使用字母即可),表示将大散热器模型的翅片个数定义为变量。同理,在 Thickness 后侧的空白栏中输入$finthickbig,表示将大散热器模型的翅片厚度定义为变量,如图 7-2 所示。

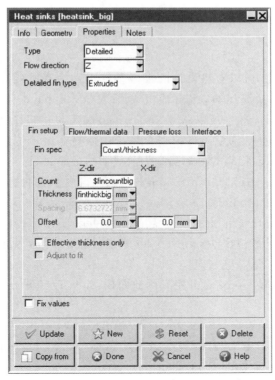

图 7-2 大散热器几何参数变量的定义

单击图 7-2 中的 Update，ANSYS Icepak 将自动调出变量初始数值的输入面板，在变量 fincountbig 的初始面板中输入 15，表示翅片个数为 15，单击 Done，ANSYS Icepak 会自动调出变量 finthickbig 的初始值输入面板，对其输入 0.762，表示翅片厚度为 0.762mm，如图 7-3 所示。单击图 7-2 中的 Done，关闭散热器模型的编辑面板。

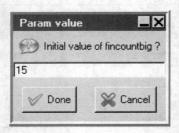 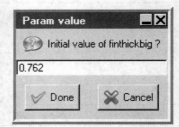

图 7-3 变量初始数值的输入

同理，双击模型树下 heatsink_small 模型，打开其 Properties 属性面板，在 Count 后侧的空白栏中输入 $fincountsmall，表示将小散热器模型的翅片个数定义为变量；在 Thickness 后侧的空白栏中输入 $finthicksmall，表示将小散热器模型的翅片厚度定义为变量。对变量 fincountsmall 的初始值输入 8，对变量 finthicksmall 输入 0.762。

双击模型树下 grille_inlet 模型，打开其 Properties 属性面板，在 Free area ratio 后侧的空白栏中输入 $ratioinlet，单击编辑面板下的 Update，在调出的面板中输入 0.5，表示设置 ratioinlet 的初始值为 0.5。

双击模型树下 grille_exit 模型，打开其 Properties 属性面板，在 Free area ratio 后侧的空白栏中输入 $ratioexit，单击编辑面板下的 Update，在调出的面板中输入 0.5，表示设置 ratioinlet 的初始值为 0.5。单击 Save 命令，保存热模型。

7.1.2 函数的定义

在 ANSYS Icepak 中，可以对热设计的很多参数定义为基本函数（Primary function）；也对基本函数进行加减乘除等运算，组合成复合函数（Compound functions）。使用 ANSYS DesignXplorer 进行优化计算时，可以从 ANSYS Icepak 定义的多个函数中，选择相应的约束条件和目标函数。本案例中，约束条件为整个系统的最高温度不能超过 70℃，两个散热器的质量之和不能超过 0.45kg；相应的目标函数为散热器的最小热阻。

单击主菜单栏 Solve→Run optimization，打开参数化优化面板。在 Setup 面板下，务必保持选择 Single trial(current values)。

单击图 7-4 中 Design variables，打开变量面板，可以查看 7.1.1 节中定义的 6 个变量，如图 7-5 所示，由于使用 ANSYS DesignXplorer 来进行优化计算，因此此处无须输入变量的其他数值。

单击图 7-5 中的 Functions，打开定义函数面板，如图 7-6 所示，可以在此面板下定义基本函数和复合函数。

在图 7-6 的 Primary functions 面板下，单击 New，调出定义基本函数的面板，在 Function name 中输入 bighsrth，表示基本函数的名称；保持 Function type 为默认的 Global value；在 Value 中单击下拉菜单，选择 Thermal resistance of heatsink；单击 Object 的下拉菜单，选择大散热器模型 heatsink_big，单击 Accept，表示定义了大散热器的热阻为基本函数。

同理,定义小散热器的热阻为基本函数,其名称为 smallhsrth。如图 7－7 所示。

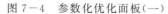

图 7－4　参数化优化面板(一)　　　　图 7－5　参数化优化面板(二)

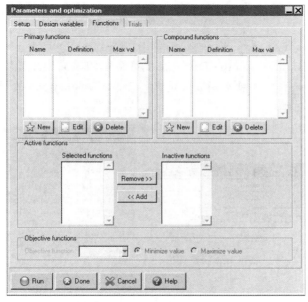

图 7－6　参数化优化面板(三)

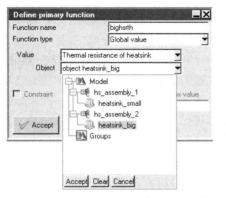
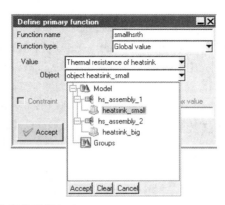

图 7－7　基本函数定义面板(一)

　　同理,定义大散热器质量的基本函数 bighsms,定义面板中 Value 选择 Mass of objects,在 Object 中选择大散热器模型 heatsink_big,单击 Accept。定义小散热器质量的基本函数

smallhsms，定义面板中 Value 选择 Mass of objects，在 Object 中选择小散热器模型 heatsink_small，单击 Accept，完成基本函数的定义，如图 7—8 所示。

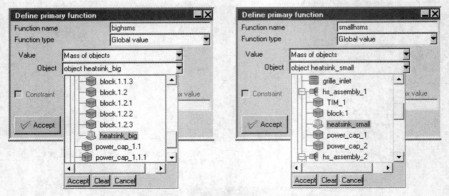

图 7—8　基本函数定义面板（二）

在图 7—6 的 Primary functions 面板下，单击 New，在 Function name 中输入 maxtmp，保持 Value 为 Global maximum temperature，表示将系统的最高温度定义为基本函数，其他保持默认设置，单击 Accept，完成基本函数的定义。Primary functions 的面板下将出现定义的 5 个基本函数，如图 7—9 所示。

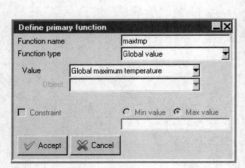
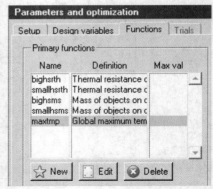

图 7—9　基本函数定义面板（三）

由于需要将大小散热器的总质量作为约束条件，因此需要将散热器的总质量定义为函数。将基本函数 bighsms 和 smallhsms 进行相加，便可以将两个散热器的总质量定义为复合函数。在图 7—6 中，单击 Compound functions 面板下的 New，打开定义复合函数的面板，在 Function name 中输入 totalmass，表示散热器总质量的名称；在 Definition 中输入$bighsms＋$smallhsms，表示将大散热器的质量和小散热器的质量进行相加，单击 Accept，完成散热器总质量复合函数的定义。在 Compound functions 面板下，将出现定义的复合函数，如图 7—10 所示。

单击图 7—6 面板中的 Done，完成所有函数的定义（切记不能单击图 7—6 中的 Run 按钮）。单击主菜单栏中的 Save，保存模型。本案例定义的所有函数及其所代表的含义如表 7—2 所列。

7.1.3　网格控制面板设置

单击主菜单栏中划分网格的按钮 ，打开网格控制面板，设置 Mesh type 为 Hexa unstructured，表示选择非结构化网格。查看计算区域 Cabinet 的尺寸，然后在网格控制面板中修改 Max element size 下 X、Y、Z 的数值为计算区域尺寸的 $1/20$，分别设置为 15.24、3.175、12.7（单位：mm），如图 7－11 所示。单击主菜单栏中的 Save，保存热模型。单击网格控制面板中的 Close，关闭网格控制面板。

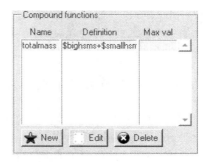

图 7－10　复合函数定义

表 7－2　函数名称及其含义

函数名称	含　　义
bighsrth	大散热器的热阻
smallhsrth	小散热器的热阻
bighsms	大散热器的质量
smallhsms	小散热器的质量
maxtmp	系统的最高温度
totalmass	散热器的总质量

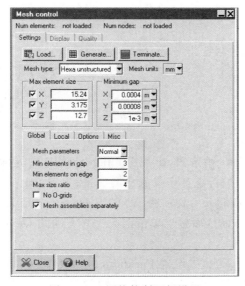

图 7－11　网格控制面板设置

至此,在 ANSYS Icepak 中完成了优化计算前所有的相关设置,主要是定义了优化计算的多个变量;定义了多个函数;对网格的控制面板做了相关参数的设置。

7.2　ANSYS DesignXplorer 优化散热器

利用 ANSYS DesignXplorer 进行优化计算时,务必在 ANSYS Workbench 平台下进行优化计算,加载 7.1 节设置建立的 ANSYS Icepak 热模型。将热模型中定义的各个变量、函数导入 ANSYS Workbench 的参数管理系统,才能使用 ANSYS DesignXplorer 进行优化计算。本案例假定读者熟悉 ANSYS Workbench 的相关操作,在讲解的过程中,会省略部分简单操作的说明。

7.2.1　ANSYS Icepak 变量参数进入 WB

启动 ANSYS Workbench,并单击保存 Save,在调出的对话框中,对此次优化计算进行命名,输入 optimization－heatsink,单击保存。

双击 ANSYS Workbench 左侧工具箱 Component Systems 中的 Icepak,在项目视图区域中建立 Icepak 单元。鼠标右键选择 Icepak 单元的 Setup,选择 Import Icepak Project,单击 Browse,如图 7－12 所示,在调出的对话框中选择加载 7.1 节的热模型,ANSYS Icepak 会自动启动。

单击 ANSYS Icepak 主菜单栏 Solve→Runoptimization,打开参数化优化计算面板,如图 7－13 所示。图 7－13 与图 7－6(独立启动 ANSYS Icepak 软件)有所不同,在 ANSYS Workbench 下启动 Icepak 软件后,此界面下会出现  的按钮。

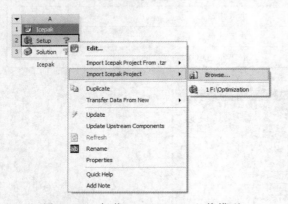

图 7－12　加载 ANSYS Icepak 热模型

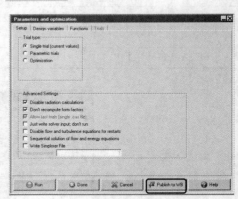

图 7－13　参数化优化面板

单击图 7－13 中的 Publish to WB 按钮,出现 Publish to WB 的界面,如图 7－14 所示。勾选 Input variables 下侧的绿色√,可选择定义的所有变量;勾选 Output variables 下侧的绿色√,可选择定义的所有函数,单击 Done,表示将 ANSYS Icepak 中定义的变量及函数导入 WB 的参数系统中,关闭 Publish to WB 面板。单击图 7－13 下侧的 Done,关闭参数化优化面板,最后关闭 ANSYS Icepak 软件。

此时,Icepak 单元下会出现参数设置 Parameter set 的图标,表示在 ANSYS Icepak 中定义的变量及函数导入了 ANSYS Workbench 的参数管理系统,如图 7－15 所示。

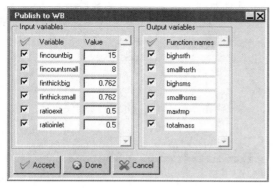

图 7—14　Publish to WB 界面

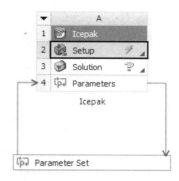

图 7—15　ANSYS Workbench 参数管理系统

7.2.2　建立 Response Surface Optimization 单元

双击 ANSYS Workbench 左侧工具箱 Design Exploration 中的 Response Surface Optimization，在项目视图区域中建立 Response Surface Optimization（响应面优化）单元，如图 7—16 所示。

使用 Design Exploration 的 Response Surface Optimization 进行优化计算时，需要依次完成图 7—16 中 B2（Design of Experiments 实验设计）的更新、B3（Response Surface 响应面）的更新、B4（Optimization 优化）的更新。当完成 Response Surface Optimization（响应面优化）的所有更新后，B2、B3、B4 后侧的符号会变成绿色的√，如图 7—17 所示。

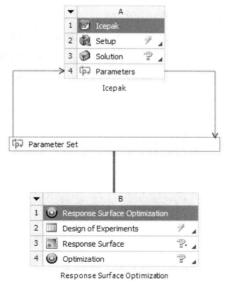

图 7—16　Icepak 及 Design Exploration 单元（一）

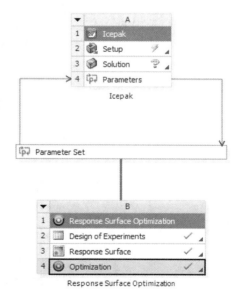

图 7—17　Icepak 及 Design Exploration 单元（二）

7.2.3　Design of Experiments 实验设计的更新

双击图 7—16 中的 Response Surface Optimization 单元的 Design of Experiments，可打开实验设计的界面，如图 7—18 所示。在此界面中，对 ANSYS Icepak 中定义的变量输入具体变化的范围，然后进行各个设计点（Design Points）的更新计算。Design Exploration 会驱动 ANSYS Icepak 进行各个

设计点的 CFD 计算,并在 Design of Experiments 界面中计算罗列出定义的所有函数数值。

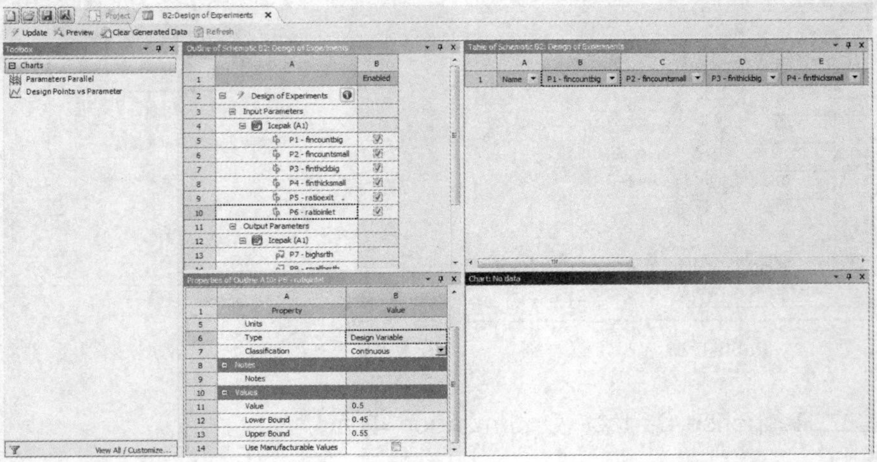

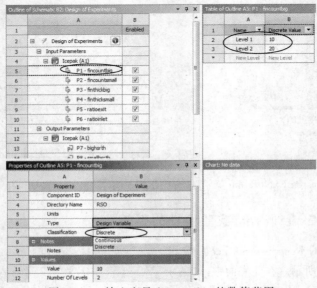

图 7—18   Design of Experiments 实验设计的界面

Design Exploration 认可的变量参数主要分为两类:一类为连续性参数(Continuous Parameters);另一类为离散参数(Discrete Parameters)。在第 7.1 章节中定义的变量中,大散热器翅片个数 fincountbig、小散热器翅片个数 fincountsmall 为离散参数,这些参数只能在定义的数值范围内整数倍地变化(即不能 0.5 个、0.2 个等);而大散热器翅片厚度 finthickbig、小散热器翅片厚度 finthicksmall、下游散热孔开孔率 ratioexit、上游散热孔开孔率 ratioinlet 为连续性参数,这些参数可以在定义的数值范围内连续性变化。

1. 变量数值范围的输入

在图 7—18 中,用鼠标左键单击选择 Input Parameters 下侧的 P1—fincountbig(大散热器的翅片个数),然后在 Properties of Outline 变量属性面板中,单击 Classification(类型)后侧的下拉菜单,选择 Discrete(离散),最后在 Table of Outline 变量数值表中,输入 Level 1 数值为 10,输入 Level 2 数值为 20,如图 7—19 所示。

图 7—19   输入变量 fincountbig 的数值范围

同理，输入变量 fincountsmall（小散热器的翅片个数）的数值范围，输入 Level 1 数值为 6，输入 Level 2 数值为 12，如图 7－20 所示。

Table of Outline A6: P2 - fincountsmall

	A	B
1	Name	Discrete Value
2	Level 1	6
3	Level 2	12
*	New Level	New Level

图 7－20　输入变量 fincountsmall 的数值范围

用鼠标左键单击选择 Input Parameters 下侧的 P3－finthickbig，保持 Classification（类型）为 Continuous（连续性），最后在 Properties of Outline 下侧区域的 Values 中，输入 Lower Bound 数值为 0.254，输入 Upper Bound 数值为 2.032，如图 7－21(a)所示，完成大散热器翅片厚度 finthickbig 优化范围的输入。

同理，输入小散热器翅片厚度 finthicksmall 的优化范围，与 finthickbig 的完全相同；在变量 ratioexit、ratioinlet 的 Values 数值面板中，输入 Lower Bound 为 0.3，输入 Upper Bound 为 0.8，如图 7－21(b)所示。

Outline of Schematic B2: Design of Experiments

	A	B
1		Enabled
2	Design of Experiments	
3	Input Parameters	
4	Icepak (A1)	
5	P1 - fincountbig	☑
6	P2 - fincountsmall	☑
7	P3 - finthickbig	☑
8	P4 - finthicksmall	☑
9	P5 - ratioexit	☑
10	P6 - ratioinlet	☑

Properties of Outline A7: P3 - finthickbig

	A	B
1	Property	Value
2	General	
3	Component ID	Design of Experiment
4	Directory Name	RSO
5	Units	
6	Type	Design Variable
7	Classification	Continuous
8	Notes	
9	Notes	
10	Values	
11	Value	0.762
12	Lower Bound	0.254
13	Upper Bound	2.032
14	Use Manufacturable Values	☐

（a）变量finthickbig的数值

Properties of Outline A9: P5 - ratioexit

	A	B
1	Property	Value
2	General	
3	Component ID	Design of Experiment
4	Directory Name	RSO
5	Units	
6	Type	Design Variable
7	Classification	Continuous
8	Notes	
9	Notes	
10	Values	
11	Value	0.5
12	Lower Bound	0.3
13	Upper Bound	0.8
14	Use Manufacturable Values	☐

（b）变量ratioexit及ratioinlet的数值

图 7－21　变量优化数值范围的输入

2. 实验设计不同工况的计算

在 ANSYS Workbench 的项目视图区域中，用鼠标右键选择 B2（Design of Experiments），在出现的面板中，选择 Preview，如图 7－22 所示，可以查看多个变量不同工况的组合。

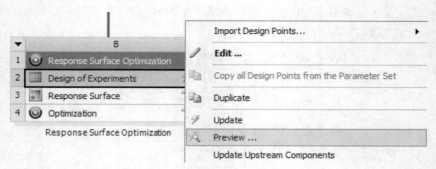

图 7—22　预览变量不同工况的命令

另外,单击图 7—18 左上角区域的 Preview,也可以查看多个变量不同工况的组合。最终多个变量优化计算的不同工况组合如图 7—23 所示。

	A	B	C	D	E	F	G	H	I
1	Name	P1 - fincountbig	P2 - fincountsmall	P3 - finthickbig	P4 - finthicksmall	P5 - ratioexit	P6 - ratioinlet	P7 - bighsrth	P8 - smallhsrth
41	40	20	6	1.769	0.51696	0.72605	0.37395		
42	41	20	6	0.51696	1.769	0.72605	0.37395		
43	42	20	6	1.769	1.769	0.72605	0.37395		
44	43	20	6	0.51696	0.51696	0.37395	0.72605		
45	44	20	6	1.769	0.51696	0.37395	0.72605		
46	45	20	6	0.51696	1.769	0.37395	0.72605		
47	46	20	6	1.769	1.769	0.37395	0.72605		
48	47	20	6	0.51696	0.51696	0.72605	0.72605		
49	48	20	6	1.769	0.51696	0.72605	0.72605		
50	49	20	6	0.51696	1.769	0.72605	0.72605		
51	50	20	6	1.769	1.769	0.72605	0.72605		
52	51	10	12	1.143	1.143	0.55	0.55		
53	52	10	12	0.254	1.143	0.55	0.55		
54	53	10	12	2.032	1.143	0.55	0.55		

图 7—23　各个变量不同工况的组合

单击图 7—18 左上角区域的 Update,Response Surface Optimization 响应面优化单元将会驱动 Icepak 单元进行不同工况的计算。单击 ANSYS Workbench 下侧的 Show Progress,可以查看计算的进程状态,如图 7—24 所示。

	A	B	C
1	Status	Details	Progress
2	Updating the Design of Experiments component in Response Surface Optimization	Updating the Setup component in Icepak for design point 2	

图 7—24　计算进程状态栏

当完成一个工况的计算后,图 7—23 后侧的输出函数数值会随之更新,最终会驱动 Icepak 单元完成所有工况的计算,如图 7—25 所示。

鼠标右键单击图 7—25 的数据,在调出的面板中选择 Export Data,如图 7—26 所示,可以将表格中的数据输出为 Excel 的格式,以方便用户进行数据的提取。

3. 不同工况计算结果图表的查看

打开 B2:Design of Experiments 面板,如图 7—27 所示,双击左侧 Toolbox 工具箱 Charts 下的 Parameters Parallel,可以查看所有变量及函数组成的平行图表,如图 7—28 所示。单击其中任一曲线,图标会提示工况的序号、所有变量及函数的具体数值。

1	Name ▼	P1 - finco... ▼	P2 - finc... ▼	P3 - finthickbig ▼	P4 - finthick ▼	P5 - ratioexit ▼	P6 - ratioinlet ▼	P7 - bighsrth ▼	P8 - smallhsrth ▼	P9 - bighsms ▼	P10 - small... ▼	P11 - max... ▼	P12 - totalmass ▼
48	47	20	6	0.51696	0.51696	0.72605	0.72605	0.25383	1.3094	0.25663	0.047808	76.675	0.30443
49	48	20	6	1.769	0.51696	0.72605	0.72605	0.30346	1.2925	0.65245	0.047808	77.525	0.70025
50	49	20	6	0.51696	1.769	0.72605	0.72605	0.25251	1.501	0.25663	0.08581	78.662	0.34244
51	50	20	6	1.769	1.769	0.72605	0.72605	0.30145	1.4693	0.65245	0.08581	79.284	0.73826
52	51	10	12	1.143	1.143	0.55	0.55	0.28182	0.74385	0.27387	0.10149	70.12	0.37536
53	52	10	12	0.254	1.143	0.55	0.55	0.38626	0.7472	0.13335	0.10149	80.048	0.23484
54	53	10	12	2.032	1.143	0.55	0.55	0.36207	0.74361	0.41441	0.10149	76.434	0.51591
55	54	10	12	1.143	0.254	0.55	0.55	0.28262	0.74733	0.27387	0.047535	70.535	0.3214
56	55	10	12	1.143	2.032	0.55	0.55	0.27989	0.80876	0.27387	0.15546	71.125	0.42932
57	56	10	12	1.143	1.143	0.3	0.55	0.28118	0.7422	0.27387	0.10149	69.594	0.37536
58	57	10	12	1.143	1.143	0.8	0.55	0.2833	0.74507	0.27387	0.10149	70.783	0.37536
59	58	10	12	1.143	1.143	0.55	0.3	0.2807	0.73046	0.27387	0.10149	69.52	0.37536
60	59	10	12	1.143	1.143	0.55	0.8	0.2851	0.74757	0.27387	0.10149	70.411	0.37536
61	60	10	12	0.51696	0.51696	0.37395	0.37395	0.32081	0.58829	0.17491	0.063497	71.089	0.23841
62	61	10	12	1.769	0.51696	0.37395	0.37395	0.27562	0.58607	0.37282	0.063497	67.128	0.43632
63	62	10	12	0.51696	1.769	0.37395	0.37395	0.31947	0.82076	0.17491	0.1395	71.979	0.31441
64	63	10	12	1.769	1.769	0.37395	0.37395	0.27445	0.8164	0.37282	0.1395	70.565	0.51232

图 7－25　所有工况的计算结果表

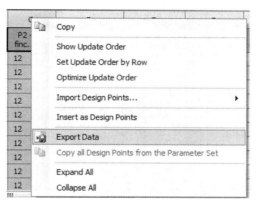

图 7－26　计算结果的输出

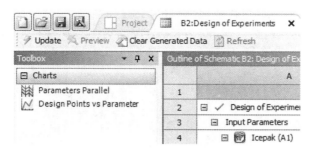

图 7－27　B2:Design of Experiments 面板

　　双击图 7－27 左侧 Toolbox 工具箱内的 Design Points vs Parameter,打开 Design Points vs Parameter 面板,如图 7－29 所示,图中 X－Axis(Bottom)表示图表中底部 X 轴的变量,图中 X－Axis(Top)表示图表中顶部 X 轴的变量,图中 Y－Axis(Left)表示图表中左侧 Y 轴的变量,图中 Y－Axis(Right)表示图表中右侧 Y 轴的变量,可以单击下拉菜单,对不同的轴选择不同的变量,这样可以查看变量、函数及设计点(不同工况)之间的相互影响,如图 7－30 所示。

　　完成实验设计不同工况的计算后,项目视图区域中 Response Surface Optimization(响应面优化)单元中 Design of Experiments 后侧的/符号会变成绿色的√。

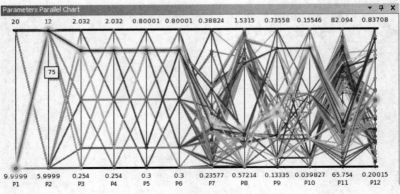

图 7—28 变量函数的平行图表

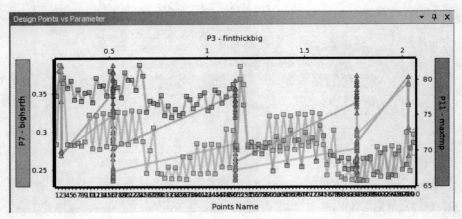

图 7—29 Design Points vs Parameter 面板

图 7—30 变量、函数及工况的相互影响图表

7.2.4 Response Surface 响应面的更新

双击图 7—16 中的 Response Surface Optimization 响应面优化单元的 Response Surface,可打开 Response Surface 响应面的界面,如图 7—31 所示。单击响应面左上角区域的 Update,DX 会自动更新影响面。软件可能会调出图 7—32 的提示,告知由于存在离散的变量,Min—Max

Search(各个函数最小值及最大值的寻找)可能花费较长的时间,单击 Yes,更新响应面。

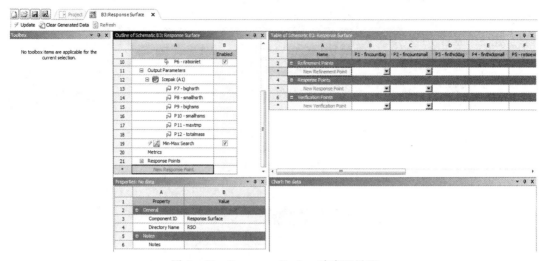

图 7-31　Response Surface 响应面界面

图 7-32　DX 提示

1. Min-Max Search 最小最大值的显示

单击 Outline of Schematic 下侧的 Min-Max Search 选项,如图 7-33 所示,响应面将会寻找输出函数的最小数值及最大数值表格,如图 7-34 所示。

Outline of Schematic B3: Response Surface			
		A	B
1			Enabled
15		P9 - bighsms	
16		P10 - smallhsms	
17		P11 - maxtmp	
18		P12 - totalmass	
19	✓	Min-Max Search	☑

图 7-33　Min-Max Search 命令

在图 7-34 中,上部区域列出了各个输出函数的最小数值,数值以蓝色加粗显示;下部区域列了各个输出函数的最大数值,数值以蓝色加粗显示。同时在图表的左侧区域,列出了各个工况中相应的变量数值。

2. Goodness Of Fit 拟合度

单击选择 Outline of Schematic 下侧 Metrics 的 Goodness Of Fit 选项,如图 7-35 所示,可以显示出所有输出函数的拟合度信息。

Table of Outline A19: Min-Max Search

	A	B	C	D	E	F	G	H	I	J	K	L	M
1	Name	P1 - ncountbi	P2 - ncountsma	P3 - inthickbig	P4 - finthicksmall	P5 - ratioexit	P6 - ratioinlet	P7 - bighsrth	P8 - smallhsrth	P9 - bighsms	P10 - smallhsms	P11 - maxtmp	P12 - totalmass
2	⊟ Output Parameter Minimums												
3	P7 - bighsrth Minimum Design Point	2..	12	0.84029	2.032	0.3	0.3	**0.2236**	0.81668	0.35884	0.15546	68.541	0.5143
4	P8 - smallhsrth Minimum Design Point	2..	12	0.90291	0.52727	0.32719	0.4465	0.2292	**0.58047**	0.37866	0.064122	65.828	0.44278
5	P9 - bighsms Minimum Design Point	1..	6	0.254	0.70745	0.63583	0.5025	0.37679	1.2904	**0.13335**	0.053588	80.352	0.18693
6	P10 - smallhsms Minimum Design Point	1..	6	0.83185	0.254	0.69756	0.5265	0.2994	1.4144	0.22469	**0.039827**	79.955	0.26452
7	P11 - maxtmp Minimum Design Point	1..	12	1.3917	0.41231	0.3	0.3	0.25253	0.60682	0.31318	0.057144	**64.178**	0.37032
8	P12 - totalmass Minimum Design Point	1..	6	0.254	0.254	0.3025	0.30249	0.32528	1.4724	0.13335	0.039827	80.538	**0.17317**
9	⊟ Output Parameter Maximums												
10	P7 - bighsrth Maximum Design Point	1..	6	0.254	1.1431	0.55001	0.55	**0.38455**	1.3483	0.13335	0.066808	81.152	0.20016
11	P8 - smallhsrth Maximum Design Point	1..	6	2.032	2.032	0.8	0.8	0.32191	**1.6552**	0.41442	0.093792	83.163	0.50821
12	P9 - bighsms Maximum Design Point	2..	6	2.032	0.99909	0.69344	0.4545	0.31008	1.2767	**0.73558**	0.062439	76.863	0.79801
13	P10 - smallhsms Maximum Design Point	1..	12	1.952	2.032	0.71197	0.3945	0.30324	0.83544	0.40176	**0.15546**	73.334	0.55721
14	P11 - maxtmp Maximum Design Point	1..	12	0.254	0.254	0.54995	0.57188	0.36312	0.74769	0.13335	0.047535	**85.526**	0.18087
15	P12 - totalmass Maximum Design Point	2..	12	2.032	2.032	0.34159	0.79451	0.30106	0.81668	0.73558	0.15546	69.743	**0.89103**

图 7－34　输出函数的最小数值及最大数值

Outline of Schematic B3: Response Surface

	A	B
1		Enabled
16	P10 - smallhsms	
17	P11 - maxtmp	
18	P12 - totalmass	
19	✓ Min-Max Search	☑
20	⊟ Metrics	
21	✓ Goodness Of Fit	

图 7－35　Goodness Of Fit 拟合度命令

本优化案例中，存在两个离散的变量 fincountbig(大散热器的翅片个数)和 fincountsmall(小散热器的翅片个数)，那么相应的实验设计点也是离散的。DX 的响应面分析会根据实验设计点的计算结果对其他离散数据进行预测估算。单击右下侧区域直线上下的任意一点，出现图 7－36，可以看出，实验点计算的输出函数与响应面预测的数值存在一定的偏差，修改图 7－36 中 P1、P2 的数值，可以查看不同工况下各个输出函数的偏差。

Properties of Outline A21: Goodness Of Fit

	A	B	C	D
1	Property	Value	Predicted Value	☑ Enabled
2	⊟ Chart			
3	Display Parameter Full Name	☑		
4	Show Verification Points	☑		
5	Show Design Points	☑		
6	⊟ Input Parameters			
7	P1 - fincountbig	10		
8	P2 - fincountsmall	12		
9	P3 - finthickbig	1.143		
10	P4 - finthicksmall	1.143		
11	P5 - ratioexit	0.55		
12	P6 - ratioinlet	0.55		
13	⊟ Output Parameters			
14	P7 - bighsrth	0.28182	0.29092	☑
15	P8 - smallhsrth	0.74385	0.744	☑
16	P9 - bighsms	0.27387	0.27387	☑
17	P10 - smallhsms	0.10149	0.10149	☑
18	P11 - maxtmp	70.12	71.246	☑
19	P12 - totalmass	0.37536	0.37536	☑

离散变量

输出函数计算数值与预测数值的对比

图 7－36　Goodness Of Fit 属性编辑面板

图 7－37 为将实验设计点得到的输出函数数值与响应面预测的输出函数数值进行归一化

处理后得到的归一化数值(归一化是一种简化计算的方式,即将有量纲的表达式,经过变换,化为无量纲的表达式,把数据映射到 0～1 之间)。在图 7－37 横坐标为实验设计点计算的结果,纵坐标为响应面预测的结果,根据图可以看出实验设计点输出结果与响应面输出结果之间的匹配程度,离散的点越接近对角线,二者越匹配。

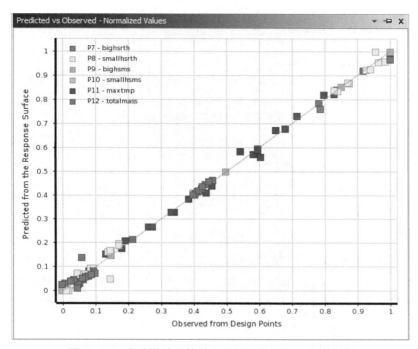

图 7－37　实验设计点结果与预测结果的归一化值曲线

3. Response Point 响应点

DX(DesignXplorer)可以根据响应面的分析,对所有响应点计算相应的输出函数,但是这样计算的输出结果是近似的结果。单击图 7－38 中的 Response Point,可以查看不同响应点输出函数的计算结果。

图 7－38　Response Point 响应点命令

图 7－39 为响应点的属性面板,可以通过下拉菜单修改离散变量的数值(如 P1、P2),也可以拖动连续性变量的数值滚动条(如 P3、P4、P5、P6)修改 Input Parameters 定义的变量数值,响应面会迅速计算出输出函数相应的计算结果,计算结果列在 Output Parameters 表格中。

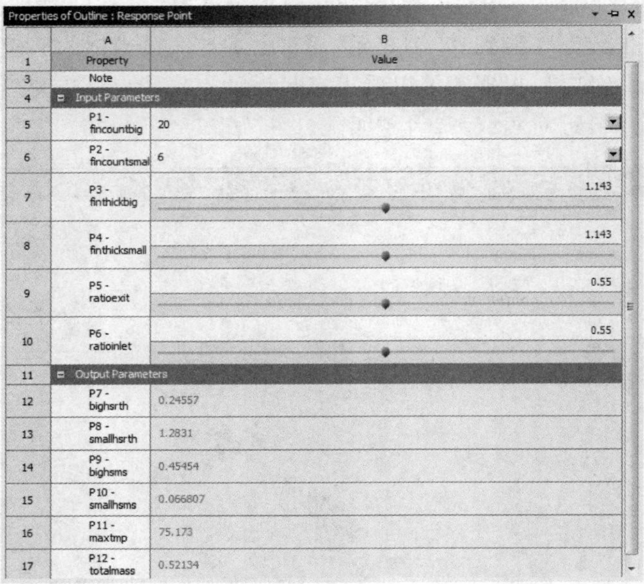

图 7-39　Response Point 属性面板

　　如果用户需要对响应点的计算结果进行验证，可以在响应面表格中进行验证，如图 7-40 所示。在 Verification Points 下，输入 Response Point 响应点数值，单击 Response Surface 响应面的更新按钮 ⚡ Update，DX 会驱动 ANSYS Icepak 对响应点进行计算，并显示出相应的计算结果。

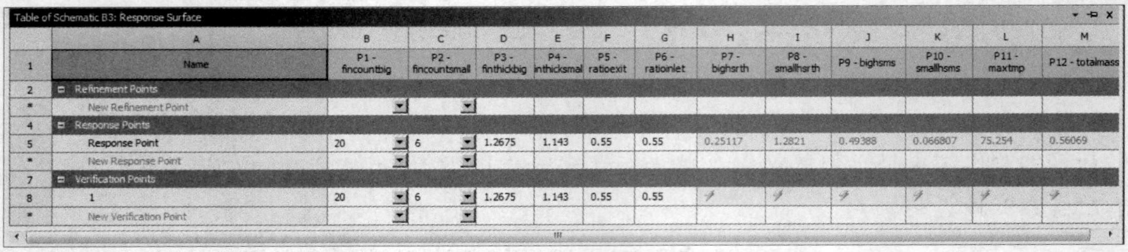

图 7-40　Response Surface 表格面板

4. Response 响应图表

　　Response 响应图表可以用来反应输出变量是如何影响输出函数的，可以反应出一个或两个变量对某个函数的影响程度。一旦选择的了变量和输出函数，那么可以直接修改输入变量的数值，响应图表会迅速显示出参数互相影响的曲面图或者曲线。

　　Response 响应图表的模式有三种：2D 模式，3D 模式以及 2D Slices 模式。2D 模式是显示一个输入变量对一个输出函数的影响；3D 模式是显示两个输入变量对一个输出函数的影响；2D Slices 模式结合了 2D 模式和 3D 模式的优点，主要是在 3D 模式中，将输出函数的曲面进行 Slice 分割，以 2D 模式来反应两个变量对一个输出函数的影响。

　　图 7-41 为响应图表的属性面板，在 Mode 中可以修改响应图表的显示模式，默认选择 2D；在 Chart Resolution Along X 中可以设置变量在 X 轴上的点数，使用默认的 25，在 X Axis 中可以选择定义的输入变量，在 Y Axis 中可以选择定义的输出函数，可以显示输入变量对输出函数的影响。如果 X Axis 中选择的变量类型为连续性类型，那么 2D 模式的图表将显示为连续性的曲

线,如果 X Axis 中选择的变量类型为离散类型,那么 2D 模式的图表将显示为分散的柱状图。

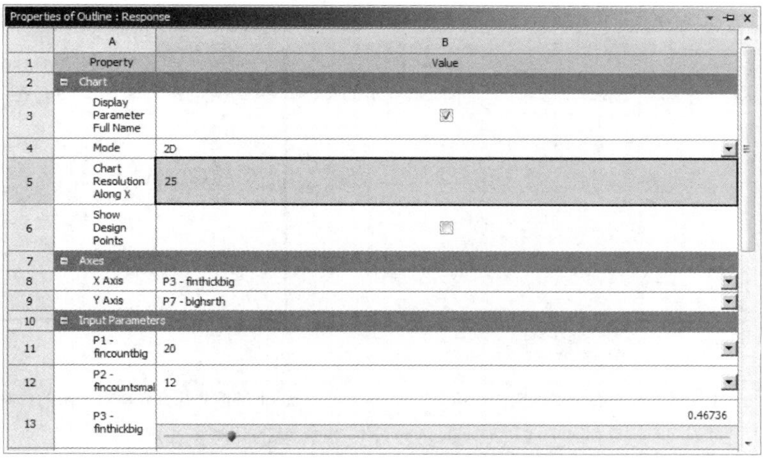

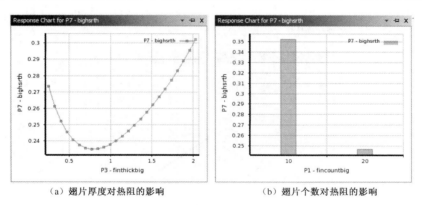

图 7-41　Response 响应图表属性面板

在 X Axis 中选择 P3—finthickbig,在 Y Axis 中选择 P7—bighsrth,Response 可以显示大散热器翅片厚度对散热器热阻的影响,如图 7-42(a)所示;如果在 X Axis 中选择 P1—fincountbig,可以得到大散热器翅片个数对散热器热阻的影响,如图 7-42(b)所示。

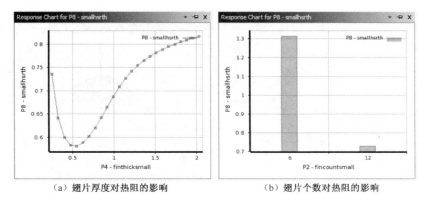

（a）翅片厚度对热阻的影响　　　　　　　（b）翅片个数对热阻的影响

图 7-42　变量对大散热器热阻的影响(一)

同理可以得到小散热器翅片厚度及个数对其热阻的影响,如图 7-43 所示。

（a）翅片厚度对热阻的影响　　　　　　　（b）翅片个数对热阻的影响

图 7-43　变量对小散热器热阻的影响

另外，上下游散热孔开孔率对大散热器热阻的影响如图 7—44 所示。

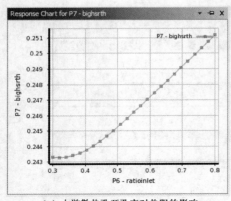
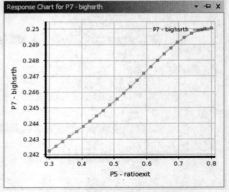

（a）上游散热孔开孔率对热阻的影响　　　　（b）下游散热孔开孔率对热阻的影响

图 7—44　变量对大散热器热阻的影响（二）

修改图 7—41 中 Mode 模式后侧为 3D，默认 Chart Resolution Along X 和 Chart Resolution Along Y 的数值为 25，在 X Axis 中选择 P1—fincountbig，在 Y Axis 中选择 P3—finthickbig，在 Z Axis 中选择 P7—bighsrth，可以显示大散热器翅片个数及厚度对热阻的影响，如图 7—45 所示。在此基础上，修改 X Axis 中选择 P5—ratioexit，可以得到下游散热孔开孔率及大散热器翅片厚度对热阻的影响，如图 7—46（a）所示；同理，可以得到上、下游散热孔开孔率对散热器热阻的影响，如图 7—46（b）所示。

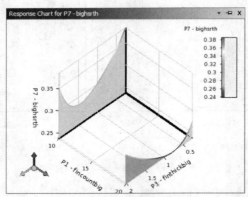

图 7—45　变量对大散热器热阻的影响（三）

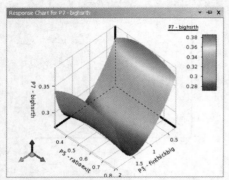
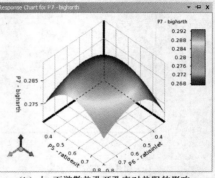

（a）下游散热孔开孔率及翅片厚度对热阻的影响　　　　（b）上、下游散热孔开孔率对热阻的影响

图 7—46　变量对大散热器热阻的影响（四）

修改图 7－41 中 Mode 模式的选项位 2D Slices，保持 X Axis 中选择 P1－fincountbig，在 Y Axis 中选择 P3－finthickbig，可以得到相应的 2D Slices 图，如图 7－47(a)所示；如果调整调换 X Axis 和 Y Axis 中的变量，2D Slices 图将显示为图 7－47(b)。

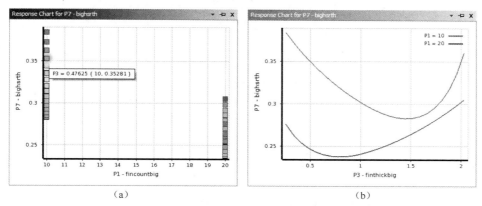

图 7－47　变量对大散热器热阻的影响(五)

同理，将图 7－46 对应的 Response 相关设置做修改，可以得到图 7－46 相对应的 2D Slices 图，如图 7－48 所示。

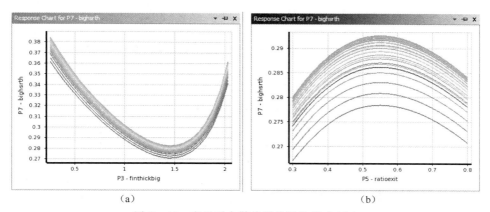

图 7－48　变量对大散热器热阻的影响(六)

5. Local Sensitivity 局部敏感性图表分析

Local Sensitivity 局部敏感性图表主要是反应连续性输入变量对输出函数的影响，反应了单个参数对输出函数的影响程度。

图 7－49 为 Local Sensitivity 命令面板，单击 Local Sensitivity，响应面会显示局部敏感性图表。图 7－50 为 Local Sensitivity 的属性面板。

在图 7－50 中选择 Mode 模式为 Bar，则 Local Sensitivity 局部敏感性图表显示为柱状体，如图 7－51 所示。从图中可以看出，输入变量 finthickbig(大散热器的翅片厚度)对输出函数 bighsrth、bighsms 及 totalmass 的影响较大等。如果选择 Mode 模式为 Pie，则 Local Sensitivity 局部敏感性图表显示为圆盘形状，如图 7－52 所示。

修改图 7－50 中输入变量的数值，图 7－51、图 7－52 会做相应的改变，读者可自行练习。

6. Local Sensitivity Curves 局部敏感性曲线图表分析

Local Sensitivity Curves 局部敏感性曲线图表主要是以曲线的形式，反应连续性输入变量对某一个或者两个输出函数的影响。

	A	B
1		Enabled
20	⊟ Metrics	
21	✓ 📈 Goodness Of Fit	
22	⊟ Response Points	
23	⊟ ✓ Response Point	
24	✓ 📊 Response	
25	✓ 🌐 Local Sensitivity	
26	✓ 📉 Local Sensitivity Curves	
27	✓ ✸ Spider	
*	New Response Point	

Outline of Schematic B3: Response Surface

图 7－49　Local Sensitivity 命令面板

Properties of Outline A25: Local Sensitivity

	A	B	C
1	Property	Value	✓ Enabled
2	⊟ Chart		
3	Display Parameter Full Name	✓	
4	Mode	Bar	
5	⊟ Input Parameters		
6	P1 - fincountbig	20	
7	P2 - fincountsmal	6	
8	P3 - finthickbig	1.7297	✓

图 7－50　Local Sensitivity 属性面板

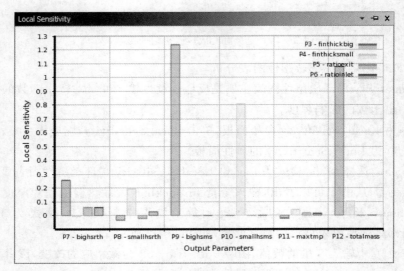

图 7－51　Local Sensitivity 图表（一）

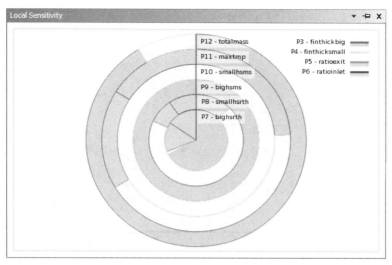

图 7－52　Local Sensitivity 图表（二）

单击图 7－49 中的 Local Sensitivity Curves，执行局部敏感性曲线图表分析，同时可打开 Local Sensitivity Curves 局部敏感性曲线图表的属性面板，如图 7－53 所示。

	A	B	C
1	Property	Value	☑ Enabled
2	⊟　Chart		
3	Display Parameter Full Name	☑	
4	Axes Range	Use Min Max of the Output Parameter ▾	
5	Chart Resolution	25	
6	⊟　Axes		
7	X Axis	Input Parameters ▾	
8	Y Axis	P7 - bighsrth ▾	

Properties of Outline A26: Local Sensitivity Curves

图 7－53　Local Sensitivity Curves 属性面板

在图 7－53 中，单击 X Axis 的下拉菜单，选择 Input Parameters（如果仅仅一个连续性变量，那么曲线的 X 轴将显示变量本身的数值；如果包含多个连续性变量，那么 DX 会自动对连续性输入变量做归一化处理），在 Y Axis 的下拉菜单中选择 P7－bighsrth，可显示大散热器热阻受各个变量的影响曲线，每个曲线代表一个变量对热阻的影响，如图 7－54 所示，其中 X 轴为各个连续性变量归一化后的数值，Y 轴为热阻的具体数值。图中显示的黑色点表示当前的响应点。如果多个输入变量对输出函数的影响程度相同，曲线将重叠，如图中的 P5－ratioexit、P6－ratioinlet 曲线几乎重叠。可以看出，P3－finthickbig 对 P7－bighsrth 有较大的影响。

如果在图 7－53 中，在 X Axis 的下拉菜单中选择 P9－bighsms，Y Axis 的下拉菜单保持默认的设置，则图 7－54 将会改变，最终显示的局部敏感性曲线图表如图 7－55 所示，每个曲线代表输入变量对两个输出函数的影响程度。图中曲线上的圆圈表示曲线的开始点，黑色标注的点表示当前的响应点。从图 7－55 可以看出，P3－finthickbig 对 P7－bighsrth 和 P9－

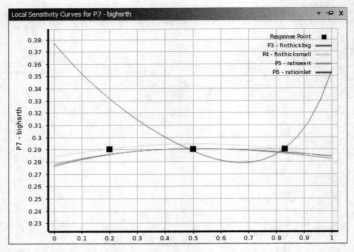

图 7－54　Local Sensitivity Curves 图表（一）

bighsms 有较大的影响，P4－finthicksmall、P5－ratioexit、P6－ratioinlet 对 P7－bighsrth 有微弱的影响，但是对 P9－bighsms 无影响。

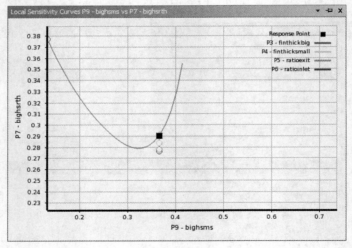

图 7－55　Local Sensitivity Curves 图表（二）

7. Spider 蛛状图分析

当 Response Surface 响应面更新后，将自动出现默认响应点的蛛状态。蛛状图可以提供某个输入参数变化时，对所有输出函数影响的直观显示。图 7－56 为蛛状图的属性面板，修改调整属性面板中各个输入变量的数值，可以实时反应所修改的输入变量对相关输出函数的影响，如图 7－57 所示。

7.2.5　Optimization 优化更新

单击图 7－58 中 B3：Response Surface 后侧的 × 号，可关闭响应面，进入 ANSYS Workbench 的项目视图区域，如图 7－59 所示，可以发现，Response Surface Optimization 单元已经完成了 Design of Experiments 和 Response Surface 的更新，而 Optimization 后侧显示 ，表示未完成优化计算。

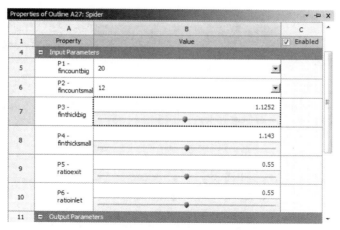

图 7-56 Spider 蛛状图属性面板

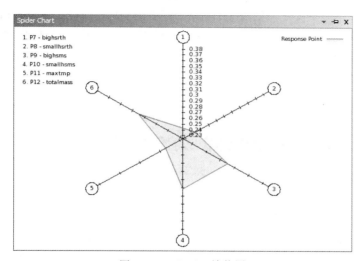

图 7-57 Spider 蛛状图

图 7-58 关闭 Response Surface 响应面

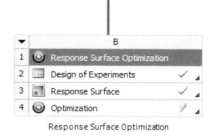

图 7-59 项目视图

双击图 7-59 中的 Optimization,可以打开优化的面板,如图 7-60 所示,单击其中的 Objectives and Constraints,可以在右侧的 Table 中定义相应的目标函数和约束条件。

单击图 7-60 中的 Parameter 的下拉菜单,选择 P7-bighsrth,在后侧的 Objective 下选择 Minimize,表示优化求解大散热器的最小热阻,后侧的 Constraint 保持默认的设置。同理,选择 P8-smallhsrth,优化求解小散热器的最小热阻。

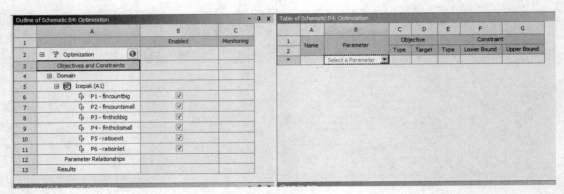

图 7－60　Optimization 优化面板（一）

在 Parameter 的下拉菜单中，选择 P11－maxtmp，在其后侧的 Objective 下选择 Minimize；在其后侧的 Constraint 选择 Values＜＝Upper Bound，在 Upper Bound 中输入 70，表示将输出函数 maxtmp（系统的最高温度）设置为约束条件，最大温度为 70℃。同理，在 Parameter 的下拉菜单中，选择 P12－totalmass，在其后侧的 Objective 下选择 Minimize；在其后侧的 Constraint 选择 Values＜＝Upper Bound，在 Upper Bound 中输入 0.4，表示将输出函数 totalmass（大小散热器的质量之和）设置为约束条件，最大质量为 0.4kg，最终定义的目标函数及约束条件如图 7－61 所示。

单击左上角的 Update，可进行 Optimization 优化计算的更新。

Table of Schematic B4: Optimization

	A	B	Objective		Constraint		
	Name	Parameter	Type	Target	Type	Lower Bound	Upper Bound
3	Minimize P7	P7 - bighsrth	Minimize		No Constraint		
4	Minimize P8	P8 - smallhsrth	Minimize		No Constraint		
5	Minimize P11; P11 <= 70	P11 - maxtmp	Minimize		Values <= Upper Bound		70
6	Minimize P12; P12 <= 0.4	P12 - totalmass	Minimize		Values <= Upper Bound		0.4
*		Select a Parameter					

图 7－61　目标函数及约束条件定义

Outline of Schematic B4: Optimization

	A	B	C
1		Enabled	Monitoring
11	P2 - fincountsmall	☑	
12	P3 - finthickbig	☑	
13	P4 - finthicksmall	☑	
14	P5 - ratioexit	☑	
15	P6 - ratioinlet	☑	
16	Parameter Relationships		
17	Results		
18	Candidate Points		
19	Tradeoff		
20	Samples		

图 7－62　Optimization 优化面板（二）

单击图 7－62 中的 Candidate Points，右侧的 Tables 中将罗列优化计算的候选点，默认为 3 个候选点，如图 7－63 所示。对于 MOGA 优化算法来说，通常 Candidate Point1 候选点的结果是最优的。对于每个候选点，可以在 Reference 中，单击选择相应的初始参考点，Tables 中定义的目标函数或约束条件下会显示金色的星或红色的叉，这样的标记表示候选点计算的结果与规定目标数值之间的接近程度,三个金星表示匹配程度最好,三个红叉表示匹配程度最差。表格中的 Variation from Reference 中将罗列各个候选点计算的数值与选择参考点计算结果差值的相对百分比。

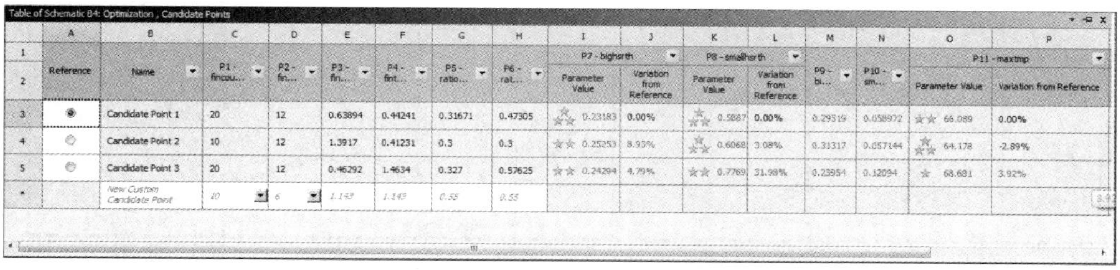

图 7—63　Optimization 优化的候选点

由于 Optimization 优化计算的结果并非 CFD 所计算,因此需要对优化的结果进行验证。在图 7—63 下列 New Custom Candidate Point 中,按照候选点 Candidate Point 1 中的数值依次修改相应的输入变量,如图 7—64 所示。

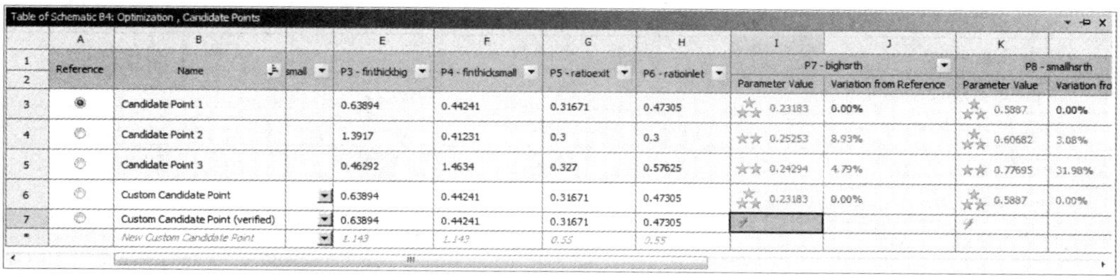

图 7—64　Optimization 优化候选点的验证(一)

用鼠标右键选择 Custom Candidate Point(verified),在调出的面板中,选择 Verify by Design Point Update,如图 7—65 所示,DX 将驱动 ANSYS Icepak 软件对变量输入的具体数值进行计算,并在 Tables 中罗列输出函数的具体数值。

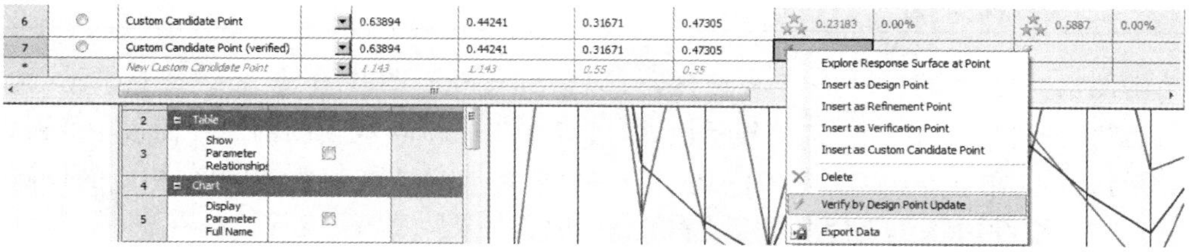

图 7—65　Optimization 优化候选点的验证(二)

经过 CFD 计算后,图 7—63 将变为图 7—66,可以看出,验证后的输出函数数值与优化计算的稍微有所差别。不同候选点及验证点所有变量及函数的曲线图如图 7—67 所示。

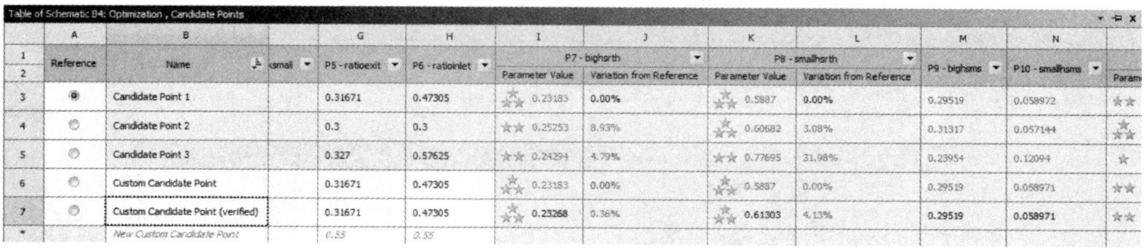

图 7—66　Optimization 优化候选点的验证(三)

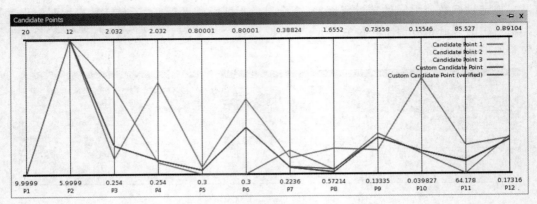

图 7－67　Optimization 优化候选点曲线图

　　因此,通过图 7－66 可以得到,本次优化计算的各个变量及函数数值最终结果如表 7－3 所列。

表 7－3　各个变量及函数的最终优化结果

变量名称	优化计算的数值	CFD 计算的数值
大散热器翅片个数	20	20
大散热器翅片厚度/mm	0.63894	0.63894
小散热器翅片个数	12	12
小散热器翅片厚度/mm	0.44241	0.44241
上游散热孔开孔率	0.47305	0.47305
下游散热孔开孔率	0.31671	0.31671
大散热器热阻/(℃/W)	0.23183	0.23268
小散热器热阻/(℃/W)	0.5887	0.61301
大散热器质量/kg	0.29519	0.29519
小散热器质量/kg	0.058972	0.058971
系统的最高温度/℃	66.089	66.201
大小散热器质量之和/kg	0.35416	0.35416

　　单击图 7－62 中的 Tradeoff 权衡图,可以得到优化计算中样本建立的 Pareto(帕雷托图)。帕雷托图可以有 2D 和 3D 的显示模式,可以在 Tradeoff 权衡图的属性面板中修改,如图 7－68 所示,可以在 Axes 中修改 2D 或者 3D 各个轴的变量或者函数,以得到相应的权衡图。

图 7－68　Tradeoff 权衡图的属性面板

图 7-69 为 Tradeoff 权衡图,其中蓝色的点表示最好的设计点,红色的点代表最差的设计点。

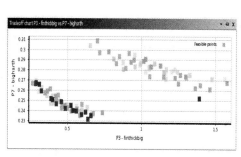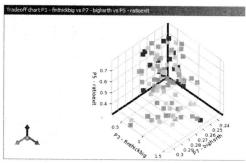

图 7-69 Tradeoff 权衡图

单击图 7-62 中的 Samples,可以显示相应的样本组曲线图。在样本图表中,每个样本包含所有的输入变量和输出函数,并形成一条曲线。与 Tradeoff 权衡图相比较,Samples 样本图的优势是可以立刻显示所有的函数及变量,其属性面板如图 7-70 所示。

图 7-70 Samples 样本点属性面板

样本图包含两种显示模式,Candidates 候选点模式及 Pareto Front 模式。单击图 7-70 中 Mode 的下拉菜单,可以进行样本图显示模式的修改。如果选择的模式为 Candidates,则样本图如图 7-71 所示。图中绿色的线表示优化计算的三个候选点曲线。如果选择的模式为 Pareto

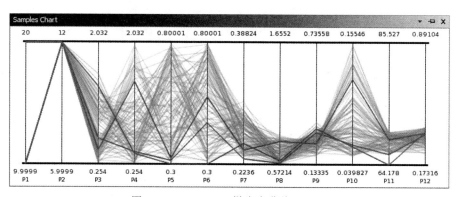

图 7-71 Samples 样本点曲线图(一)

Front 模式,则样本图变为图 7—72,其中蓝色的线表示最好的设计点,红色的线表示最差的设计点。

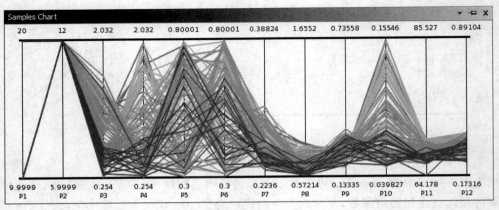

图 7—72　Samples 样本点曲线图(二)

7.3　小　　结

　　本章使用了一个电子风冷系统模型,详细地讲解了使用 DX 进行优化计算的过程;讲解了在 ANSYS Icepak 中如何对模型进行各个变量的定义,如何定义基本函数和复合函数;讲解了如何将 ANSYS Icepak 的变量及函数导入 ANSYS Workbench 的参数系统;详细讲解了 Response Surface Optimization 优化计算单元中 Design of Experiments、Response Surface 及 Optimization 的更新计算,并对各个项中常用的图表做了详细的说明;最终在系统最高温度不超过 70℃ 及散热器总质量不超过 0.4kg 的条件下,对大、小散热器的翅片厚度及个数、上下游散热孔的开孔率进行的优化计算,并得到了大、小散热器的热阻。

第8章 水冷板散热模拟计算

【内容提要】

本章节主要使用一个 IGBT 水冷板模型,详细讲解了 ANSYS Icepak 进行水冷计算的步骤及方法。讲解了水冷板 CAD 模型的修复,主要是对冷板进行体积抽取,以得到冷板内冷却工质的 CAD 模型;讲解了水冷板模型导入 ANSYS Icepak 建立热模型的过程;讲解了对此冷板划分网格的方法及注意事项;最后对水冷板的计算结果进行了后处理显示。

【学习重点】

- 掌握如何在水冷板模型基础上提取冷却工质的流道模型;
- 理解水冷板热模拟计算中模型优先级的设置;
- 掌握流道模型网格贴体划分的处理方法;
- 掌握水冷板散热模拟的流程及相应的注意事项。

8.1 水冷板说明及模型的修复

8.1.1 水冷板工况说明

本案例的水冷板模型由某某公司设计、研发,主要用于对变频器 IGBT 模块进行散热。水冷板材料为 ANSYS Icepak 默认的铝合金材料,冷板内的冷却工质为纯水,冷板内工质的流量为 24L/min,进口水温为 20℃。图 8-1 为此水冷板具体的 CAD 结构示意图。图 8-2 显示的线框为冷却工质流道模型的示意图。图 8-3 为水冷板的实体 CAD 模型。

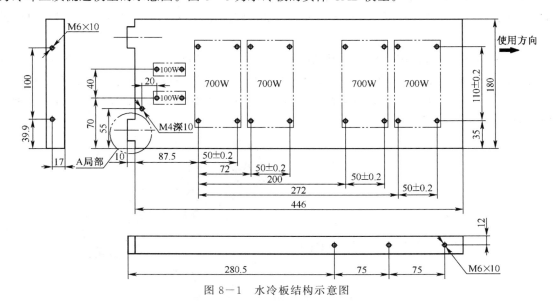

图 8-1 水冷板结构示意图

从图 8-1 中,可以看出,冷板模型包含基板及基板上的 6 个热源,每个二极管热耗 100W,每个 IGBT 热耗 700W,总热耗 3000W。

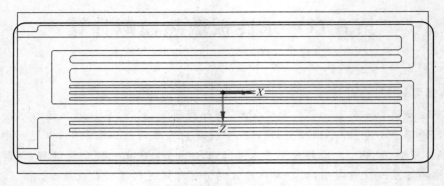

图 8-2　冷却工质流道示意图

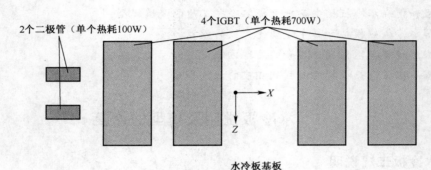

图 8-3　水冷板实体 CAD 模型图

8.1.2　水冷板模型的修复整理

进行水冷板散热模拟前,通常需要对原始的 CAD 模型进行修复,抽取冷板内部冷却工质的几何模型等。本案例使用 ANSYS Space Claim Direct Modeler(简称 SCDM)来对原始的 CAD 水冷模型进行修复。

(1) 启动 SCDM,使用其打开学习光盘文件夹 8 中的 CAD 模型(coldplate3kW. stp),鼠标左键单击编辑面板的选择命令,然后按住 Ctrl 键,依次选择进出口各自的四条边(被选择的边呈现黄色),如图 8-4 所示。只有选择进出口的所有边,才能将冷板内的流道包围,以便抽取冷板内冷却工质的几何模型。

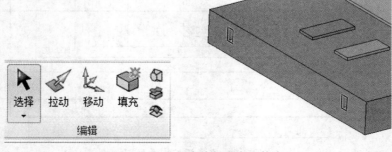

图 8-4　选择水冷板进出口的边

（2）单击主菜单的准备选项，然后选择体积抽取的命令，单击绿色的√，表示执行体积抽取的命令，如图 8－5 所示。SCDM 视图区域内冷板的几何模型将进行改变，改变后的模型如图 8－6 所示，图中显示的实体模型为 SCDM 抽取的冷却工质几何模型。

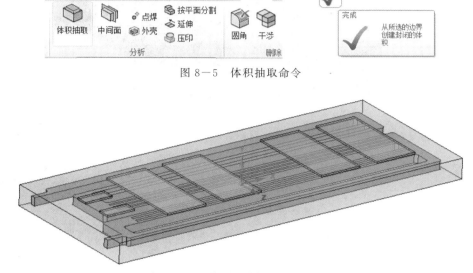

图 8－5　体积抽取命令

图 8－6　流道内的冷却工质几何模型

左侧模型树下将增加一个体积的组件模型，鼠标右键选择体积，在调出的面板中选择打开组件，如图 8－7 所示，可单独打开流道内冷却工质的几何模型。

图 8－7　打开组件命令

可以看出，抽取的冷却工质模型为不规则、异形的几何模型，这类模型导入 ANSYS Icepak 后，通常为 CAD 类型的模型（通过 DM 可以直接将异形流道模型直接导入 ANSYS Icepak，但是这种方法会造成网格数量比较多），因此建议将冷却工质的几何模型进行切割，尽量将异形的流道模型切割成规则的模型（如方形、圆形、多边形等）。本案例可以将异形的流道模型切割为多边形的形状。

为了精确模拟水冷板进出口的压力差，建议不要去除冷却工质模型中的倒角。

（3）重新单击主菜单栏的设计选项，单击选择命令，然后按住 Ctrl 键，使用左键选择冷却工质模型的进口面和冷却工质模型另外一侧的端面,接着单击建立平面的按钮,如图8—8所示,表示在被选的两个面中间,建立一个基准面,可以使用建立的基准面对冷却工质模型进行切割。

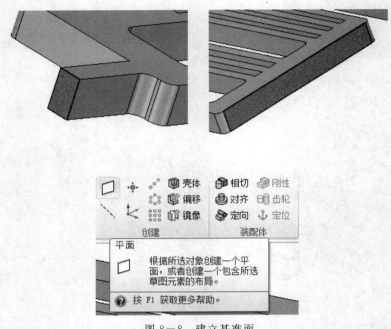

图8—8　建立基准面

　　(4) 选择拆分主体的命令,如图8—9所示,SCDM提示选择被切割的实体,选择视图区域中的冷却工质的几何模型,模型将变为蓝色实体模型,然后左键选择建立的基准面,SCDM会自动将冷却工质的模型进行切割,如图8—10所示。冷却工质的模型将由一个整体模型变为5个模型。

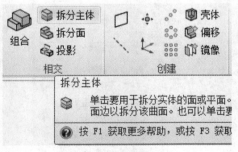

图8—9　拆分主体命令

　　用鼠标右键选择模型树下建立的基准面,在调出的面板中单击删除。右键选择模型树下冷却工质模型的组件,在调出的面板中选择重命名,修改体积的名称为Fluid,完成组件的重新命名,如图8—11所示。

　　(5) 单击视图区域下侧的coldplate3kW,进入冷板整体模型的界面,如图8—12所示,然后点击主菜单栏的文件——另存为,在调出的面板内输入coldplate3kW—shuidao,在保存类型中选择STEP文件的格式,单击保存。

　　至此,完成了对此冷板模型的修复与整理。

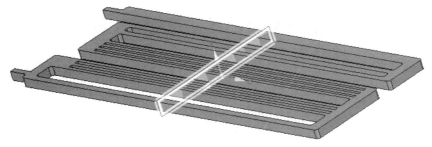

（a）切割拆分前的模型

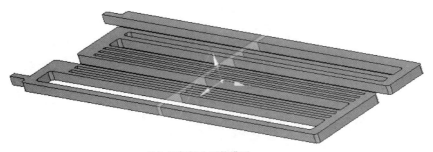

（b）切割拆分后的模型

图 8—10　切割拆分冷却工质模型

图 8—11　删除面及组件重命名

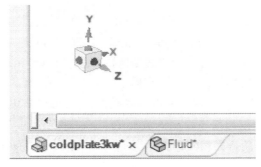

图 8—12　进入冷板整体模型界面

8.2　水冷板模型导入 ANSYS Icepak

（1）启动 ANSYS Workbench，单击保存，输入本案例的名称（yeleng）。双击 Component Systems 工具栏中的 Geometry，建立 DesignModeler（DM）单元。

（2）双击 DM 单元，打开 DM 软件，单击主菜单栏 File→Import External Geometry File，在调出的面板中浏览加载 8.1 节修复的最终冷板模型（coldplate3kW－shuidao. stp），单击打开，选择 Generate，完成导入 CAD 模型的命令，DM 的视图中将出现相应的冷板模型，如图 8－13 所示。

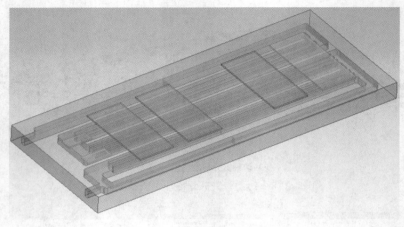

图 8－13　水冷板模型导入 DM

（3）单击主菜单栏 Tools→Electronics→Opening，然后选择冷板进出口端的面，在 Details View 的 Faces 中，单击 Apply，然后单击 Generate，完成冷板进出口边界 Open 开口模型的创建。

单击主菜单栏 Tools→Electronics→Simplify，然后在 Details View 的面板中，选择 Simplification Type 为 Level 0，然后鼠标左键选择视图区域中的水冷板基板模型，在 Details View 的 Select Bodies 面板中，单击 Apply，然后单击 Generate，完成基板模型的转换。

单击主菜单栏 Tools→Electronics→Show CAD Bodies，可查看当前 ANSYS Icepak 不认可的模型，DM 视图将仅仅显示冷却工质的几何模型。由于此冷板的流道可以转换为多边形几何，因此可以使用转化工具，将冷却工质的模型转化为 ANSYS Icepak 认可的多边形模型。

单击主菜单栏 Tools→Electronics→Simplify，然后在 Details View 的面板中，选择 Simplification Type 为 Level 2，然后鼠标左键选择视图区域中所有的冷却工质模型（可以框选），在 Details View 的 Select Bodies 面板中，单击 Apply；保持 Point On Arc[1－100]中的数值为 3，表示弧线上设置 3 个点；修改 Length Threshold % 后的数值为 2，然后单击 Generate，将异形的冷却工质模型转化为多边形几何。可以发现，与原始的模型相比较，转换后的冷却工质模型（多边形）形状并未改变。

单击主菜单栏 Tools→Electronics→Show Ice Bodies，可以看出，所有的模型均为 ANSYS Icepak 认可的模型，DM 的模型树及视图区域如图 8－14 所示。

（4）关闭 DM，进入 ANSYS Workbench 平台，双击工具栏中的 Icepak，建立 Icepak 单元，在 DM 的项目视图区域中，拖动 Geometry 单元的 A2 至 Icepak 单元的 Setup 选项，如图 8－15 所示，相应水冷板的模型将自动进入 ANSYS Icepak 软件，完成水冷板模型的导入过程。

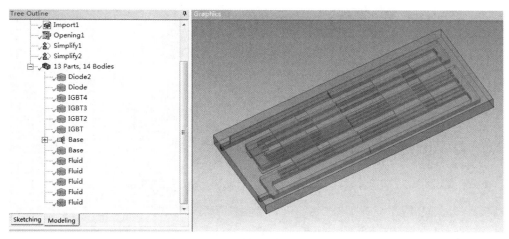

图 8－14　DM 转化后的水冷板模型

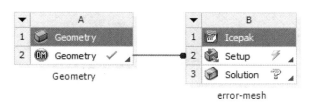

图 8－15　DM 将水冷板模型导入 Icepak

8.3　水冷板模拟计算

双击图 8－15 中 Icepak 单元的 Setup 选项,打开 ANSYS Icepak 软件,可以看到水冷板模拟计算的热模型。

8.3.1　水冷板热模型修复

(1)单击模型工具栏中的 Source 按钮,建立热源模型。双击模型树下建立的热源模型,打开其编辑面板,单击 Info,在 Name 中输入 IGBT－reyuan,修改热源的名称;在其几何面板 Geometry 中,修改 Plane 为 $X-Z$;单击其属性 Properties 面板,在 Total Power 中输入 700,表示热耗 700W,关闭 Source 的编辑面板。

使用 ANSYS Icepak 提供的匹配命令,将建立的 Source 热源与模型树下 IGBT(Block 类型)的 Min Y 面匹配。(注意:IGBT 被安装在冷板的基板面上,务必将 Source 与 IGBT 的安装面相匹配,使得 Source 可以与冷板的面相贴)。

同理,可以继续建立其他 3 个 Source,对 Source 的编辑面板进行修改,然后使用匹配命令,建立其他 IGBT 的 Source 热源模型;也可以选择模型树下的 IGBT－reyuan 模型,然后使用复制、对齐命令,建立其他 3 个热源模型。

同理,建立 Diode 二极管的热源 Source 模型,其热耗为 100W。单击快捷工具栏中的热耗统计按钮,总热耗为 3000W,如图 8－16 所示。

(2)选择模型树下 Block 类型的二极管 Diode 模型和 IGBT 模型,单击右键,选择 Delete

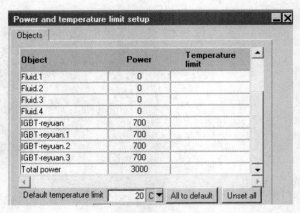

图 8—16   总热耗的统计

命令,删除相应的模型,如图 8—17 所示。单击模型树下的 Cabinet,选择右下角的 Autoscale,
自动缩放 Cabinet 的计算区域。

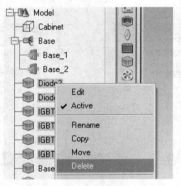

图 8—17   删除部分 Block 模型

(3)单击模型工具栏中的风扇按钮,建立风机模型,将其与模型树下的 Base_2 模型
(Opening 类型,由 DM 建立,可以自行修改其名称)进行匹配(注意:修改风机的面及形状),并
删除模型树下的 Base_2 模型。双击模型树下的 fan.1,在其属性面板中,选择 Fixed,在
Volumetric 中输入 0.0004,表示冷却工质的体积流量为 0.0004m^3/s(24L/min),单击 Done,
进口温度默认为环境温度,如图 8—18 所示。

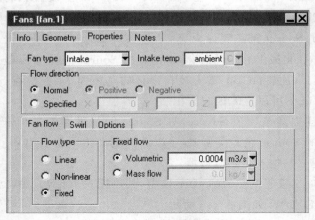

图 8—18   冷却工质流量的输入

选择模型树下的 Base_1(Opening 开口类型),修改其名字为 out。

(4)选择模型树下所有的 Fluid 模型,单击右键,选择 Edit,在调出的属性面板中,选择 Block type 为 Fluid,表示将 Block 设置为流体类型;单击 Fluid material 的下拉菜单,选择 Water,表示冷板内的冷却工质为纯水,如图 8-19 所示,单击 ANSYS Icepak 的 Save 按钮,保存模型。

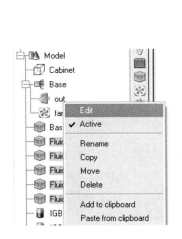
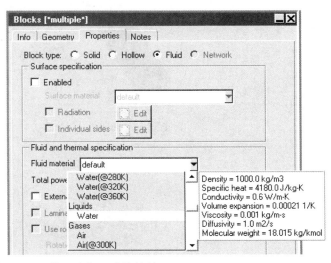

图 8-19　设置冷却工质的材料

(5)双击模型树下的 Cabinet,打开其编辑窗口,修改 Geometry 下的坐标信息,保持 Specify by 为 Start/end,修改 xS 的数值为 -0.233,如图 8-20 所示,表示将计算区域 Cabinet 左侧的边界扩展了 10mm。

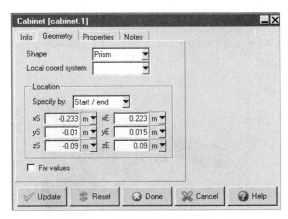

图 8-20　计算区域 Cabinet 的修改

单击模型工具栏下的 block,建立一个立方体模型。使用对齐匹配工具,将此方块(默认命名为 block.1)定位到 Cabinet 扩大的空间内,如图 8-21 所示。双击模型树下的 block.1,打开其编辑窗口,修改其优先级 Priority 数值为 0,修改其属性为 Hollow。

(6)选择模型树下的 fan.1(风机类型,表示水冷板的进口)和 out(开口 Opening 类型,表示水冷板的出口),使用移动命令,将其沿着 X 轴负方向移动 10mm,那么 fan.1 和 out 将被定位到计算区域 Cabinet 的边界上,如图 8-22 所示;也可以使用对齐的命令进行定位操作。

使用对齐工具,拉动冷却工质进出口流道的模型,使其与进出口所处的面对齐,即将冷却

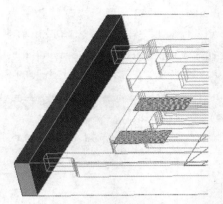

图8-21　Hollow block方块的定位

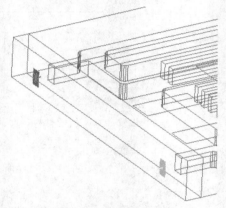

图8-22　进出口边界的定位

工质流道模型的进出口端向外延伸10mm,与计算区域Cabinet的边界对齐,如图8-23所示,至此,完成水冷板模型的修改。

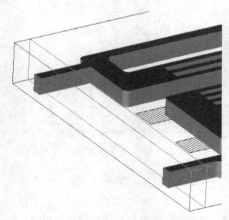

图8-23　冷却工质模型的拉伸

8.3.2　水冷板热模型的网格划分

单击划分网格的命令,打开网格控制面板,选择 Mesh type 网格类型为 Hexa unstructured 非结构化网格,保持其他设置为默认设置,单击 Generate,ANSYS Icepak 会自动对水冷板热模型进行网格划分。选择模型树下的不同模型对象,单击网格控制面板下的 Display,可以对不同的模型进行网格显示。

(1)选择水冷板基板 Base.1 及所有的热源模型,可以看到,非结构化网格对热源模型进行了贴体划分,如图 8—24 所示。

图 8—24　水冷板基板及热源的网格分布

(2)选择模型树下的 Fluid,可以看到非结构化网格对冷板内的弧线流道进行了贴体处理。由于冷却工质模型存在圆弧形倒角,这些倒角特征的网格是否贴体,直接与热模拟的计算精度相关,因此需要对每个 Fluid 模型进行网格查看。注意,务必保证冷却工质每个边上至少划分 3 个网格。

图 8—25 为模型树下冷却工质 Fluid 的网格显示,可以看出,网格完全贴体显示。

图 8—25　Fluid 模型的网格

图 8—26 为模型树下冷却工质 Fluid.1 的网格显示,可以看出,网格完全贴体显示,其中圆弧形流道倒角的网格也完全贴体,并且各个流道上的网格超过了 3 个网格。

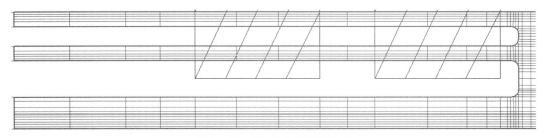

图 8—26　Fluid.1 模型的网格

图 8—27 为模型树下冷却工质 Fluid.2 的网格显示,可以看出,网格完全贴体显示,其中圆弧形流道倒角的网格也完全贴体,但是其中有两个横向流道(图中标记的流道)网格个数较少,仅仅划分了 2 个网格,需要对这两个流道网格进行加密。

选择模型树下的 Fluid.2,单击快捷工具栏的 按钮,ANSYS Icepak 将显示此多边形各个点的数字编号(显示的颜色为黄色),放大视图区域,可以看出边 38(编号 38~39)、边 42(编号 42~43)上仅仅有两个网格,需要加密这些边上的网格。

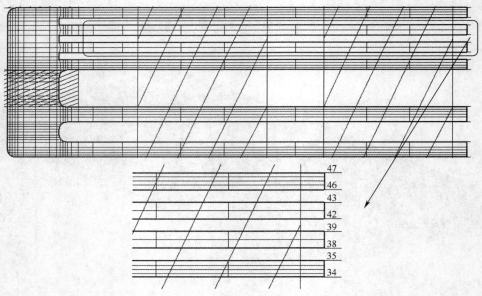

图 8—27   Fluid.2 模型的网格

图 8—28 为模型树下冷却工质 Fluid.3 的网格显示,可以看出,网格完全贴体显示,其中圆弧形流道倒角的网格也完全贴体,但是其中有四个流道(图中标记的流道)网格个数较少,有的划分了 1 个网格,有的划分了 2 个网格,需要对这两个流道网格进行加密。

选择模型树下的 Fluid.3,单击快捷工具栏的 按钮,ANSYS Icepak 将显示此多边形各个点的数字编号(显示的颜色为黄色),放大视图区域,可以看出边 56(编号 56~1)、边 4(编号 4~5)、边 24(编号 24~25)、边 28(编号 28~29)上的网格个数不到 3 个,需要对这些边的网格进行加密(自练习时,多边形编号可能与本书有所不同)。

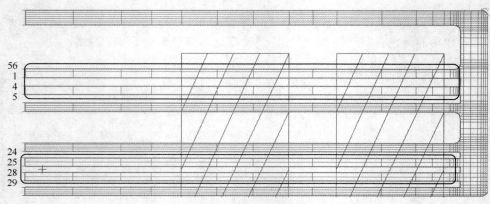

图 8—28   Fluid.3 模型的网格

图 8—29 为模型树下冷却工质 Fluid.4 的网格显示,可以看出,网格完全贴体显示,其中圆弧形流道倒角的网格也完全贴体,但是其中有两个横向流道(图中标记的流道)网格个数较少,需要对这两个流道网格进行加密。

选择模型树下的 Fluid.4,单击快捷工具栏的 ABC 按钮,ANSYS Icepak 将显示此多边形各个点的数字编号(显示的颜色为黄色),放大视图区域,可以看出边 22(编号 22～23)、边 26(编号 26～27)上的网格个数不到 3 个,需要对这些边的网格进行加密。

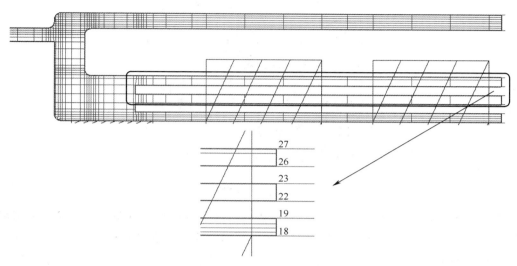

图 8－29　Fluid.4 模型的网格

(3)单击网格控制面板中的 Local 按钮,勾选 Object params,单击后侧的 Edit,可以打开 Per－object meshing parameters 面板,通过此面板,可以对上述网格不足的边进行网格加密。选择左侧列表中的 Fluid.2,勾选上侧区域的 Use Per－object parameters,拉动右侧的滚动条,分别勾选 Side 38 count 和 Side 42 count,然后分别输入 4,表示对边 38、边 42 设置 4 个网格,如图 8－30 所示。

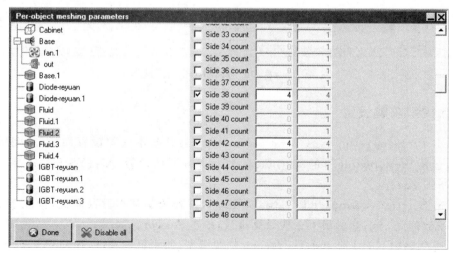

图 8－30　Fluid.2 模型的网格细化

同理,在图 8－30 中,选择 Fluid.3,勾选上侧区域的 Use Per－object parameters,拉动右侧的滚动条,分别勾选 Side 4 count 和 Side 56 count,然后分别输入 4,表示对边 4、边 56 设置 4 个网格。单击图 8－26 中的 Done,完成网格细化的设置。单击网格控制面板的 Generate,对新的设置进行网格划分,最终划分的网格个数为 185200,如图 8－31 所示。

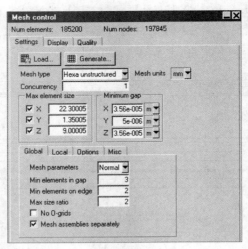

图 8—31　细化网格

（4）单击网格控制面板中的 Display，可以查看各个器件模型的网格。所有冷却工质模型的网格如图 8—32 所示，可以清楚地看到，冷却工质模型各个边的网格数量均超过了 3 个。

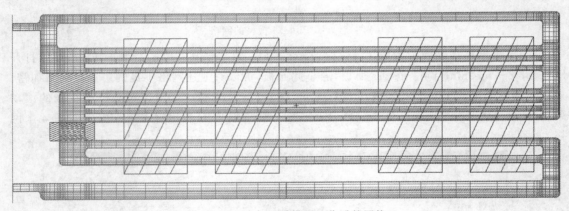

图 8—32　冷却工质模型细化后的网格

8.3.3　热模型求解设置

（1）双击 Problem setup 下的 Basic parameters，打开基本参数设置面板，关闭辐射换热 Radiation，选择 Flow regime 下的 Turbulent，保持其他默认设置（ANSYS Icepak 默认的温度为 20℃），单击 Accept。

（2）双击 Solution settings 下的 Basic settings，打开求解基本设置面板，修改 Number of iterations 的数值为 200，表示最大迭代计算步数，单击 Accept。

（3）选择模型树下的 4 个 IGBT—reyuan 热源模型，使用鼠标左键，拖动其至 Points 下，在计算求解过程中，ANSYS Icepak 将自动监测 4 个热源模型中心点的温度。

选择模型树下的 out 模型，拖动其至 Points 下。双击 Points 下的 out，打开监控点面板，勾选 Monitor 下的 Velocity，如图 8—33 所示。在计算求解过程中，ANSYS Icepak 将自动监测出口 out 模型中心点的温度和速度。对监控点的变量进行监测，可以准确判断模型是否收敛。

（4）单击快捷工具栏中的计算按钮▦，可以对此水冷板热模型进行求解计算。ANSYS

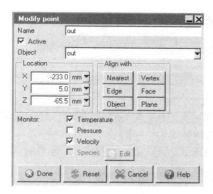

图 8－33　监控点变量设置

Icepak 会自动调出 Fluent 求解器窗口、残差曲线及变量监控点的曲线,如图 8－34 所示。

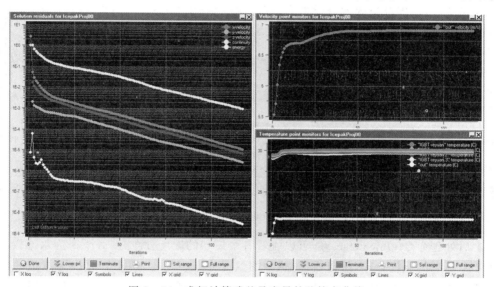

图 8－34　求解计算残差及变量的监控点曲线

8.3.4　水冷板热模拟后处理显示

单击后处理命令 Plane cut ![icon],可以查看切面的温度分布及压力分布。图 8－35 为水冷板中间切面的温度分布,图 8－36 为水冷板中间切面的压力分布。

图 8－35　水冷板中间切面的温度分布

图 8－36　水冷板中间切面的压力分布

　　同理,可以查看切面的速度矢量图,如图 8－37 所示。可以看出,圆圈标注的区域存在较大的局部涡流区域,因此流入部分流道(方框标注)的冷却工质较少,可以对此流道进行结构优化,消除涡流区域,减小冷板的阻力。

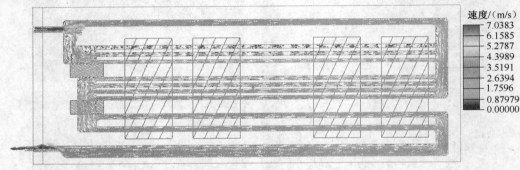

图 8－37　水冷板中间切面的速度矢量分布图

　　单击后处理命令 Object face,可以查看各个模型的温度分布,图 8－38 为水冷板的温度分布及 6 个热源的温度分布,可以看出,热源的温度分布不均匀,这主要是因为流道的结构没有使冷却工质均匀流过 IGBT 与冷板的安装面。另外,此冷板未有效地对二极管进行散热,因此可以对冷板的流道做进一步的优化设计。

　　单击主菜单栏 Report→Solution overview→Create,可以打开此水冷板的报告结果,如图 8－39 所示,通过此报告,可以准确判断计算是否质量守恒及能量守恒;可以看出,冷却工质出口带出的热耗为 3000W,进出口冷却工质的质量流量差值为 1e－6kg/s,体积流量的差值为 1e－9m³/s;计算完全收敛。

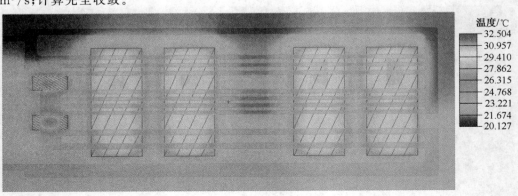

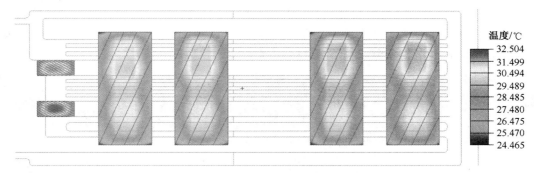

图 8－38　水冷板及热源的温度分布云图

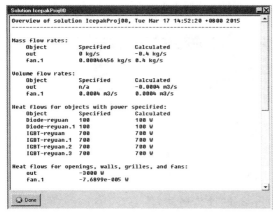

图 8－39　Overview 报告结果

在模型树下选择出口模型 out 以及进口模型 fan.1，单击鼠标右键，在调出的菜单中选择 Summary report→Separate，ANSYS Icepak 将调出 Define summary report 面板，保持默认的设置，如图 8－40 所示，单击 Write，可以统计冷却工质进出口温度的最小数值、最大数值以及平均值等，如图 8－41 所示。

图 8－40　Summary report 面板

同理,在图 8-40 中,修改 Value 下的 Temperature 为 Mass flow,表示统计进出口冷却工质的质量流量,统计的结果如图 8-42 所示,可以看出冷却工质进口流量 0.4kg/s,出口流量 0.400001kg/s,相对误差很小,本案例热模拟仿真的进出口质量守恒。

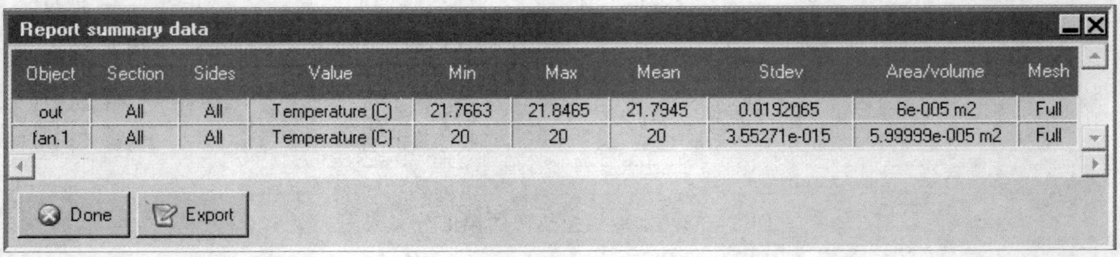

Object	Section	Sides	Value	Min	Max	Mean	Stdev	Area/volume	Mesh
out	All	All	Temperature (C)	21.7663	21.8465	21.7945	0.0192065	6e-005 m2	Full
fan.1	All	All	Temperature (C)	20	20	20	3.55271e-015	5.99999e-005 m2	Full

Done　　Export

图 8-41　冷却工质进出口温度数值的统计

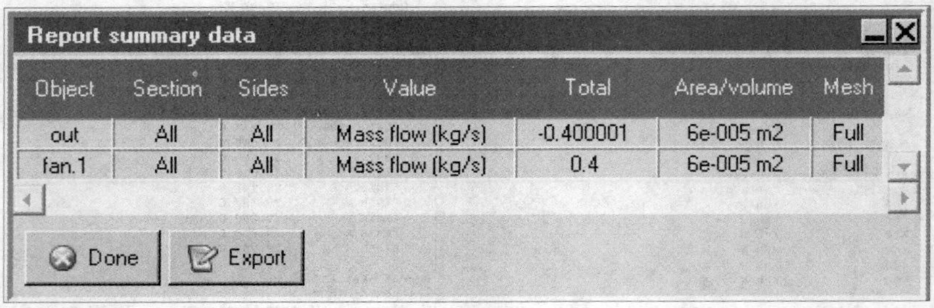

Object	Section	Sides	Value	Total	Area/volume	Mesh
out	All	All	Mass flow (kg/s)	-0.400001	6e-005 m2	Full
fan.1	All	All	Mass flow (kg/s)	0.4	6e-005 m2	Full

Done　　Export

图 8-42　冷却工质进出口质量流量统计

根据公式 $Q = mC_p\Delta T$ 可以验证 ANSYS Icepak 的计算精度,其中 Q 为冷板总的散热量,m 为冷板冷却工质的质量流量,根据图 8-42,可以得到,m 为 0.4kg/s;C_p 为冷却工质的热容,本案例工质为纯水,其比热容为 4180J/kg·K;ΔT 为冷板冷却工质出口平均温度与进口平均温度的差值。

$Q = mC_p\Delta T = 0.4 \times 4180 \times (21.7945 - 20) = 3000.404$,因此冷却工质带走的热耗共 3000.404W,而热模型中热源输入的总热耗为 3000W,二者相差 0.404W,其相对误差 0.0135%,能量完全守恒。

关闭 ANSYS Icepak,完成此冷板的散热模拟计算。

8.4　小　　结

本章使用一个水冷板模型,详细讲解了 ANSYS Icepak 进行水冷散热模拟的计算过程。针对此水冷板模型,主要讲解了冷板 CAD 模型的修复;如何对冷板进行体积抽取,以得到冷板内冷却工质的 CAD 模型;水冷板模型导入 ANSYS Icepak 建立热模型的过程;对此冷板划分网格的方法及注意事项。最后对此水冷板的热模拟计算结果进行了相应的后处理显示。

第9章　TEC热电制冷模拟计算

【内容提要】

TEC热电制冷,又称为半导体制冷,对TEC通电后,在其两端的节点处将分别产生吸热和放热现象,可用于电力电子器件的制冷或者加热。本章在2.2节强迫风冷模型的基础上,在器件U8与大散热器模型之间,添加了TEC热电制冷模块,其他各个边界与2.2节模型相同,详细讲解了在ANSYS Icepak中进行TEC热电制冷模拟计算的过程。

【学习重点】

- 掌握如何在ANSYS Icepak软件中建立TEC热电模型;
- 掌握使用ANSYS Icepak进行TEC热电制冷计算的方法。

9.1　TEC热电制冷模型说明

TEC热电制冷是建立在珀耳帖等热电效应基础上的冷却方法,当一块N型半导体和一块P型半导体连接成电偶并在闭合回路中通直流电流时,在其两端的节点处将分别产生吸热和放热现象,其结构原理如图9-1所示,其主要适用于微波混频器、激光器等电子器件。

在ANSYS Icepak中,可以通过主菜单Macros→Thermo electric cooler→TEC,如图9-2所示,建立相应的TEC热电制冷模型。

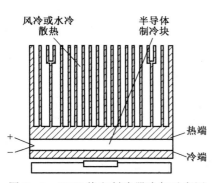

图9-1　TEC热电制冷器冷却示意图

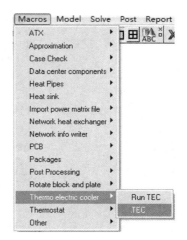

图9-2　建立TEC热电制冷模型的命令

执行图9-2的命令后,ANSYS Icepak会调出Thermoelectric Cooler Creation面板,如图9-3所示。其中Plane表示TEC热电制冷器模型所处的面,包括$X-Y$、$X-Z$、$Y-Z$;可以在Dimensions下修改建立TEC模型的坐标信息及长度信息;Cold side表示TEC热电制冷器模型冷面的位置。如果TEC模型所处的面为$X-Y$,那么low side表示TEC模型负Z轴方向的面;

high side 表示 TEC 模型正 Z 轴方向的面；Electric Current 表示 TEC 热电制冷器内电流的数值；Number of couples 表示 TEC 热电制冷器极对数的个数；T. E. element height 表示 TEC 热电制冷器内 P/N 半导体的高度；T. E. element pitch 表示 P/N 半导体的间隙；T. E. element area/height 表示 TEC 热电制冷器的几何因子；Ceramic based thickness 表示 TEC 热电制冷器基板的厚度信息。

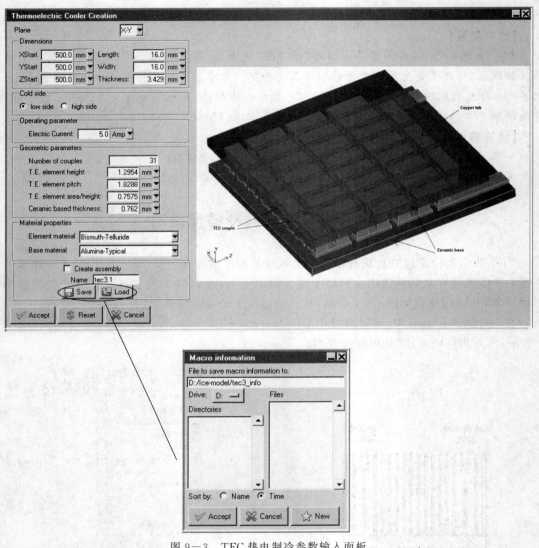

图 9－3　TEC 热电制冷参数输入面板

在图 9－3 中，Material properties 表示 TEC 热电制冷器的材料信息，其中，Element material 表示 P/N 单元的材料；Bismuth－Telluride（碲化铋），热导率为 1.5W/m·K；Base material 表示 TEC 陶瓷基板的材料，Alumina（氧化铝），其热导率 27W/m·K；勾选 Create assembly，可以将建立的 TEC 模型自动创建为装配体模型；Name 表示 TEC 装配体模型的名称；若将当前 TEC 参数的设置进行保存，以方便后续使用，可以单击 Save，打开 Macro information 面板，浏览相应的目录，在相应的目录下输入文本文件名称（如 tec－filename. txt），单击 Accept，关闭 Macro information 面板，完成当前 TEC 参数文件的保存；单击图 9－3 中的 Load，可以加载保存的 TEC 参数文件；单击 Thermoelectric Cooler Creation
面板下的 Accept，ANSYS Icepak 将自动创建相应的 TEC 热电制冷器模型。

TEC 热电制冷器的示意模型如图 9－4 所示，包含冷热面陶瓷基板、金属垫片、P/N 半导
体等。

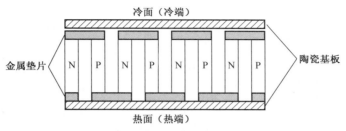

图 9－4　TEC 热电制冷器示意模型

通过图 9－3 输入建立 TEC 热电制冷模型的参数，ANSYS Icepak 会自动将真实的 TEC
热电制冷器模型进行简化，简化后的模型如图 9－5 所示，ANSYS Icepak 将上、下陶瓷基板建
立为 Block（材料为 Alumina），将连接 P/N 半导体的金属片及金属片之间的空气一起，建立为
Block（其材料的热导率各向异性，ANSYS Icepak 会根据图 9－3 输入的相关参数进行等效计
算，得到此 Block 的热导率），同理，将 P/N 半导体及其之间的空气简化等效成为 Block 模型
（此 Block 的材料也为各向异性热导率）。

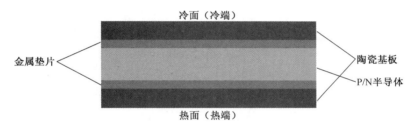

图 9－5　ANSYS Icepak 建立的 TEC 热电制冷器模型

另外，在进行 TEC 热电制冷模拟计算时，需要在 TEC 模型的四周使用 Plate 板来建立绝
热面，绝热面可以将金属垫片（Block）和 P/N 半导体（Block）的四周（4 个面）进行覆盖，用于模
拟真实 TEC 四周涂抹的绝热材料。

ANSYS Icepak 会根据图 9－3 输入的参数，计算 TEC 工作时金属垫片 Block 产生的热耗
以及 TEC 自身生成的热耗。

9.2　TEC 模型热模拟计算

本节在 2.2 节模型（强迫风冷）的基础上，在器件 U8 与大散热器模型之间，添加 TEC 热
电制冷模块，其他各个边界与 2.2 节模型相同，讲解进行 TEC 制冷计算的过程。本案例 TEC
的参数如表 9－1 所列。

9.2.1　热模型修复

（1）单独启动 ANSYS Icepak 软件，单击 Unpack，解压缩学习光盘第 9 章内的 fengleng. tzr 文
件，在 ANSYS Icepak 的工作目录下，输入新模型的名称（如 TEC－jisuan），单击 Unpack，保存 Save。

表 9－1　TEC 热电制冷器相关参数

名称	数值
TEC 尺寸	40mm×40mm×3.48mm
TEC 工作电流/A	2
TEC 极对数（Number of couples）	127
P/N 高度/mm	1.6
P/N 间隙/mm	1.0
TEC 几何因子/mm	1.225
陶瓷基板厚度/mm	0.64

（2）选择模型树下的大散热器模型 bigHS，单击移动命令，勾选 Translate，在 Z offset 中输入 3.48mm（TEC 模型的总高度），单击 Apply，如图 9－6 所示。

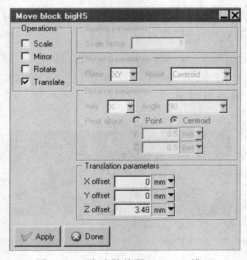

图 9－6　移动散热器（bigHS）模型

（3）单击 Macros→Thermo electric cooler→TEC，打开图 9－3 的面板，可以建立 TEC 模型。根据热源 U8 的位置，选择 Plane 为 X－Y 面，在 Xstart 中输入 74，后侧的 Length 输入 40；在 Ystart 中输入－55，后侧的 Width 输入 40；在 Zstart 中输入－2，后侧的 Thickness 输入 3.48。Xstart、Ystart、Zstart 表示 TEC 模型的坐标信息（由于放置于 U8 上面，可通过 U8 查看大概的坐标），Length、Width、Thickness 分别表示 TEC 的长、宽、高，如图 9－7 所示。

保持 Cold side 冷面的选择为 Low side，即 TEC 模型负 Z 轴面为冷端面。在 Electric Current 中输入 2，表示 TEC 工作的电流为 2A；在 Number of couples 中输入 127，表示极对数为 127；在 T.E. element height 中输入 P/N 半导体的高度 1.6mm；在 T.E. element pitch 中输入 P/N 半导体的间隙 1.0mm；T.E. element area/height 输入 TEC 热电制冷器的几何因子，本案例为 1.225mm；在 Ceramic based thickness 中输入 TEC 热电制冷器基板的厚度 0.64mm，保持 Element material 和 Base material 为默认的材料属性；勾选 Create assembly，表示将 TEC 模型组建为 assembly 装配体；ANSYS Icepak 将自动在 Name 中对 TEC 装配体模型进行命名，单击 Accept，可以得到建立的 TEC 模型。

ANSYS Icepak 建立的 TEC 模型如图 9－8 所示，右键选择模型树下的 tec3.1 装配体，在

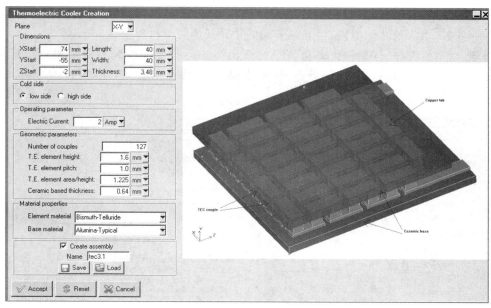

图 9－7　建立 TEC 热电制冷模型

调出的面板下勾选 View separately，ANSYS Icepak 将仅仅显示建立的 TEC 模型。

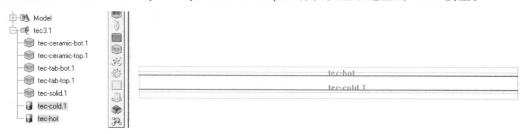

图 9－8　TEC 热电制冷器模型

（4）双击模型树下的 tec－tab－bot.1（ANSYS Icepak 建立的等效金属垫片模型），可以打开相应的编辑窗口，如图 9－9 所示。其中 Solid material 表示 ANSYS Icepak 建立的新材料，单击下拉菜单，选择 Viewdefinition，可以在 Message 窗口中查看建立的新材料，如图 9－9 所示，可以看出 X、Y 切向热导率为 $0.026\mathrm{W/m\cdot K}$，Z 法向热导率为 $148.06\mathrm{W/m\cdot K}$。

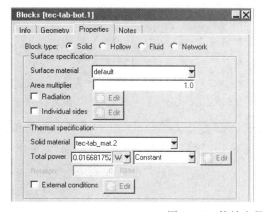

图 9－9　等效金属垫片模型的材料及热耗

　　另外,Total power 表示金属垫片生成的热耗 0.016681752W。在建立 TEC 模型的面板中,输入不同的电流及几何参数,会导致不同的热耗及不同的材料属性。

　　同理,双击模型树下的 tec－solid.1(ANSYS Icepak 建立的 P/N 等效模型),打开其编辑窗口,如图 9－10 所示,可以查看其相应的材料属性及 TEC 工作时自身生成的热耗(8.29387551W)。

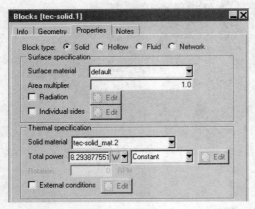

图 9－10　P/N 等效模型的材料及热耗

　　双击模型树下 Source 类型的 tec－cold.1 模型,打开其属性面板,单击 Temperature dependent 后侧的 Edit,打开 Temperature dependent power 的面板,表示热耗随温度的变化曲线;热耗类型为 Linear 线性变化,其中本案例 TEC 冷面的线性系数 C 为－0.1016W/K,如图 9－11 所示,C 数值的大小与 TEC 热电制冷器的工作电流相关。

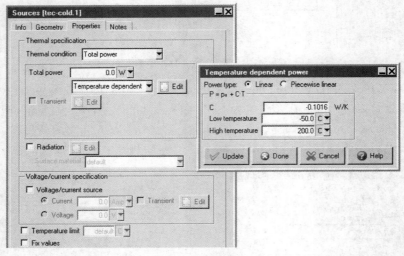

图 9－11　TEC 热电制冷冷面 Source 的属性

　　(5)选择模型树 tec3.1 下的任何器件,单击建模工具栏下的 Plate(　),打开 Plate 的编辑窗口,修改其 Plane 为 $Y－Z$ 面,保持 Plate 的属性为绝热;然后使用线匹配命令(　),将 Plane 面 Z 轴的上下两边与等效金属垫片模型 tec－tab－bot.1、tec－tab－top.1 的边匹配,匹配的结果如图 9－12 所示。

　　同理,建立其他 3 个 Plate 模型(属性绝热),使用边匹配命令将 TEC 热电制冷模型其他 3

图 9－12　建立绝热边界模型（一）

个面进行对齐，最终建立的 TEC 热电制冷器模型如图 9－13 所示。

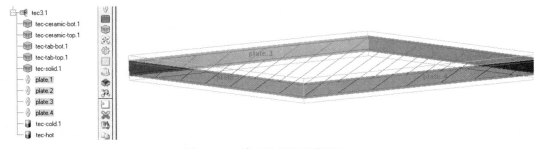

图 9－13　建立绝热边界模型（二）

（6）右键选择模型树下的 tec3.1 装配体，在调出的面板下取消勾选 View separately，ANSYS Icepak 将显示所有的热模型。关闭 tec3.1 装配体前侧的"＋"号，关闭装配体模型。使用面中心位置对齐命令（🔲）将 TEC 装配体的底面（其 Z 轴负向的面）与器件 U8 的顶面（其 Z 轴正向的面）进行面中心对齐，完成 TEC 热电制冷器模型的中心定位，如图 9－14 所示。

图 9－14　定位 TEC 热电制冷器模型

最终，建立的完整热计算模型如图 9－15 所示，可以清楚看到，在模型 bigHS 和器件 U8 直接增加了 tec3.1（TEC）模型。

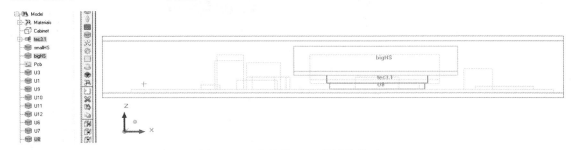

图 9－15　完整的 TEC 热计算模型

9.2.2　热模型网格划分

单击划分网格的命令🧊，打开网格划分面板，保持默认的设置，单击 Generate，ANSYS

Icepak 对热模型进行网格划分，划分的结果如图 9－16 所示，网格个数 412988。

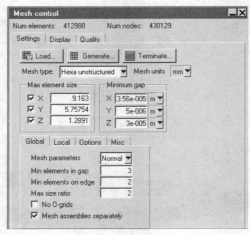

图 9－16　网格控制面板

单击图 9－16 中的 Display，可以对热模型的切面网格以及模型的面网格、体网格进行显示。选择模型树下 tec－ceramic－top.1，显示其表面网格，如图 9－17 所示，可以发现，此模型的网格并未完全贴体。

图 9－17　器件的表面网格（一）

双击模型树下的 tec3.1 装配体，打开非连续性网格的编辑面板，勾选 Mesh separately，对 Slack settings 下 Max Z 尺寸设置为 0mm，对 Min X、Max X、Min Y、Max Y、Min Z 输入 1mm，如图 9－18 所示，单击 Done，关闭 tec3.1 的装配体编辑面板。

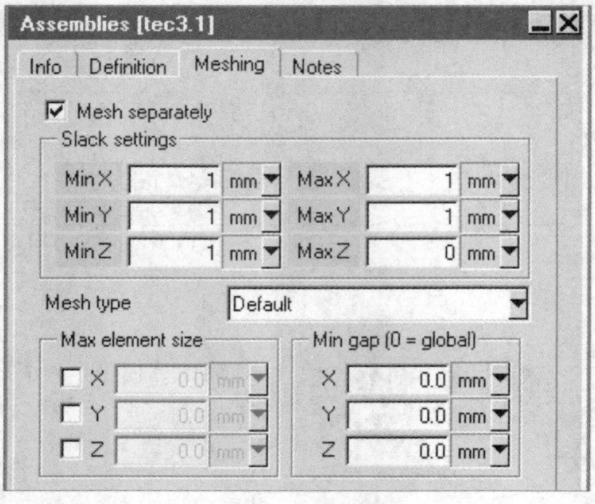

图 9－18　TEC 装配体的非连续性网格设置

重新单击划分网格的命令,单击 Generate,对模型进行网格划分。选择模型树下 tec—ceramic—top. 1,单击图 9—16 中的 Display,显示其表面网格,划分的网格如图 9—19 所示,可以看出,网格完全贴体了模型的形状。单击 Quality,可以对模型的网格质量进行检查。

图 9—19　器件的表面网格(二)

9.2.3　热模型求解计算

直接使用 ANSYS Icepak 解压缩(Unpack)2.2 节的模型,解压缩得到的模型已经包含了各类边界条件及求解的相关设置。

单击快捷工具栏中的计算命令![icon],打开求解计算面板,勾选 Coupled pressure—velocity formulation,并单击后侧的 Options,勾选 Pseudo transient 和 High order term relaxation,单击 Accept,如图 9—20 所示,单击 Dismiss(切勿单击 Start solution),然后单击快捷工具栏中的保存命令![icon]。此步骤可以忽略,如果未勾选 Coupled pressure—velocity formulation,ANSYS、Icepak 将使用默认的求解器进行计算。

单击主菜单栏 Macros→Run TEC,如图 9—21 所示,进行 TEC 热电制冷模型的计算命令。切记勿直接单击快捷工具栏中的计算命令![icon],必须通过 Macros 中的 Run TEC 才能进行 TEC 热电制冷的模拟计算。

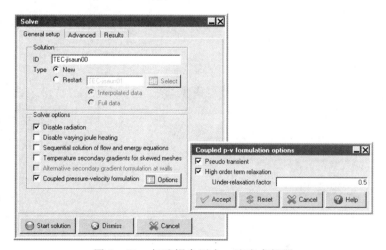

图 9—20　勾选耦合压力—速度求解器

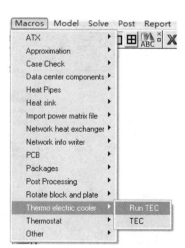

图 9—21　TEC 热电制冷计算命令

如果热模型中并未通过主菜单栏 Macros—TEC 建立 TEC 热电制冷器模型,那么单击 Macros—Run TEC 的命令后,ANSYS Icepak 将提示错误的信息,如图 9—22 所示,告知没有定义建立好的 TEC 模型。

打开 Run TEC(Specify I and calculate T or Specify T and calculate I)面板,如图 9—23 所示,在 Material properties 下(主要是表现材料属性与温度的关系),包含 Specify material properties 和 Use Laird properties 两个选项。

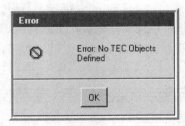

图 9—22　提示无 TEC 模型

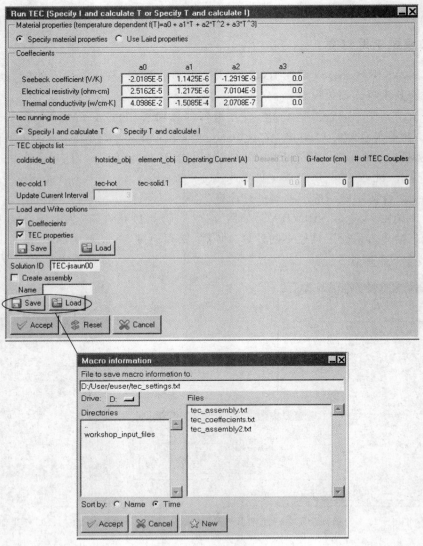

图 9—23　TEC 模型计算面板

如果选择 Specify material properties，那么 Coeffecients 下将列出 ANSYS Icepak 提供的材料属性默认系数，主要是包括 Seebeckcoefficient（V/K），表示塞贝克系数；Electrical resistivity(ohm · cm)表示电阻率；Thermal conductivity（W/cm · K），表示热导率；如果选择 Use Laird properties，表示使用 Laird 莱尔德公司提供的材料属性。

tec running mode 表示 TEC 的运行计算模式,包含 Specify I and calculate T(输入电流,ANSYS Icepak 计算温度)和 Specify T and calculate I(输入冷面温度,ANSYS Icepak 计算所需的电流),默认选择 Specify I and calculate T 模式;如果选择 Specify T and calculate I,则需要在 Update Current Interval 中输入迭代步数,用以表示 TEC 电流更新的频率(即几步迭代计算更新一次电流)。

在 Operating Current(A)中输入 2,表示此 TEC 工作时的电流 2A;在 G—factor 中输入此 TEC 的几何因子 0.1225cm;在 ♯ of TEC Couples 中输入此 TEC 的极对数 127,如图 9—24 所示。

TEC objects list						
coldside_obj	hotside_obj	element_obj	Operating Current (A)	Desired Tc [C]	G-factor (cm)	# of TEC Couples
tec-cold.1	tec-hot.1	tec-solid.1	2	0.0	0.1225	127
Update Current Interval			3			

图 9—24　TEC 计算参数的输入

如果想保存各个系数和(或)TEC 属性,在图 9—23 中勾选 Load and Write options 下的 Coefficients 和(或)TEC properties,单击 Save,打开 TEC coeffecients data 面板,浏览相应的目录,输入文本名称,单击 Save 进行保存,如图 9—25 所示。

单击图 9—23 中 Load and Write options 下的 Load,可以将保存的系数及 TEC 属性文件进行加载。

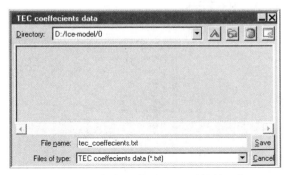

图 9—25　保存系数及 TEC 属性的面板

在图 9—23 面板中,输入 Solution ID,本次工况的名称,单击 Accept,ANSYS Icepak 将对热模型进行求解计算,经过 47 步的迭代计算,热模型求解完全收敛,相应的残差曲线及温度监控点曲线如图 9—26 所示。

单击图 9—23 最下面的 Save 按钮,打开 Macro information 面板,浏览相应的目录,输入文本名称,单击 Accept,可以将 Run TEC(Specify I and calculate T or Specify T and calculate I)面板的所有参数进行保存;也可以单击 Load 按钮将保存的文本文件进行加载。

9.2.4　后处理显示

单击体的后处理命令 Object face,在其面板的 Object 中,选择 U8、tec3.1、bigHS,勾选 Show contours,单击后侧的 Parameters,在 Number 中输入 120,单击 Calculated 后侧的下拉菜单,选择 This object,单击 Apply,如图 9—27 所示,可以显示器件 U8、tec3.1、bigHS 相应的温度分布云图。

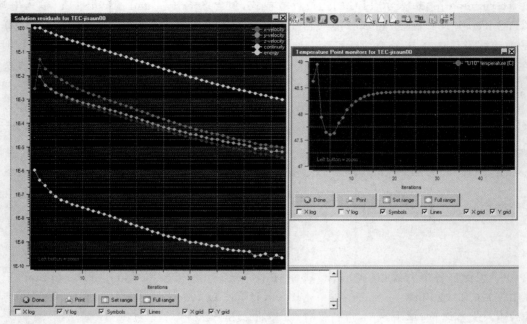

图 9—26　计算残差曲线及监控点曲线

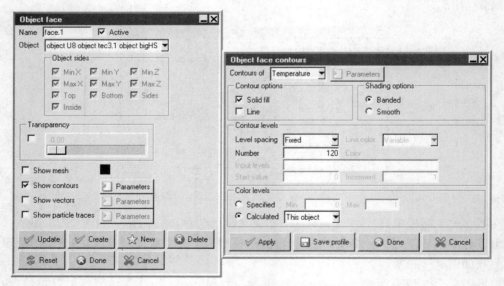

图 9—27　Object face 后处理的相应设置

　　图 9—28 为 U8\tec3.1\bigHS 的温度云图分布,可以明显看出,TEC 热电制冷器冷面与器件 U8 的接触面温度最低,最低温度为 24.372℃;而 TEC 热电制冷器热面与散热器基板底部的接触面温度最高,最高温度为 60.236℃。TEC 热电制冷器有效地对器件 U8 进行了冷却,U8 的热耗及 TEC 自身生成的热耗最终通过散热器被来流的冷空气带走。

　　同理,使用 Object face 命令,显示 U6 及 smallHS 的温度云图分布,如图 9—29 所示。可以看出,U6 的温度明显高于散热器的温度。

　　使用切面 Plane cut 的后处理命令,显示切过 Y 轴的面,移动滚动条,保证切面位置切过

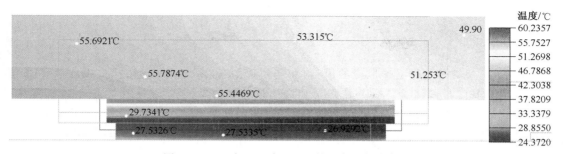

图 9－28　U8\tec3.1\bigHS 的温度云图分布

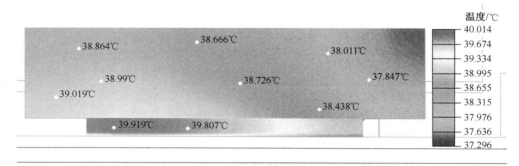

图 9－29　U6\smallHS 的温度云图分布

U8 中心位置,可以得到此切面的温度云图分布,如图 9－30 所示,也可以看到 TEC 热电制冷器对器件 U8 的冷却效果。

图 9－30　切面的温度云图分布(一)

另外修改切面的位置为 X plane through center,移动滚动条,保证切面位置切过 U8 中心位置,可显示切面的温度分布,如图 9－31 所示,可以看出,器件 U8 的温度远低于大散热器的温度,而器件 U6 的温度则高于小散热器的温度。

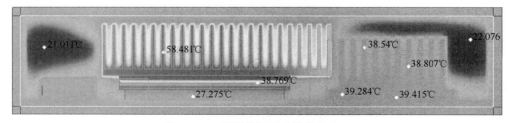

图 9－31　切面的温度云图分布(二)

读者自练习:

读者可以按照以上的流程,建立 TEC 工作电流 1A 时此 TEC 的热模型(电流不同,TEC 热模型中金属垫片、P/N 半导体模型的热耗是不同的;另外,TEC 工作电流不同,热电制冷器模型冷面、热面热耗随温度变化的系数也不同);并进行此 TEC 热流模拟的计算。

9.3　小　　结

  本章使用 2.2 节模型强迫风冷的模型,在器件 U8 与大散热器模型之间,添加了 TEC 热电制冷模型,其工作电流为 2A,并修复了相应的热计算模型,其他各个边界与 2.2 节模型相同;对建立的模型重新划分了网格,并对网格不好的区域进行了修复,然后讲解了在 ANSYS Icepak 中进行 TEC 热电制冷模拟计算的命令及设置,最后对计算的结果进行了相应的后处理显示。

第10章　电子产品恒温控制模拟计算

【内容提要】

很多电子产品具有自动保护功能,即当温度超过极限时,有的系统会自动关闭,有的系统会自动调整芯片等器件的任务载荷,以降低芯片等器件的热耗,而有的系统会根据温度监控来自动调整风机转速,以使得系统维持恒定的温度。ANSYS Icepak 可以对热模型进行恒温控制计算,可以使用温度监控点来实时调整热源的热耗;也可以根据温度监控点实时调整风机的转速。本章以某一电子系统为案例,详细讲解 ANSYS Icepak 进行恒温控制计算的过程。

【学习重点】

- 掌握 ANSYS Icepak 进行恒温控制计算的各种设置;
- 理解恒温控制计算的结果。

10.1　建立电子系统热模型

本章在第2章风冷机箱(图 10—1(a))的基础上,将机箱外壳的尺寸延伸 10mm。另外在机箱进风口处,增加了挡板及两个风机,修改后的模型如图 10—1(b)所示。

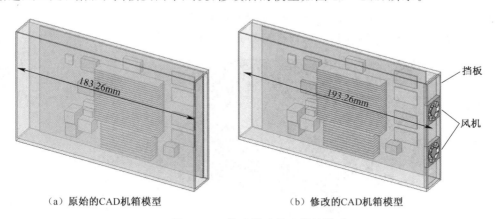

（a）原始的CAD机箱模型　　　　　　　（b）修改的CAD机箱模型

图 10—1　修改强迫风冷机箱模型

10.1.1　CAD 模型导入 ANSYS Icepak

将修改后的强迫风冷机箱模型导入 ANSYS Icepak,即可完成热模型的导入。假定读者已经熟悉掌握了 ANSYS Workbench 的相关操作,因此本节会忽略 CAD 模型导入 ANSYS Icepak 的部分操作步骤。相应的导入步骤如下:

(1)启动 ANSYS Workbench 平台,双击 Component Systems 工具栏中的 Geometry,可以在项目视图区域中建立 DM 单元;同理,双击 Component Systems 工具栏中的 Icepak,可以建立 Icepak 单元,单击保存 Save,在跳出面板下,浏览相应的目录,在文件名中输入项目名称

hengwenkongzhi,如图 10—2 所示。

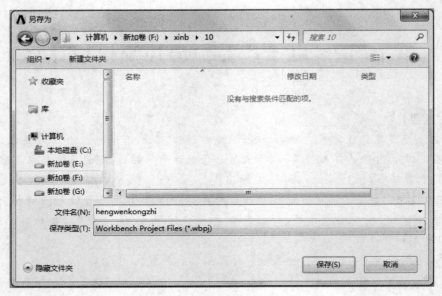

图 10—2　项目命名

（2）双击项目视图区域 Geometry 单元,打开 DesignModeler(DM)软件。单击 File→Import External Geometry File,在跳出的面板中浏览加载学习光盘文件夹 10 中的 CAD 模型 fenglengjixiang—hengwenkongzhi. stp,单击 Generate,将机箱的 CAD 模型导入 DM。

（3）在 DM 中,单击 Tools→Electronics→Show Ice Bodies,查看 ANSYS Icepak 直接自动识别认识的模型;单击 Tools→Electronics→Show CAD Bodies,查看 ANSYS Icepak 不识别的模型,可以看出,ANSYS Icepak 不识别机箱外壳与风机,如图 10—3 所示。

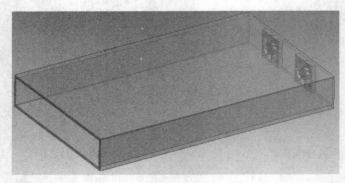

图 10—3　ANSYS Icepak 不识别的模型

（4）单击 Tools→Electronics→Opening,选择机箱出风口的面,在 Details of Opening1 面板 Face 中点击 Apply,点击 Generate,DM 会自动建立出风口的模型。

（5）单击 Tools → Electronics → Icepak Enclosure,选择机箱外壳模型,在 Details of IcepakEnclosure1 面板 Select Bodies 中单击 Apply,单击 Generate,DM 会自动将机箱模型转化为 ANSYS Icepak 的 Enclosure 模型。如果腔体模型本身有开口,那么 DM 会自动将此面设置为开口模型,如图 10—4 所示;另外,如果腔体模型厚度比较薄,可以在 Details ofIcepakEnclosure1 面板中,单击 Boundary type 后侧的 Thick,在下拉菜单中修改 Thick 为 Thin。单击 DM 中的保存按

钮,保存模型。

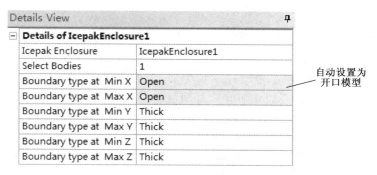

图 10—4　Icepak Enclosure 的转化

(6)重新单击 Tools→Electronics→Show CAD Bodies,DM 将仅仅显示风机模型。单击 Tools →Electronics→Fan,选择单个风机模型,选择风机 Hub 和 Case 的面,单击 Generate,将此风机转化成 ANSYS Icepak 认可的风机模型;同理,使用同样的命令,将另外一个风机进行转化。

(7)在 DM 中显示电路板的几何模型,单击 Tools→Electronics→Set Icepak Object Type,选择视图区域的电路板模型,在 Bodies 中单击 Apply,在 Icepak Object Type 中单击下拉菜单选择 PCB 类型,如图 10—5 所示,可以将电路板由 Block 的类型转化为 PCB 的类型。

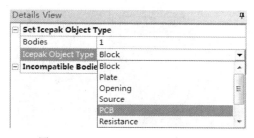

图 10—5　Icepak Enclosure 的转化

(8)重新单击 Tools→Electronics→Show CAD Bodies,DM 将不显示任何模型体,表示 ANSYS Icepak 认可了当前所有的模型。点击保存按钮,关闭 DM。

(9)在 ANSYS Workbench 平台下,拖动 Geometry 进入 Icepak 单元的 Setup 项,双击此 Setup,打开 ANSYS Icepak 软件,可以发现,CAD 模型均导入了 ANSYS Icepak,完成热模型的导入,如图 10—6 所示。

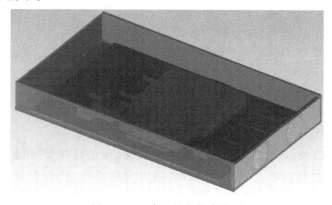

图 10—6　建立的热仿真模型

10.1.2　热模型器件材料及热耗输入

本案例与第 2 章相比,主要是增加了两个轴流风机,其他各个条件均与第 2 章的模型相同。相应的步骤如下:

(1)打开 PCB 板的编辑窗口,在 Trace layer type 中选择 Detailed,按照 1.1.4 节,设置电路板的层数为 4 层,按照表 1—1 分别输入各层铜箔的厚度及百分比,可计算得到此电路板 Effective conductivity(plane)切向的热导率为 39.1619W/m · K,Effective conductivity(normal)法向的热导率为 0.401811W/m · K。

(2)与 2.2.1 节的第 2 步完全相同,按照表 2—1 建立新的材料,热导率为 12.0W/m · K。

(3)与 2.2.1 节的第 3 步完全相同,对所有的发热器件输入新材料及各自的热耗;并统计系统的总热耗(32.7W);其他器件(散热器、外壳)均使用默认的材料(Al—Extruded),单击 ANSYS Icepak 界面的 Save 保存命令。

(4)双击模型树下的风机 fan,打开其编辑窗口,将 Case location from fan 下的 High side 修改为 Low side,相应地,在 Icepak 的视图区域中,风机箭头(表示气流方向)所处的面将有所改变,如图 10—7 所示。

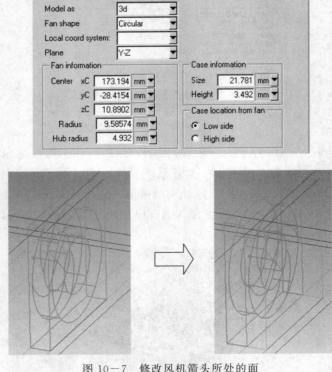

图 10—7　修改风机箭头所处的面

(5)由于第 4 步的操作,使得风机的位置有所偏移,使用移动命令 ,将风机沿着 X 轴正方向移动 3.5mm 至计算区域 Cabinet 的边界;或者面对齐命令 ,将风机与 Cabinet 的 Max X 面对齐,即将风机移动到风机的原始位置。风机的位置将会相应移动,如图 10—8 所示。

(6)打开风机 fan 的属性面板,风机类型 Fan type 默认选择 Intake,在 Fan flow 下选择

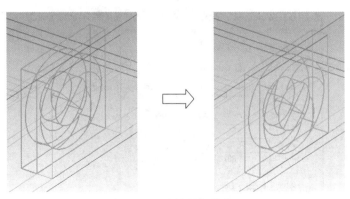

图 10－8　移动风机的位置

Non－linear，单击右侧的 Load，在跳出的面板下，浏览选择学习光盘文件夹 10 下的 curve_data，单击打开，加载风机的风量风压 $P-Q$ 曲线，如图 10－9 所示。

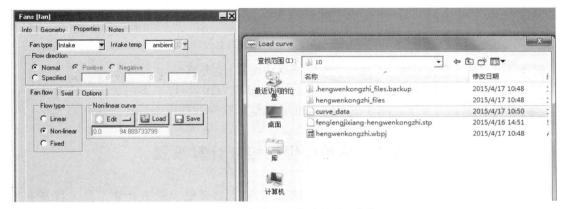

图 10－9　加载风机的风量风压曲线

　　单击 Non－linear curve 下的 Edit，选择 Graph editor，可以查看风机的 $P-Q$ 曲线，单击属性面板中的 Done，完成风机参数的输入。

　　(7)重复第 4 步的操作，修改风机模型 fan.1 风机箭头所处的面；重复第 5 步的操作，将风机的位置进行移动调整，使其恢复原始的坐标位置；重复第 6 步的操作，加载风机的风量风压 $P-Q$ 曲线，单击 Save 命令，保存项目。

10.1.3　热模型网格划分及求解设置

　　(1)选择模型树下器件 U6、U8、bigHS、smallHS，单击右键建立 Assembly，双击此 Assembly，打开其编辑窗口，勾选 Mesh separately，在 Min X、Max X、Min Y、Max Y、Min Z、Max Z 中均输入 1mm，设置其为非连续性网格，其他保持默认设置，单击 Done。

　　(2)打开 ANSYS Icepak 划分网格的面板，在 Mesh type 中使用 Hexa unstructured 非结构化网格，修改 Mesh parameters 为 Coarse，其他使用默认的网格参数设置，单击 Generate，自动对热模型进行网格划分，网格个数为 82772，如图 10－10 所示；单击 Display，可以对风机模型、器件模型进行网格显示；单击 Quality，可以使用不同的检查标准，判断网格质量的好坏。

　　(3)打开 Basic parameter 面板，在 Radiation 中选择 Off，关闭辐射换热；在 Flow regime

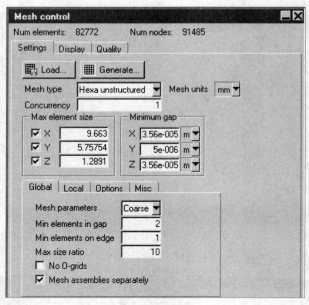

图 10—10　热模型网格的划分

中选择 Turbulent 湍流模型,其他选项先保持默认设置,单击 Accept。

　　(4)选择模型树下器件 U6、U8、U9、U10、U11、U12 及出风口(本案例出风口名称为 waike _1),直接拖动至 Points 下,ANSYS Icepak 将自动监测这些器件中心位置的温度。

10.2　热模型恒温控制计算设置

　　系统热模型进行恒温控制计算,必须将模型求解类型设置为瞬态计算。双击打开 Basic parameter 面板,单击 Transient setup 面板,选择 Transient,在 End 中输入 60,表示总共计算 60s;单击 Edit parameters,打开时间步长设置,设置时间步长为 1s,在 Solution save interval 中输入 1,如图 10—11 所示。本算例默认的环境温度为 20℃。

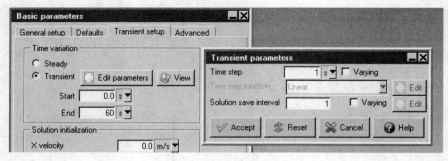

图 10—11　瞬态计算设置

　　双击 Basic settings,打开求解的基本设置,在 Iterations/time step 中输入 120,其他设置保持默认,表示每个时间步长最多计算 120 步。注意:应该保证计算的每个时间步长均达到 ANSYS Icepak 的收敛标准,单击 Save 保存。

　　双击模型树下器件 U6,打开其属性窗口,单击 Total power 后侧 Constant 的下拉菜单,选择 Transient,如图 10—12 所示,表示热耗类型是瞬态类型,单击 Update。同理,对 U8、U9、

U10、U11、U12 的热耗类型也设置为 Transient,表示瞬态类型的热耗。

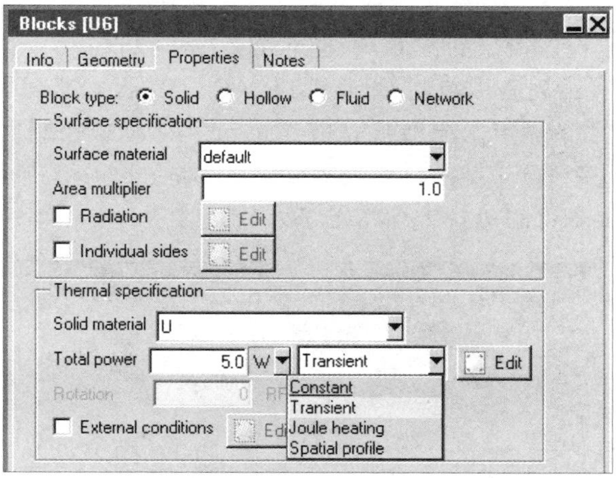

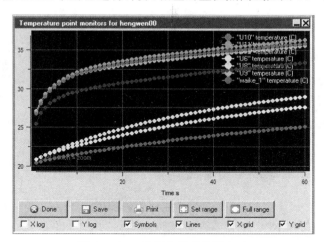

图 10-12　热耗类型的瞬态设置

10.2.1　热模型不进行恒温控制计算

为了比较恒温控制计算对系统热模型各个器件的影响,在上述设置的基础上,直接单击求解计算按钮,在求解面板的 ID 中输入 hengwen00,表示本次计算工况的名称,单击 Start solution,ANSYS Icepak 会驱动 Fluent 求解器进行计算,相应的监控点曲线如图 10-13 所示。

图 10-13　温度监控点曲线(一)

如果要查看相应的计算结果,可以通过点击后处理快捷命令,加载 hengwen00,可以查看后处理结果。

单击 ANSYS Icepak 主菜单栏 File→Pack project,可以将建立的瞬态热模型进行压缩,在 File name 中输入 hengwen.tzr(后续可以直接单独启动 ANSYS Icepak,对 tzr 模型进行 Unpack 解压缩,建立新的项目);也可以在 ANSYS Workbench 平台下继续进行其他工况的模拟计算。

10.2.2　热模型进行恒温控制计算说明

ANSYS Icepak 进行恒温控制计算时,可以使用单个温度监控点来对一个或者多个热源器件的热耗进行控制。单击主菜单 Macros→Thermostat→Source/Fan,可以打开恒温控制计算的面板,如图 10－14 所示,单击右侧的 New,新建相应的设置。在图 10－14 的面板中,Object 列表示被温度监控点控制的器件,单击下拉菜单可以选择;Monitor Point 列表示设置温度监控点;Control Type 列表示控制类型,默认为 Constant;ON 列表示监控点的温度下限数值;OFF 列表示监控点的温度上限数值;ON Factor 列表示被控制器件热耗开启的比例,默认为 1(即开启时热耗不变);OFF Factor 列表示被控制器件热耗关闭的比例,默认为 0(即关闭热耗);Initial 列表示被控制器件的初始状态,勾选表示初始时刻工作,不勾选表示初始时刻不工作。

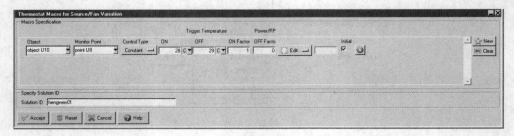

图 10－14　恒温控制计算面板说明

　　图 10－14 表示使用监控点 U8 的温度来控制器件 U10 的热耗变化,当监控点 U8 的温度低于 28℃时,U10 器件工作;当监控点 U8 的温度高于 29℃时,U10 器件不工作;最初始时刻 U10 器件是工作的状态。

10.3　热模型恒温控制计算

　　ANSYS Icepak 可以采用多种模式进行恒温控制计算,可以使用单个温度监控点来控制多个热源热耗的变化(器件发热程度);可以使用多个温度监控点来控制单个热源热耗的变化(器件发热程度);可以使用多个温度监控点来控制多个热源热耗的变化(器件发热程度)。除此之外,可以使用单个温度监控点来控制单个风机或多个风机的工作状态,也可以使用多个温度监控点来控制多个风机的工作状态。

10.3.1　单个温度监控点控制多个热源

　　单独启动 ANSYS Icepak,使用 Unpack 的命令,解压缩 10.2.1 节生成的 hengwen.tzr 模型,在项目命名中,输入 hengwen,单击 Unpack,建立新的项目,如图 10－15 所示。

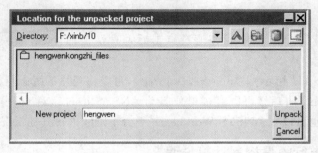

图 10－15　恒温控制计算面板

　　单击主菜单 Macros→Thermostat→Source/Fan,打开恒温控制计算的面板,单击右侧的

New,建立相应的设置。在出现的面板中,单击 Object 列的下拉菜单,选择器件 U8;单击 Monitor Point 的下拉菜单,选择 Points 下的监控点 U8;在 ON 中输入 24,在 OFF 中输入 25,其他保持默认;重复进行相应操作,按照图 10-16 的设置进行选择,主要是单击 Object 的下拉菜单,分别选择 U10、U12;在图 10-16 面板下侧的 Solution ID 中输入 hengwen01,表示本次工况的名称,单击下侧的 Accept,ANSYS Icepak 将会驱动 Fluent 求解器进行计算。

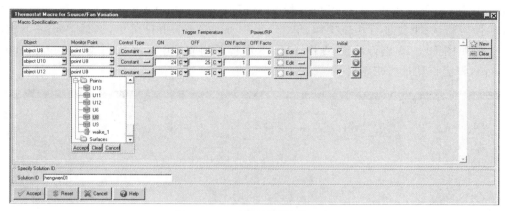

图 10-16　恒温控制计算面板

图 10-16 表示当温度监控点 U8 的温度低于 24℃,器件 U8、U10、U12 均工作,热耗为设置的原始值;当温度监控点 U8 的温度高于 25℃,器件 U8、U10、U12 均停止工作,热耗为 0。

本工况计算的温度监控点曲线如图 10-17 所示,可以看出,在第 30s 时,监控点 U8 的温度超过了 25℃,此时器件 U8、U10、U12 均停止工作,热耗为 0,由于风机的风速未减小,使得 U8、U10、U12 的温度大幅度降低,而器件 U9、U11 的温度稍微有所降低;由于整体热模型的热耗有所降低,导致出风口的温度也有所降低,此过程持续至第 34s(可使用鼠标对温度监控点曲线进行放大);在第 34s 时,监控点 U8 的温度低于 24℃,此时器件 U8、U10、U12 均开始工作,热耗为原始热耗数值,相应地,U8、U9、U10、U11、U12 及出风口温度均出现不同程度的升高,完成第一个循环。

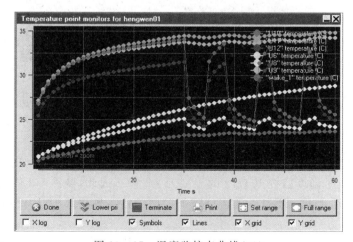

图 10-17　温度监控点曲线(二)

当计算至第 38s 时,监控点 U8 的温度又超过了 25℃,相应的器件均按照上述第一个循环的模式进行；直至计算到第 60s。

10.3.2　多个温度监控点控制单个热源

重新单击主菜单 Macros→Thermostat→Source/Fan，打开恒温控制计算的面板，单击右侧的 New，建立相应的设置。在出现的面板中，单击 Object 下拉菜单，选择器件 U8；单击 Monitor Point 的下拉菜单，选择 Points 下的监控点 U10；在 ON 中输入 30，在 OFF 中输入 32，其他保持默认；重复进行相应操作，单击 Monitor Point 的下拉菜单，选择 Points 下的监控点 U12，按照图 10－18 进行设置；在图 10－18 面板下侧的 Solution ID 中输入 hengwen02，单击 Accept，将会自动进行求解计算。

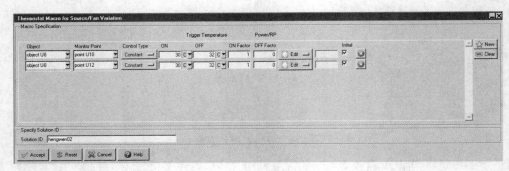

图 10－18　恒温控制计算面板

图 10－18 表示当温度监控点 U10、U12 的温度低于 30℃时，器件 U8 正常工作，热耗为原始热耗数值；当温度监控点 U10、U12 的温度高于 32℃时，器件 U8 停止工作，热耗为 0。

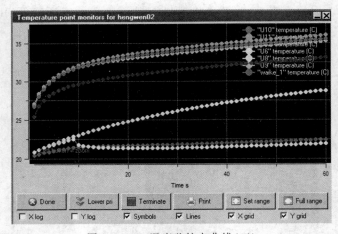

图 10－19　温度监控点曲线（三）

本工况计算的温度监控点曲线如图 10－19 所示，可以看出，在第 9s 时，温度监控点 U10 的温度高于 32℃，此时温度监控点 U12 的温度为 29.5℃，因此，器件 U8 停止工作，热耗为 0，由于风机的风速未变，势必导致 U8 的温度降低。由于整体热耗减小，因此出风口的温度增速变缓。

10.3.1 节为使用单个温度监控点来控制多个热源热耗的变化；10.3.2 节为使用多个温度监控点来控制单个热源热耗的变化；对于使用多个温度监控点控制多个热源热耗变化的工况，建议读者自行设置，并进行计算。

10.3.3　单个温度监控点控制多个风机——器件热耗恒定

1. 模拟工况说明

环境温度为 20℃,整个热模型 0 时刻的温度为 15℃,热模型四周外壳与外界冷空气 (20℃)进行自然冷却。使用热模型中温度监控点 U9 来控制两个风机的开启或者关闭,当温度监控点 U9 的温度低于 23℃ 时,两个风机均关闭,当温度监控点 U9 的温度高于 25℃ 时,两个风机均开启;风机初始为开启状态,当风机关闭后,热模型通过自然冷却进行散热。

2. 系统热模型修复

双击 Basic parameters,单击 General setup 面板,在 Natural convection 勾选 Gravity vector,在 X 后侧的空白处输入 9.8,Y、Z 处输入 0,设置 X 轴的正方向为重力方向,如图 10−20 所示。

单击图 10−20 面板中的 Transient setup,在 Solution initialization 中,修改 Temperature 的数值为 15,表示初始 0 时刻时,热模型中所有的温度均为 15℃,如图 10−21 所示。

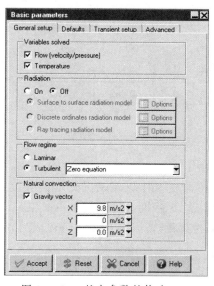

图 10−20　基本参数的修改(一)

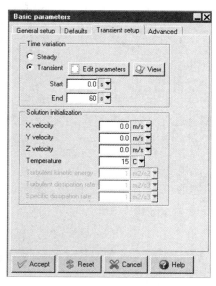

图 10−21　基本参数的修改(二)

双击模型树下计算区域 Cabinet,打开其编辑窗口,单击 Min y、Max y、Min z、Max z 后侧的下拉菜单,修改 Default 为 Wall,建立 Wall 模型,如图 10−22 所示,单击 Done。模型树下将会自

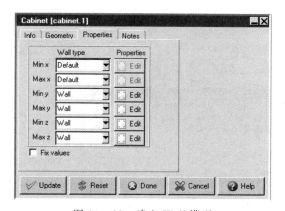

图 10−22　建立 Wall 模型

动出现 4 个 Wall 模型。

　　双击模型树下的 Wall 模型，打开其编辑窗口，单击 Properties 面板，单击 External conditions 后侧的下拉菜单，选择 Heat transfer coefficient，表示对 Wall 模型输入换热系数；单击下侧的 Edit，打开 Wall external thermal conditions 面板，勾选 Heat transfer coeff，在右侧的 Heat transfer coefficient 中输入 10，表示热模型通过此 Wall 面与外界空气的换热系数为 10W/K·m²，如图 10-23 所示。注意：需要对建立的 4 个 Wall 模型输入相应的换热系数。

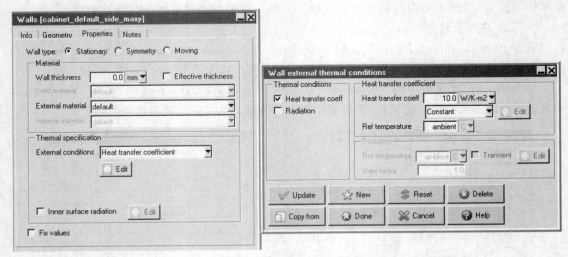

图 10-23　输入相应的换热系数

　　双击模型树下风机模型 fan，打开其编辑窗口，单击 Properties 面板，打开 Options 面板，勾选下侧的 Transient strength，表示允许 Fluent 求解器来实时调整风机转动的强度；单击 Transient strength 后侧的 Edit，打开 Transient fan strength 面板，选择 Piecewise linear，单击右侧的 Text editor，在打开的 Curve specification 面板按照图 10-24 所示进行输入。

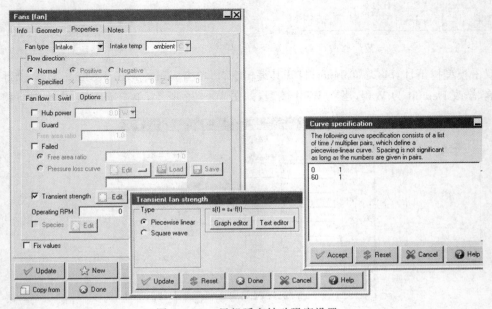

图 10-24　风机瞬态转动强度设置

同理,双击模型树下风机模型 fan.1,按照图 10－24 所示,对 fan.1 进行风机瞬态转动强度的设置。

双击 Points 下开口类型的 waike_1,打开 Modify point 修改监控点的面板,勾选下侧区域 Monitor 的 Velocity,如图 10－25 所示,表示在计算过程中,实时监测出风口的风速。

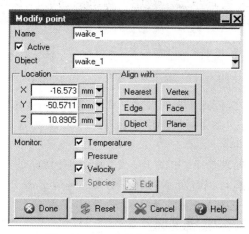

图 10－25　速度监控点的设置

3. 恒温控制计算

单击主菜单 Macros→Thermostat→Source/Fan,打开恒温控制计算的面板,单击右侧的 New,建立相应的设置。在出现的面板中,单击 Object 下拉菜单,选择风机模型 fan;单击 Monitor Point 的下拉菜单,选择 Points 下的监控点 U9;在 ON 中输入 25,在 OFF 中输入 23,后侧的 Initial 保持勾选,表示风机初始时刻处于转动的工作状态,其他保持默认;重复进行相应操作,单击 Object 下拉菜单,选择风机模型 fan.1,单击 Monitor Point 的下拉菜单,选择 Points 下的监控点 U9,按照图 10－26 进行设置;在图 10－26 面板下侧的 Solution ID 中输入 hengwen03,单击 Accept,ANSYS Icepak 将会自动进行求解计算。

图 10－26 表示当温度监控点 U9 的温度低于 23℃时,风机模型 fan、fan.1 处于关闭(OFF)状态;当温度监控点 U9 的温度高于 25℃时,风机模型 fan、fan.1 处于开启(ON)工作状态。

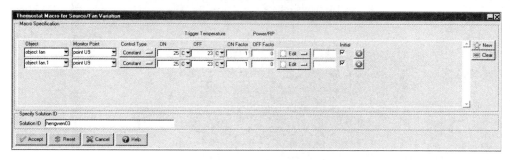

图 10－26　恒温控制计算面板

此工况下,温度监控点及速度监控点曲线如图 10－27 所示,可以明显看出,在第 0s 时,风机处于转动状态,出风口的风速为 0.94m/s,而此时温度监控点 U9 的温度低于 23℃,那么 ANSYS Icepak 判断风机应该关闭,因此出风口的风速急剧降低,此时整个热模型通过自然对流进行散热。

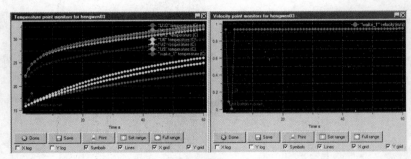

图 10-27　温度监控点及速度监控点曲线

当计算至第 4s 时，温度监控点 U9 的温度高于 25℃，ANSYS Icepak 判断风机应该开启，因此出风口的风速急剧升高。由于后续温度监控点 U9 的温度一直高于 25℃，因此出风口的风速保持平稳不变，直至第 60s。

单击 Plane cut 切面后处理命令，如图 10-28 所示，对切面的速度云图进行后处理显示。单击瞬态后处理设置按钮 ，可以查看不同时刻切面的速度云图分布，第 1s、第 2s、第 3s 及第 4s 的速度云图如图 10-29 至图 10-32 所示。

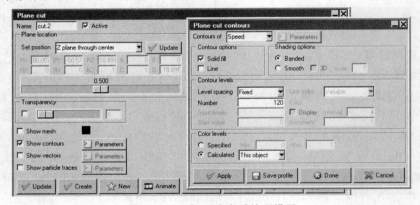

图 10-28　切面速度后处理设置

图 10-29　第 1s 时切面速度云图分布

Time=2.0s,Step=3[of 61]

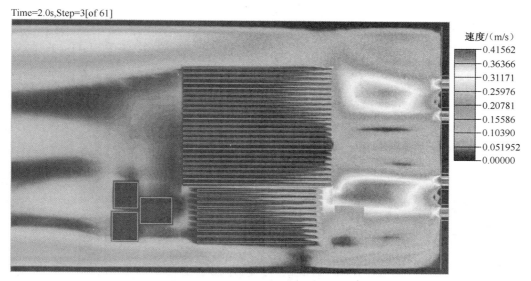

图 10—30　第 2s 时切面速度云图分布

Time=3.0s,Step=4[of 61]

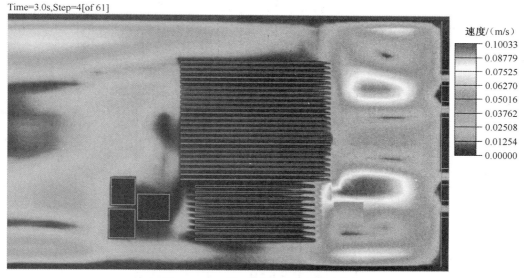

图 10—31　第 3s 时切面速度云图分布

　　比较图 10—29 与图 10—30,可以发现,风速很快降低,主要是风机关闭后,热模型通过自然对流进行散热,使得风速降低;比较图 10—31 与图 10—32,可以发现,风速急剧升高,主要是风机开启后,导致切面的速度急剧增大。

　　通过上述计算结果,可以明显看出,通过温度监控点 U9 的温度数值,可实时调控风机的工作状态。

10.3.4　单个温度监控点控制多个风机——器件热耗周期性变化

1. 模拟工况说明

　　环境温度为 20℃,整个热模型 0 时刻的温度也为 20℃。在热模型中,U9、U10、U11 及 U12 的热耗均周期性进行循环,其热耗示意图如图 10—33 所示。

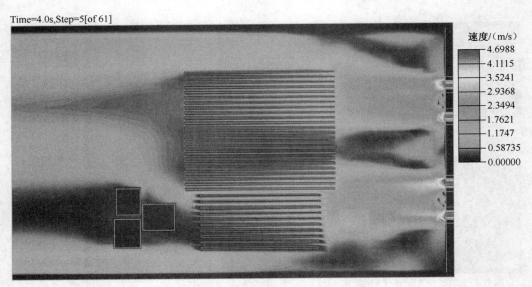

图 10-32　第 4s 时切面速度云图分布

同样使用热模型中温度监控点 U9 来控制两个风机的开启或者关闭,当温度监控点 U9 的温度低于 23℃时,两个风机均关闭,当温度监控点 U9 的温度高于 25℃时,两个风机均开启;风机初始为开启状态,当风机关闭后,热模型通过自然对流进行冷却。

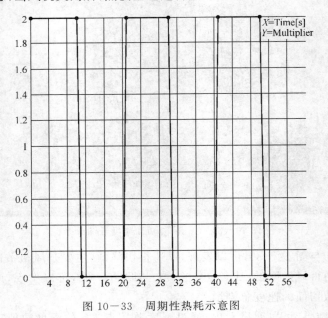

图 10-33　周期性热耗示意图

2. 系统热模型修复

双击 Basic parameters,打开基本参数设置面板。单击 Transient setup 面板,修改 Temperature 后侧的数值为 20,表示热模型初始时刻的温度为 20℃,如图 10-34 所示。

双击模型树下器件 U9,打开其编辑窗口,单击 Properties 属性面板,保持热耗 Total power 为 2W,单击后侧的 Edit,打开瞬态热耗设置面板,在 Start time 中输入 0,在 End time 中输入 61,在左侧的 Type 下选择 Piecewise linear,表示热耗类型为分段线性;单击右侧的

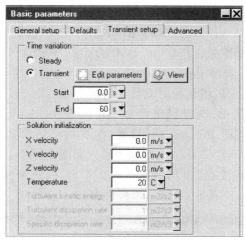

图 10-34　基本参数设置

Text editor,打开 Curve specification 面板,按照图 10-35 进行输入,其中:

$$
\begin{array}{cc}
0 & 1 \\
10 & 1 \\
11 & 0 \\
20 & 0 \\
21 & 1 \\
30 & 1 \\
\end{array}
$$

......

表示在第 0s 至第 10s 时,器件 U9 的热耗为 2W(Total power 的数值与此乘数的乘积),第 10s 至第 11s 时,器件 U9 的热耗从 2W 线性降低至 0W;第 11s 至第 20s 时,器件 U9 的热耗为 0W,后续其他时刻依次进行循环。

同理,依次打开 U10、U11、U12 的属性面板,按照图 10-35 所示,设置相应的瞬态热耗。

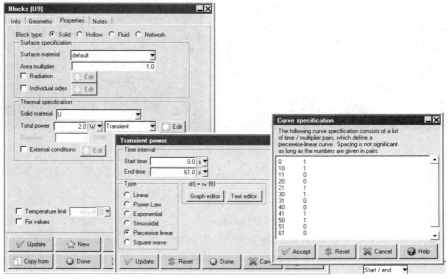

图 10-35　器件 U9 的瞬态热耗设置

3. 恒温控制计算

单击主菜单 Macros→Thermostat→Source/Fan,打开恒温控制计算的面板,单击右侧的 New,建立相应的设置。在出现的面板中,单击 Object 下拉菜单,选择风机模型 fan;单击 Monitor Point 的下拉菜单,选择 Points 下的监控点 U9;在 ON 中输入 25,在 OFF 中输入 23,后侧的 Initial 保持勾选,表示风机初始时刻处于转动的工作状态,其他保持默认;重复进行相应操作,单击 Object 下拉菜单,选择风机模型 fan.1,单击 Monitor Point 的下拉菜单,选择 Points 下的监控点 U9,按照图 10-36 进行设置;在图 10-36 面板下侧的 Solution ID 中输入 hengwen04,单击 Accept,ANSYS Icepak 将会自动进行求解计算。

图 10-36 表示当温度监控点 U9 的温度低于 23℃时,风机模型 fan、fan.1 处于关闭(OFF)状态;当温度监控点 U9 的温度高于 25℃时,风机模型 fan、fan.1 处于开启(ON)工作状态。

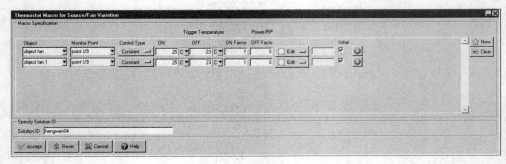

图 10-36 恒温控制计算面板

此工况下,温度监控点及速度监控点曲线如图 10-37 所示,可以明显看出,在第 1s 时,温度监控点 U9 的温度已经高于 25℃,那么 ANSYS Icepak 判断风机应该开启;当计算至第 10s 时,器件 U9 热耗为 0,因此温度监控点 U9 的温度降低;当计算至第 14s 时,温度监控点 U9 的温度已经低于 23℃,ANSYS Icepak 判断风机应该停止转动,此时整个热模型通过自然对流进行散热,因此出风口的风速急剧降低。

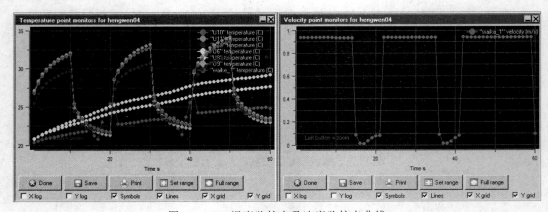

图 10-37 温度监控点及速度监控点曲线

当计算至第 21s 时,温度监控点 U9 的温度又高于 25℃,那么 ANSYS Icepak 判断风机应该开启,因此出风口的风速急剧升高,持续至第 35s;当计算至第 35s 时,温度监控点 U9 的温度已经低于 23℃,ANSYS Icepak 判断风机应该停止转动,因此出风口的风速急剧降低;可以明显看出,通过温度监控点 U9 的温度数值,可以实时调控风机的工作状态。

　　10.3.3 节为热源热耗恒定不变,使用单个温度监控点来控制多个风机工作状态变化的工况;10.3.4 节为热源热耗周期性变化(热耗瞬态变化),使用单个温度监控点来控制多个风机工作状态变化的工况;而对于使用多个温度监控点来实时控制多个风机工作状态变化的工况,建议读者自行设置,并进行计算。

10.4　小　　结

　　本章以某一电子系统为案例,详细讲解 ANSYS Icepak 进行恒温控制计算的过程。10.1 节讲解了电子系统 CAD 模型导入 ANSYS Icepak 的过程,并讲解了器件材料、热耗的输入、网格的划分、求解计算的相关设置等。10.2 节,对 ANSYS Icepak 进行恒温控制计算的相关面板进行了详细讲解。10.3 节,主要详细举例讲解了 ANSYS Icepak 进行恒温控制计算的多种模式;其中 10.3.1 节主要讲解使用单个温度监控点来控制多个热源热耗的变化(器件发热程度);10.3.2 节讲解了使用多个温度监控点来控制单个热源热耗的变化(器件发热程度);10.3.3 节讲解了在热源热耗恒定不变的情况下,使用单个温度监控点来控制多个风机工作状态变化的工况;10.3.4 节讲解了在热源热耗周期性变化(热耗瞬态变化)的情况下,使用单个温度监控点来控制多个风机工作状态变化的工况。

第 11 章　散热孔 Grille 对热仿真的影响

【内容提要】

本章以某一电子机箱为案例,讲解了使用 DM 将机箱 CAD 模型导入 ANSYS Icepak 的过程,以及 DM 自动生成 Grille 散热孔的过程。通过导入 CAD 模型,建立了此机箱原始结构的热仿真模型,即散热孔为真实几何结构;另外,建立了简化的机箱散热模型,其散热孔为 DM 转换后的简化 Grille。

在 ANSYS Icepak 中,对建立的电子机箱热模型进行了散热模拟计算,重点比较了真实散热孔和简化散热孔 Grille 对机箱热模拟的影响。本案例需要使用 ANSYS Workbench16.0 进行学习操作。

【学习重点】

- 掌握 DM 将 CAD 模型导入 ANSYS Icepak 的过程;
- 掌握 DM 将散热孔转化成 Grille 的步骤及过程;
- 掌握网格加密的些许方法。

11.1　散热孔 Grille 的建立

电子机箱产品通常会在进出口风设计相应的散热孔,如果使用真实的散热孔几何来建立热模型,那么热仿真的计算量较大。在 ANSYS Icepak 中,所有的散热孔的热模型均使用 ANSYS Icepak 的 Grille 来建立。

在 ANSYS Workbench 16.0 里,可以直接使用 DM 将散热孔转化成 ANSYS Icepak 认可的 Grille 模型。散热孔通常分为两类:一类为平面布置的散热孔;另一类为曲面上布置的散热孔。

11.1.1　平面布置散热孔的建立

很多机箱系统的进风口或者出风口经常会布置一些散热孔,这些不同形状的细小散热孔布置在平板上(图 11-1),这类模型可以直接使用 DM 来建立简化的散热孔 Grille。建立 ANSYS Icepak 认可的 Grille 热模型,相应的步骤如下:

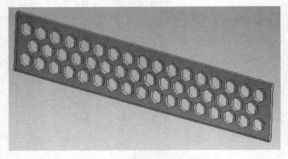

图 11-1　散热孔几何模型

（1）启动 ANSYS Workbench，双击左侧工具箱内的软件，分别建立 DM，Icepak 单元。

（2）双击 DM 单元，打开 DesignModeler，读入学习光盘文件夹 11 中 Grille－guize.stp 模型，然后单击 Generate，读入的模型如图 11－1 所示。

（3）单击 DM 的 Tools→Electronics→Opening，选择布置散热孔的平面，在 Details of Opening 的 Face 中，单击 Apply，然后单击 Generate，完成平板散热孔多个开孔模型 Opening 的建立。DM 将会自动对有开孔的面进行修补，建立开孔 Opening 模型。

（4）单击 DM 的 Tools→Electronics→Grille，在 Details of Grille 面板中，保持 Shape 中为 Rectangular（此项可根据散热孔的轮廓进行修改，本案例为方形），在模型树下选择第 3 步建立的开口装配体，然后在 Opening Bodies 中单击 Apply，单击 Generate，将开孔装配体转化成 Grille 模型，可以看出，DM 会自动计算散热孔 Grille 的开孔率，本模型 Grille 开孔率为 0.48016，如图 11－2 所示。

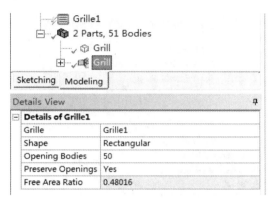

图 11－2　Grille 转化面板

（5）在 DM 中，使用 Simplify 命令将布置散热孔的板转换成方块模型，关闭 DM 软件。

（6）在 ANSYS Workbench 平台下，单击保存，进行命名。拖动 DM 至 Icepak 单元，双击 Icepak 的 Setup，进入 Icepak 软件，在 Icepak 模型树下删除 DM 建立的开口装配体模型，然后模型树下仅仅保留 DM 转换的平板 Block 模型和 DM 建立的 Grille 模型（自动包含开孔率），完成平板面上散热孔的建立。

11.1.2　曲面布置散热孔的建立

电子产品有的散热孔并非布置在平面上，而是布置于曲面，如图 11－3（a）所示的 CAD 模型。此类模型一方面可以通过 DM，提取真实的壳单元模型，然后通过 DM 的转化命令，建立 ANSYS Icepak 认可的壳单元模型（此步骤省略，读者可参考《ANSYS Icepak 电子散热基础教程》），然后导入 ANSYS Icepak 进行相应的热流模拟计算。

另一方面可以对图 11－3（a）的模型进行修复，建立曲面上布置开孔的轮廓面或者曲线，得到图 11－3（b）所示的模型。

对于修复后的散热孔模型，可以通过以下步骤建立 ANSYS Icepak 认可的 Grille 热模型：

（1）启动 ANSYS Workbench，双击左侧工具箱内的软件，建立 DM，Icepak 单元。

（2）双击 DM 单元，打开 DesignModeler，读入学习光盘文件夹 11 中 Grille－buguize.stp 模型，然后单击 Generate。

（3）单击 DM 的 Tools→Electronics→Simplify，使用 Level 3 对图 11－3（b）的模型进行转化，查

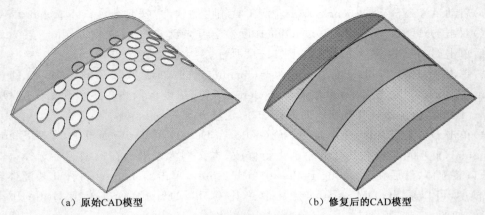

(a) 原始CAD模型　　　　　　　　(b) 修复后的CAD模型

图 11-3　曲面散热孔模型的修复

看模型树下转化后的开孔轮廓面,其类型会变成 ANSYS Icepak 认可的 Plate,如图 11-4 所示。

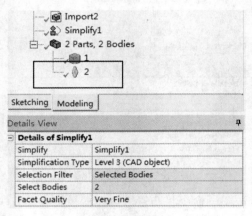

图 11-4　异形 CAD 模型的转化

(4)单击 DM 的 Tools→Electronics→Set Icepak Object Type,选择第 3 步转化得到的曲面轮廓面模型(布置散热孔的面,可以直接在模型树下选择),在 Details View 面板 Bodies 中,单击 Apply,单击下侧 Icepak Object Type 后的下拉菜单,选择 Grille,布置散热孔的曲面轮廓将由 Plate 类型转换为 Grille 类型,如图 11-5 所示。

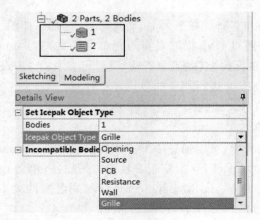

图 11-5　指定器件的类型

（5）在 ANSYS Workbench 平台下，单击保存，拖动 DM 至 Icepak 单元，双击 Icepak 的 Setup，进入 Icepak 软件，即得到 ANSYS Icepak 认可的异形 Grille 热模型（需要手工计算开孔率，并输入），如图 11－6 所示。

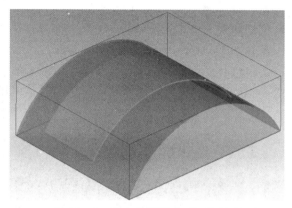

图 11－6　建立的异形 Grille 热模型

使用 ANSYS Workbench 16.0 打开学习光盘文件夹 11 下的 Grille－shuoming. wbpj，可以查看 11.1.1 节和 11.1.2 节的转换过程。

11.2　建立电子机箱热模型

本节主要是比较真实散热孔模型和简化散热孔 Grille 模型对机箱热仿真的影响。对第 2 章风冷机箱（图 11－7(a)）模型进行修改，在机箱的出风口处，增加 11.1.1 的散热孔模型，其他模型保持不变，修改后的模型如图 11－7(b)所示。

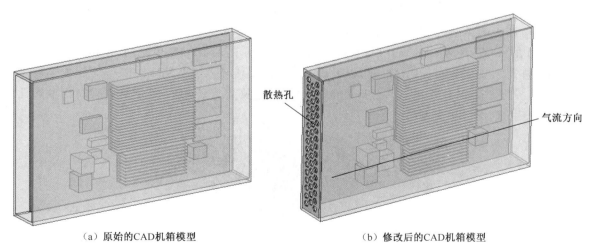

（a）原始的CAD机箱模型　　　　　　　　　（b）修改后的CAD机箱模型

图 11－7　修改强迫风冷机箱模型

11.2.1　CAD 模型导入 ANSYS Icepak

将修改后的强迫风冷机箱模型导入 ANSYS Icepak，即可完成热模型的建立。相应的导入步骤如下：

（1）启动 ANSYS Workbench 平台，在项目视图区域中建立 DM 单元；建立 Icepak 单元，单击保存 Save，输入项目名称 Grille。

（2）打开 DesignModeler(DM)软件。单击 File→Import External Geometry File，在跳出的面板中浏览加载学习光盘文件夹 11 中的 CAD 模型 fenglengjixiang－Grille. stp，然后单击 Generate，将机箱的 CAD 模型导入 DM。

（3）在 DM 中，单击 Tools→Electronics→Show Ice Bodies，查看 ANSYS Icepak 直接自动识别认识的模型；单击 Tools→Electronics→Show CAD Bodies，查看 ANSYS Icepak 不识别的模型，可以看出，ANSYS Icepak 不识别机箱外壳及布置了散热孔的出风板模型，如图 11－8 所示。

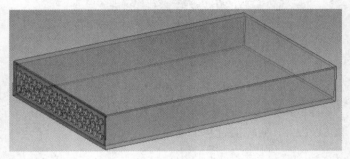

图 11－8　ANSYS Icepak 不识别的模型

（4）按照 11.1.1 节所示的步骤，对图 11－8 中的出风口模型及 Grille 进行转化，建立相应的热模型。DM 会自动计算散热孔的开孔率，并将其导入 ANSYS Icepak。

（5）单击 Tools→Electronics→Icepak Enclosure，使用此命令，DM 会自动将机箱模型转化为 ANSYS Icepak 认可的 Enclosure 模型。

（6）在 DM 中选择电路板的几何模型，单击 Tools→Electronics→Set Icepak Object Type，可以将电路板的类型由 Block 转化为 PCB。

（7）在 ANSYS Workbench 平台下，拖动 Geometry 进入 Icepak 单元的 Setup 项，双击此 Setup，打开 ANSYS Icepak 软件，可以发现，CAD 模型均导入了 ANSYS Icepak，完成热模型的导入，模型中包含 DM 建立的开口 Opening 装配体及 Grille 模型，绿色的面为简化散热孔 Grille 模型，如图 11－9 所示。

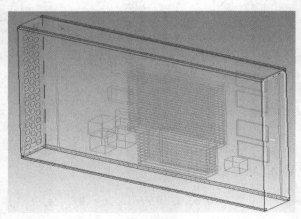

图 11－9　建立的热仿真模型

11.2.2　各类参数的输入

（1）打开 PCB 板的编辑窗口，在 Trace layer type 中选择 Detailed，按照 1.1.4 节，设置电路板的层数为 4 层，按照表格 1—1 分别输入各层铜箔的厚度及百分比，可计算得到此电路板 Effective conductivity（plane）切向的热导率为 39.1619W/m · K，Effective conductivity（normal）法向的热导率为 0.401811W/m · K。

（2）与 2.2.1 节的第 2 步完全相同，按照表 2—1 建立新的材料，热导率为 12.0W/m · K。

（3）与 2.2.1 节的第 3 步完全相同，对所有的发热器件输入新材料及各自的热耗；并统计系统的总热耗（32.7W）；其他器件（散热器、外壳）均使用默认的材料（Al—Extruded），单击 ANSYS Icepak 界面的 Save 保存命令。

（4）双击模型树下的 waike_1（开口 Opening 类型），打开其属性窗口，勾选 X Velocity，输入 −1，表示进风口的风速为 1m/s。

（5）选择模型树下器件 U6、U8、bigHS、smallHS，单击右键建立 Assembly，双击此 Assembly，打开其编辑窗口，勾选 Mesh separately，在 Min X、Max X、Min Y、Max Y、Min Z、Max Z 中均输入 1mm，设置其为非连续性网格，其他保持默认设置，单击 Done。

（6）打开 Basic parameter 面板，在 Radiation 中选择 Off，关闭辐射换热；在 Flow regime 中选择 Turbulent 湍流模型，其他选项保持默认设置，单击 Accept。

（7）选择模型树下器件 U10 直接拖动至 Points 下，ANSYS Icepak 将自动监测这些器件中心位置的温度，单击 Save 保存项目。

（8）单击 ANSYS Icepak 界面下的 File→Pack project，将建立的项目进行压缩，得到相应的 tzr 模型。关闭 Icepak 软件，关闭 ANSYS Workbench。

11.3　简化散热孔 Grille 的热仿真

启动 ANSYS Icepak，在欢迎界面下单击 Unpack，直接解压缩 11.2 生成的 tzr 模型，在项目命名中输 Grille。

（1）选择模型树下的 Grille 装配体模型（里面包含 DM 建立的开孔 Opening 模型），单击右键，取消 Active 前侧的勾选，表示抑制此装配体。

（2）双击模型树下的 Grille 散热孔（命名为 Grille1），单击打开其属性窗口，可以查看 Grille 的开孔率，其开孔率为 0.48016，如图 11—10 所示。

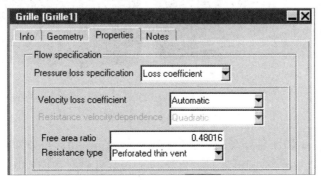

图 11—10　Grille 属性面板

（3）选择模型树下的 Grille1 散热孔，拖动至 Points，双击 Points 下的 Grille1，打开其监控点面板，取消 Temperature 的勾选，单击 Velocity 前的勾选，如图 11—11 所示，表示在求解过程中，监测此点的速度。

（4）单击划分网格的命令，打开网格控制面板，单击 Generate，ANSYS Icepak 对此模型划分的网格个数为 141281，如图 11—12 所示。单击 Display，对不同的模型进行网格显示，查看网格对模型的贴体性；单击 Quality，检查网格质量的好坏，此步骤忽略，建议读者自行操作。

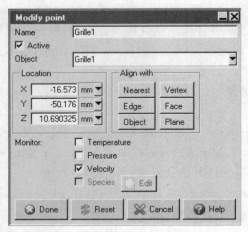

图 11—11　速度监控点的建立

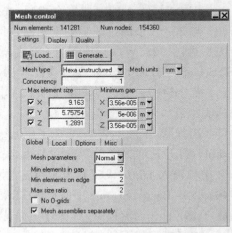

图 11—12　热模型网格的划分

（5）单击打开求解计算面板，保持 ID 中为 Grille00，单击 Start solution，ANSYS Icepak 将启动 Fluent 求解器进行计算，并自动打开残差曲线、温度及速度监控点曲线，如图 11—13 所示。

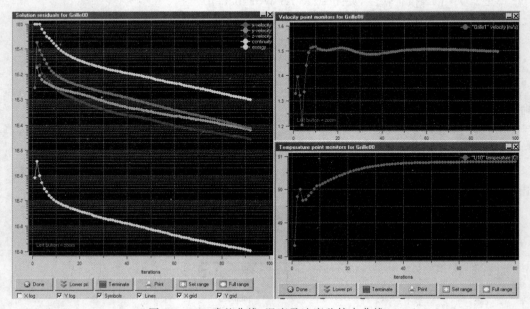

图 11—13　残差曲线、温度及速度监控点曲线

（6）单击 Plane cut 切面后处理命令▥，勾选 Show contours，可以对切面的温度云图分布进行后处理显示，如图 11—14 所示；勾选 Show vectors，可以对切面的速度矢量图进行后处理显示，如图 11—15 所示。

　　单击体后处理命令 ，选择所有的发热器件,可以得到相应的温度云图分布,如图 11－16 所示;同样,选择机箱的外壳模型,可以得到机箱的温度云图,如图 11－17 所示。

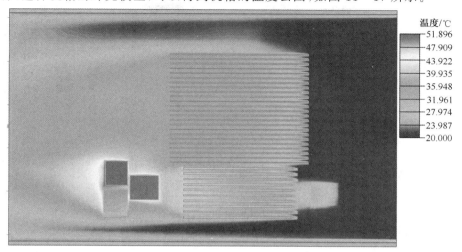

图 11－14　切面的温度分布云图

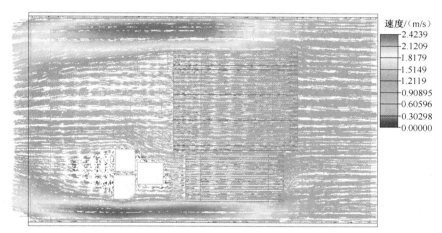

图 11－15　切面的速度矢量图

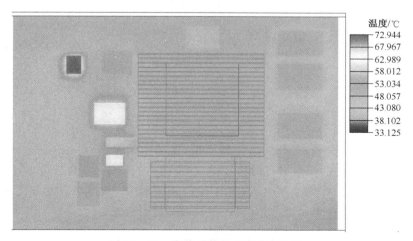

图 11－16　发热器件的温度分布云图

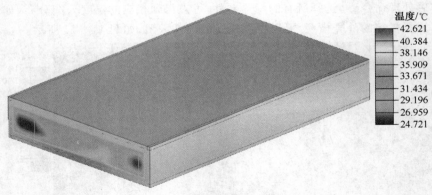

图 11-17　机箱外壳的温度分布云图

11.4　详细散热孔 Grille 的热仿真

在 11.3 节热模型的基础上,修改电子机箱热模型,建立机箱出风口详细的散热孔模型。相应的操作步骤如下:

(1)选择模型树下的简化散热孔模型 Grille.1,单击鼠标右键,取消 Active 前侧的勾选,抑制散热孔模型。

(2)在 Model 上侧的 Inactive 模型树下,选择名称为 Grille 的装配体模型(装配体内为多个开口模型),单击鼠标右键,勾选 Active,激活装配体及其内的开孔模型(利用开口和平板的优先级不同,可以构建真实的散热孔模型)。

(3)双击模型树下的 Grille 装配体模型,打开其编辑窗口,勾选 Mesh separately,按照图 11-18 所示,在 Slack settings 中输入相应的扩展数值,其他保持默认。

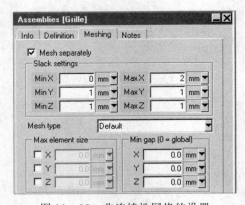

图 11-18　非连续性网格的设置

(4)单击划分网格的命令,打开网格控制面板,保持默认设置,单击 Generate 进行网格划分。单击 Display,对不同的模型进行网格显示,查看网格的贴体性;单击 Quality,可以通过不同标准检查网格质量的好坏。选择出风口相应的 Block 模型,其网格显示如图 11-19 所示,可以发现,两侧的散热孔并未完全贴体,因此需要对其进行修正。

在网格控制面板中,单击 Local 面板,勾选 Object params,单击后侧的 Edit,打开 Per-object meshing parameters 面板,选择此面板左侧装配体 Grille 下所有的开口模型,勾选右侧

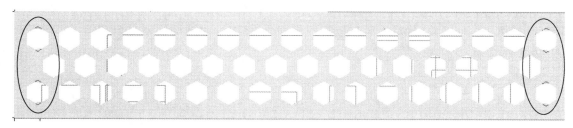

图 11—19　出风口 Block 模型的网格显示

的 Use per－object parameters，勾选 Side 1 count，然后在 Requested 中输入 5；同样，依次勾选 Side 2 count、Side 3 count、Side 4 count、Side 5 count、Side 6 count，然后分别在 Requested 中输入 5，单击 Done，如图 11—20 所示。

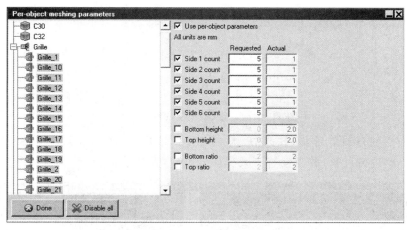

图 11—20　真实散热孔网格的细化设置

重新单击划分网格的命令，打开网格控制面板，单击 Generate，如图 11—21 所示，划分的网格数量为 284305。

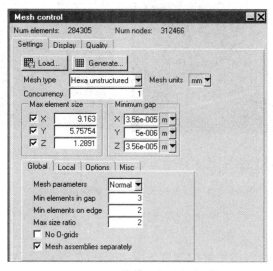

图 11—21　热模型的网格划分

单击 Display,选择模型树下 Grille 装配体内所有的开口模型,显示出风口的网格,如图 11-22 所示,可以看出,对出风口进行网格细化设置后,生成的网格完全贴体了多边形开口的几何特征。

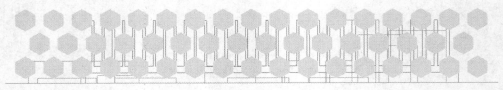

图 11-22　开口模型的网格显示

选择模型树下名称为 Grille.1 的 Block 块,显示其网格划分,如图 11-23 所示,可以看出,网格完全贴体,得到了详细散热孔模型的贴体网格。

图 11-23　出风口模型的网格划分

(5)单击打开求解计算面板,修改 ID 为 Grille01,单击 Start solution,ANSYS Icepak 将启动 Fluent 求解器进行计算,并自动打开残差曲线、温度及速度监控点曲线,如图 11-24 所示。

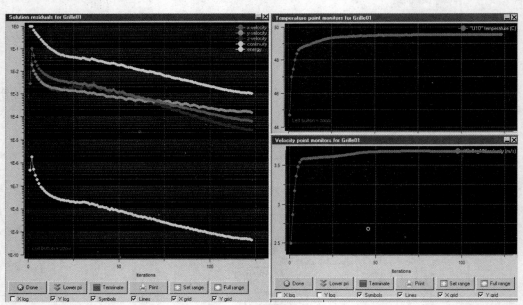

图 11-24　残差曲线、温度及速度监控点曲线

(6)单击 Plane cut 切面后处理命令■,勾选 Show contours,可以对切面的温度云图分布进行后处理显示,如图 11-25 所示。

勾选 Show vectors,可以对切面的速度矢量图进行后处理显示,如图 11-26 所示,与图 11-15 相比,可以看出,出风口的风速是不均匀的,最高的风速为 3.9536m/s。

图 11-25　切面的温度云图分布

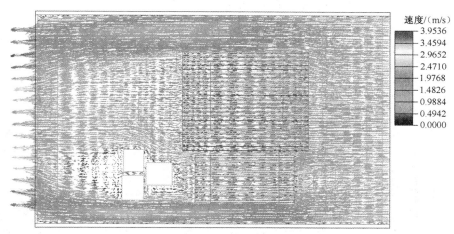

图 11-26　切面的速度矢量图分布

　　单击体后处理命令█，选择所有的发热器件，可以得到相应的温度云图分布，如图 11-27 所示；同样，选择机箱的外壳模型，可以得到机箱的温度云图，如图 11-28 所示。

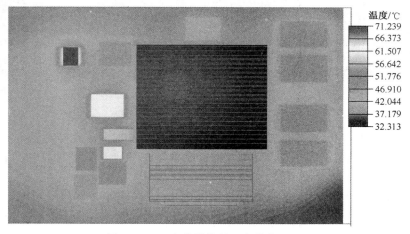

图 11-27　发热器件的温度分布云图

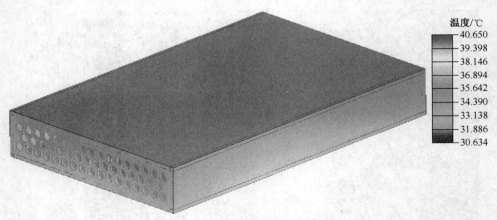

图 11—28　机箱外壳的温度云图分布

11.5　小　　结

本章主要是以一个强迫风冷机箱散热为案例,分别建立了简化散热孔的系统热模型和真实散热孔的系统热模型,重点比较了真实散热孔和简化散热孔 Grille 对机箱散热模拟的影响。简化散热孔 Grille 的温度分布如图 11—29 所示,详细散热孔的温度分布如图 11—30 所示。二者定性比较,图中标注的区域比较相似。

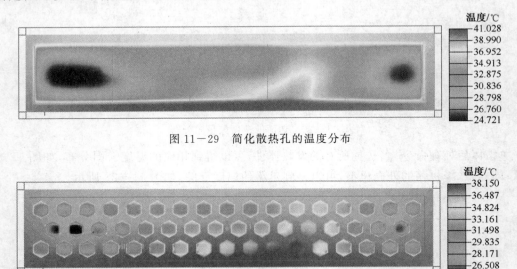

图 11—29　简化散热孔的温度分布

图 11—30　详细散热孔的温度分布

针对 11.3 节、11.4 节的计算结果,整体来说,使用真实散热孔模型计算的各个模块温度均低于使用简化散热孔的计算结果,两种方法计算的各个器件最高温度及差值详见表 11—1所列。

通过前面章节的比较,可以发现,使用真实散热孔建立系统热模型可以准确模拟机箱系统内的热特性分布,但是需要较大的计算量;而使用简化散热孔可大大减少相应的计算量。

表 11—1　不同方法各个器件的最高温度及差值

方法 最高温度	使用简化的散热孔 Grille(第一种)	使用真实的散热孔(第二种)	差值(前者减去后者)
Z 切面的最高温度/℃	51.896	50.110	1.786
Pcb 的最高温度/℃	71.116	69.545	1.571
Y1 的最高温度/℃	59.386	57.921	1.465
U3 的最高温度/℃	65.401	62.944	2.457
U1 的最高温度/℃	72.944	71.239	1.705
U9 的最高温度/℃	50.257	48.955	1.302
U10 的最高温度/℃	50.922	49.603	1.319
U11 的最高温度/℃	51.138	49.854	1.284
U12 的最高温度/℃	50.863	49.683	1.180
U6 的最高温度/℃	42.141	40.887	1.254
U7 的最高温度/℃	43.114	41.554	1.560
U8 的最高温度/℃	39.341	38.071	1.270
L13 的最高温度/℃	64.782	63.595	1.187
J7 的最高温度/℃	46.531	45.733	0.798
L12 的最高温度/℃	51.060	49.392	1.668
Q1 的最高温度/℃	49.596	47.642	1.954
C32 的最高温度/℃	51.926	50.126	1.800
C30 的最高温度/℃	49.141	47.446	1.695

第12章 电路板布线铜层焦耳热计算

【内容提要】

ANSYS Icepak 可以对电路板内部布线铜层生成的焦耳热进行模拟计算,本章以某一电路板为案例,详细介绍了如何进行布线焦耳热计算的设置及步骤。

为了比较布线焦耳热对电路板温度分布的影响,首先建立一个电路板模型,然后对其导入布线;接着建立了铜层模型,分别对每层铜层设置电流,电流在 10A、20A 时,计算铜层布线生成的焦耳热和电路板的温度分布,并统计不同铜层生成的焦耳热热耗。另外,可以发现,电路板局部区域出现温度热点。

【学习重点】

- 掌握将 EDA 电路板模型导入 ANSYS Icepak 软件的方法;
- 掌握电路板模型中,如何建立铜层布线模型;
- 掌握电路板布线焦耳热计算的方法、步骤。

12.1 建立铜层模型的面板说明

在 ANSYS Icepak 中计算电路板的铜层焦耳热,首先必须对电路板模型导入布线过孔文件,然后单击其编辑面板中 Model trace heating 后侧的 Edit,如图 12-1 所示,才能打开建立电路板铜层模型的面板。

建立铜层的面板如图 12-2 所示,其中 Layer 表示电路板铜层的编号,Smallest trace area 表示被选择的铜层内铜箔的最小面积,Largest trace area 表示被选择的铜层内铜箔的最大面积;Display traces filter 下 Min area 表示显示铜箔层面积的最小值,此数值默认为最大铜层面积的 80%,大于此数值的铜层将会显示在 Display traces 中。修改 Min area 中的数值,单击 Update,

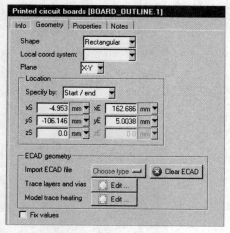

图 12-1 PCB 板编辑面板

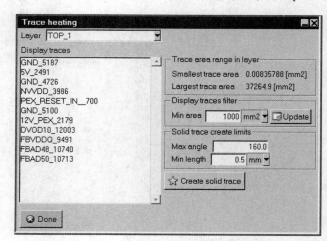

图 12-2 建立铜层模型的面板

左侧的 Display traces 中将罗列被选择层内等于或者大于 Min area 数值的铜层。

建立电路板铜层的步骤如下：

（1）单击 Layer 的下拉菜单，选择相应的铜层；在 ANSYS Icepak 的视图区域中将仅仅显示被选择层的铜层图像；图 12—3（a）为 PCB 板所有铜层的显示图像，如果在图 12—2 中选择 Layer 下的 Bottom_7，ANSYS Icepak 将仅显示第 4 层的铜层，如图 12—3（b）所示。

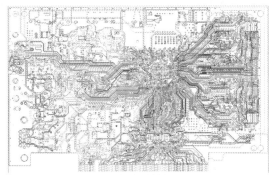 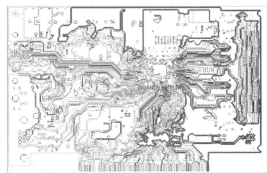

（a）PCB板所有铜层　　　　　　　　　　　（b）PCB板第4层铜层

图 12—3　PCB 板铜层显示

（2）选择 Display traces 下的铜层，相应的铜层将被加亮，如图 12—4 所示。

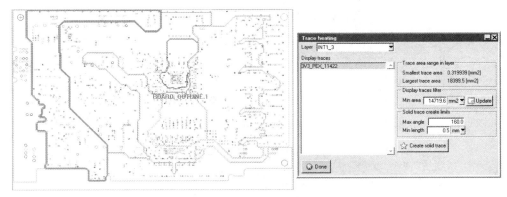

图 12—4　选择不同的铜层及显示

（3）可以通过修改 Max angle 和 Min length 来得到光滑或者粗糙的多边形铜层模型。Max angel 表示多边形两段线的最大角度，Min length 表示多边形两段线的最小长度尺寸，如果两段线的夹角小于 Max angle 的数值以及两段线的长度小于 Min length 的数值，那么这两段线将变成一条直线。

（4）执行完上述第 2、3 步以后，直接单击图 12—4 中的 Create solid trace，ANSYS Icepak 将会自动建立铜层的多边形模型，并且将铜层的材料默认为铜的属性。通常主要建立大面积的多边形铜箔层模型，然后对其进行焦耳热的计算。

12.2　电路板铜层焦耳热的计算

本案例不考虑电路板上的器件及热耗，仅仅对单个电路板及其内部的铜层焦耳热进行热仿真计算。电路板内的电流方向及数值均为假定。

（1）启动 ANSYS Icepak 软件，在欢迎界面上单击 New，然后输入项目的名称 jiaoer—

heating,单击 Create,建立项目。

　　(2)单击建立 PCB 板的按钮,并打开其编辑面板,单击 Import ECAD file 后的 Choose type,选择 Ansoft Neutral ANF,浏览学习光盘文件夹 12 内的 trace. anf 文件,如图 12－5 所示,务必保证勾选 Resize objet,单击 Open,ANSYS Icepak 将会根据布线文件的坐标自动调整 PCB 板的尺寸大小和位置。

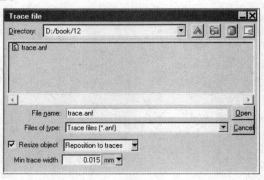

图 12－5　浏览加载布线文件

　　接着 ANSYS Icepak 会自动跳出铜箔层和过孔的信息面板,如图 12－6 所示,其中 M1、M2 表示铜箔层的信息,D2 表示 FR4 的信息,电路板总厚 0.21mm,保持默认的设置,单击 Done。

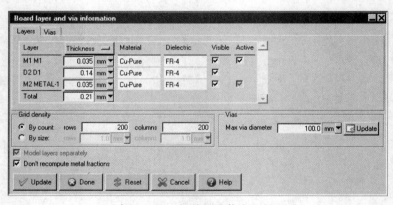

图 12－6　铜箔过孔信息面板

　　(3)选择 Cabinet,单击右下角区域的 Autoscale,自动缩放计算区域。双击 Cabinet,打开其编辑窗口,按照图 12－7 所示修改计算区域的尺寸大小。

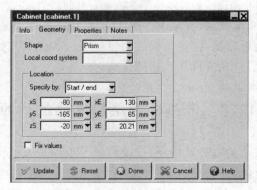

图 12－7　计算区域大小的修改

单击图 12－7 中的属性面板,设置 Min y、Max y 为 Opening 开口属性,单击 Min y 后侧的 Edit,打开其编辑窗口,勾选 Y Velocity,输入 1m/s 的速度,单击 Done,如图 12－8 所示,完成开口边界的设置。

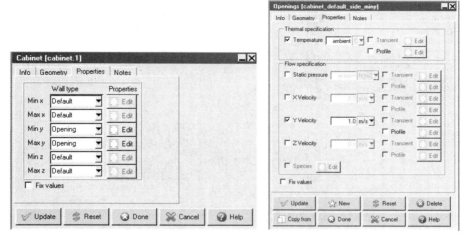

图 12－8　开口边界的设置

(4)双击模型树下的 PCB 板,打开其编辑窗口,单击 Model trace heating 后侧的 Edit,打开 Trace heating 面板,如图 12－9 所示。

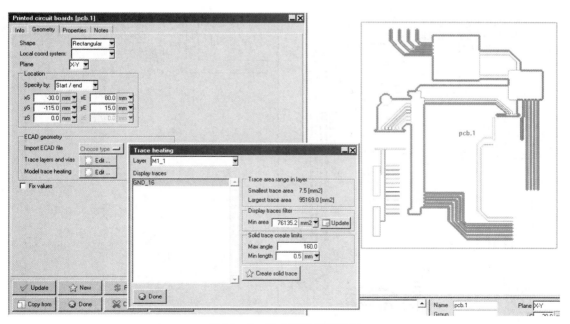

图 12－9　建立铜层模型面板

如图 12－9 所示,在 Layer 中选择 M1_1,选择 Display traces 下的 GND_16,在 ANSYS Icepak 的视图区域中,此布线将会被加亮显示,保持其他默认的设置,单击 Create solid trace, ANSYS Icepak 将建立第 1 层的多边形铜层模型,模型的厚度为 0.035mm。

同理,在 Layer 中选择 METAL－1_3,选择 Display traces 下的 GND_29,保持其他默认的设置,单击 Create solid trace,ANSYS Icepak 将建立第 2 层的多边形铜层模型,模型的厚度为

0.035mm，与图 12－6 中显示的铜层厚度相同，如图 12－10 所示。单击保存命令，保存项目。

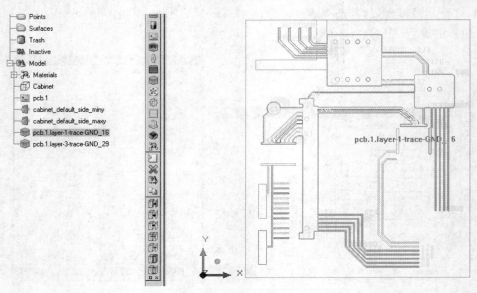

图 12－10　多边形铜层模型

电路板两侧铜层电流的走向如图 12－11 所示，图（a）为第 1 层铜层的电流走向图，电流从边 74 流入，从边 1 流出；图（b）为第 2 层铜层的电流走向图，电流从边 10 流入，从边 4 流出。

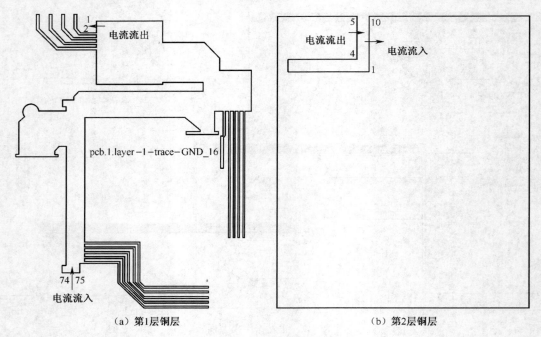

（a）第1层铜层　　　　　　　　　　　　（b）第2层铜层

图 12－11　电流走向示意图

（5）双击模型树下 pcb.1.layer－1－trace－GND_16，打开其编辑窗口，单击属性面板，查看 Solid material 的材料属性，如图 12－12 所示。

如图 12－13 所示，单击 Joule heating 后侧的 Edit，打开焦耳热热耗设置面板，单击 Add side，在 Side 下出现编号 1，选择 Side 下的边 74（即 side74），保持 Boundary type 为 Current，在 Current

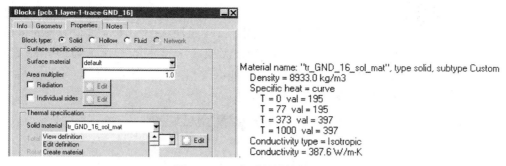

图 12-12　查看铜层材料属性

中输入 10,即 10A 电流从边 74 流入铜箔。同理,单击 Add side,出现编号 2,选择 Side 下的边 1
(即 side1),修改 Boundary type 为 Voltage,在 Voltage 中输入 0,表示电流流出端为 0V。

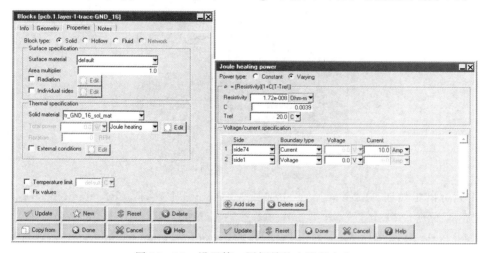

图 12-13　设置第一层铜箔的电流及方向

　　同理,打开 pcb. 1. layer-3-trace-GND_29 的编辑面板,设置边 10 的电流为 10A,设置
边 4 为 0V,如图 12-14 所示,完成铜箔焦耳热面板的设置。

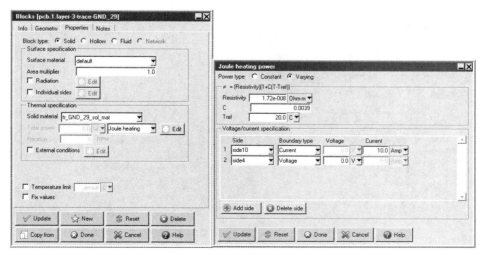

图 12-14　设置第 1 层铜箔的电流及方向

（6）选择模型树下的电路板和两个铜层模型，单击右键，选择 Create→Assembly，建立装配体模型。双击建立的 Assembly，打开其编辑窗口，按照图 12－15 所示，设置 Slack 相应的数值（6 个面各向外扩展 0.5mm）；Mesh type 网格类型选择 Mesher－HD；勾选 Max element size 下的 X、Y，并设置数值为 0.5mm；设置 Min gap 下的 X、Y、Z 各为 1e－5（需要根据多边形铜层的尺寸进行调整），保持其他默认设置，单击 Done。

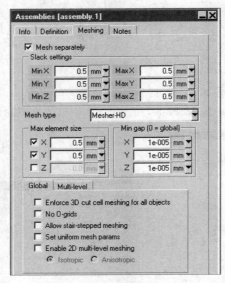

图 12－15　非连续性网格设置

单击划分网格按钮，在 Mesh type 中选择 Mesher－HD，保持 Max element size 为默认设置（为计算区域的 1/20），修改 Mesh parameters 为 Coarse，修改 Min elements on edge 为 2，修改 Max size ratio 为 5；单击 Misc 面板，取消 Allow minimum gap changes 勾选，保持其他默认设置，单击 Generate，如图 12－16 所示，划分的网格数量为 510458。

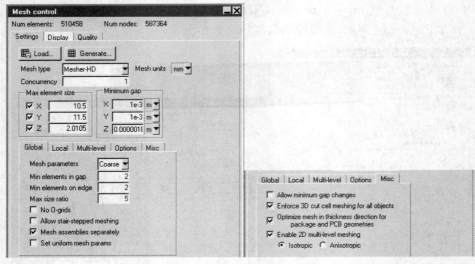

图 12－16　划分网格面板

单击图 12－16 中的 Display，可以显示铜层的网格，如图 12－17 和图 12－18 所示；单击

Quality,可以查看网格的质量。

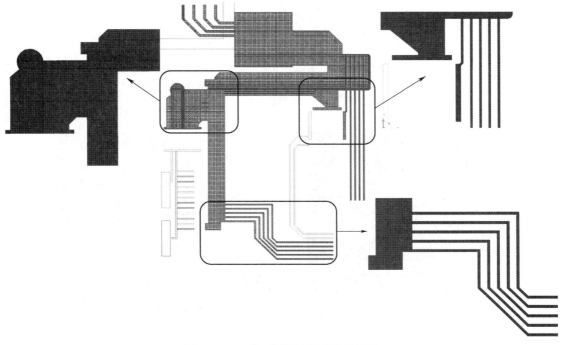

图 12-17　第 1 层铜箔层的网格面板

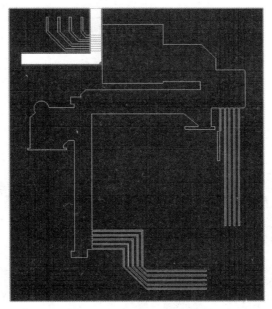

图 12-18　第 2 层铜箔层的网格面板

注意:务必使网格完全贴体铜箔层的多边形结构,如果网格不贴体,很容易造成计算结果不收敛,电流、电压云图分布失真,如图 12-19 所示;相反,准确的贴体网格,可以使得模型计算收敛,计算结果真实精确,如图 12-20 所示。

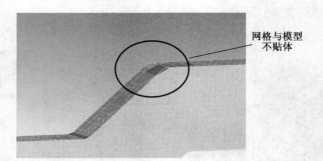

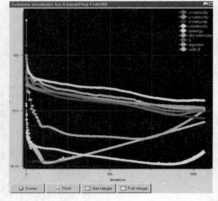
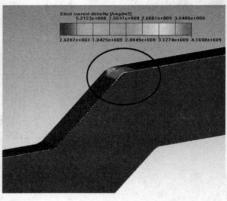

图 12-19　网格质量对电流的影响(一)

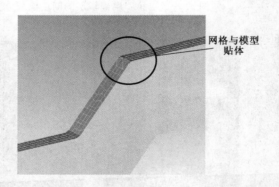

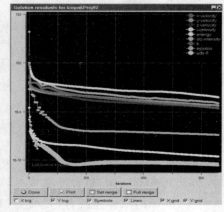
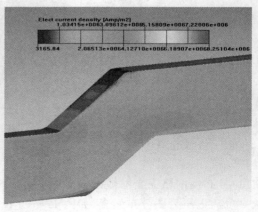

图 12-20　网格质量对电流的影响(二)

（7）双击 Basic parameters，关闭辐射换热，选择流态 Flow regime 为 Turbulent，保持其他默认设置；双击 Basic settings，设置迭代步数为 200 步；双击 Advanced settings，保持 Precision 为 Double 双精度，如图 12－21 所示。选择模型树下电路板模型 pcb.1，拖动至 Points，设置温度的监控点。

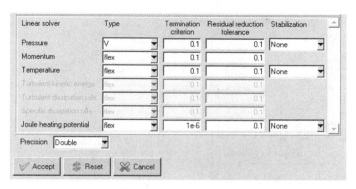

图 12－21　设置双精度

单击求解按钮，单击 Start solution，ANSYS Icepak 将启动 Fluent 求解器进行计算，其计算的残差曲线和温度监控点曲线如图 12－22 所示。

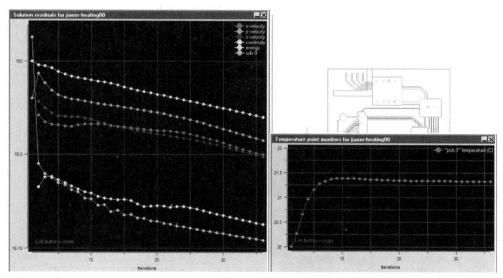

图 12－22　求解残差曲线和温度监控点曲线

（8）单击体后处理命令，在 Object 中选择电路板模型，勾选 Show contours，单击后侧的 Parameters，修改 Calculated 为 This object，单击 Apply，可查看电路板的温度分布云图，如图 12－23 所示。

修改图 12－23 中 Object 为 pcb.1.layer－1－trace－GND_16，单击 Update，可以显示第 1 层铜层的温度分布，如图 12－24（a）所示；单击图 12－23 中 Contours of 的下拉菜单，修改 Temperature 为 Elect current density，可以显示铜层的电流密度云图，如图 12－24（b）所示；修改 Contours of 的变量为 Joule heating density，可以显示铜层的焦耳热密度云图，如图 12－24（c）所示；修改 Contours of 的变量为 Electric Potential，可以显示铜层的电压分布云图，如图 12－24（d）所示。

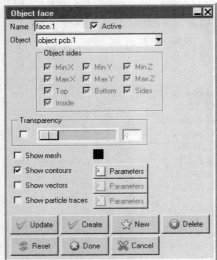

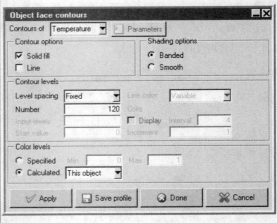

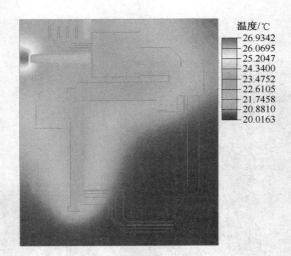

图 12-23　云图显示的设置及电路板温度云图分布

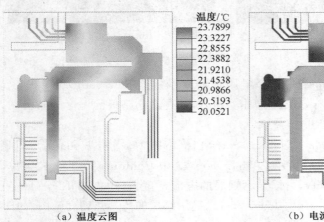

（a）温度云图　　　　　　　　　（b）电流密度云图

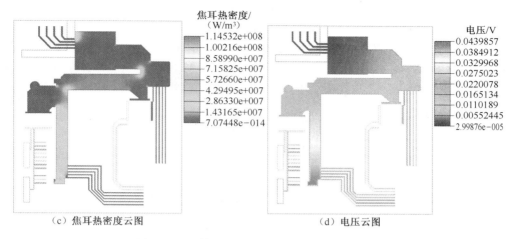

图 12－24　第 1 层铜层相关变量的后处理显示

同理,可以显示第 2 层铜层的相关变量云图显示,如图 12－25 所示。

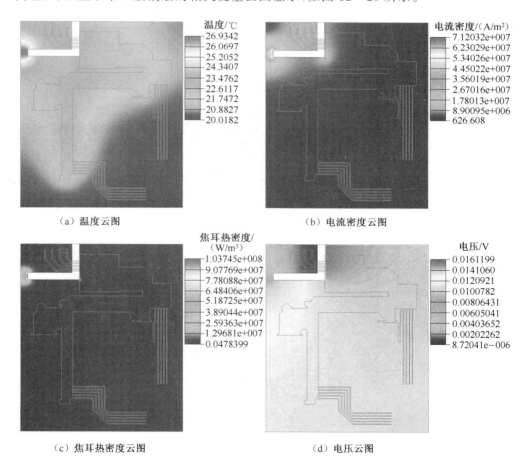

图 12－25　第 2 层铜层相关变量的后处理显示

对比图 12－23 和图 12－25,可以看出,在电路板左上角区域出现温度热点,温度为 26.93℃;对应区域的电流最大,焦耳热热耗最大。

(9)选择模型树下的 Cabinet_default_side_maxy、pcb.1.layer－1－trace－GND_16 和 pcb.1.layer－3－trace－GND_29,单击鼠标右键,选择 Summary report→Separate,出现 Summary 统计面板,修改面板中 Value 为 Heat flow,单击 Write,ANSYS Icepak 可统计焦耳热热耗的具体数值,可以看出,第 1 层铜箔热耗为 0.876783W,第 2 层铜箔热耗为 0.313371W,出风口带走的总热耗为 1.19058W(为两层铜箔热耗之和),如图 12－26 所示。

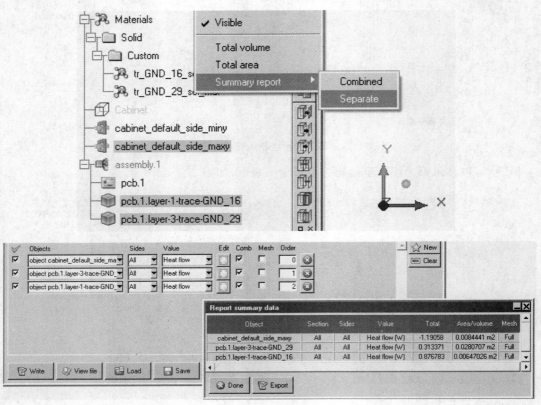

图 12－26　Summary report 统计焦耳热热耗

(10)在上述模型的基础上,修改第 1 层和第 2 层的电流为 20A,重新进行计算,并进行后处理显示,相应的结果如图 12－27 至图 12－30 所示。

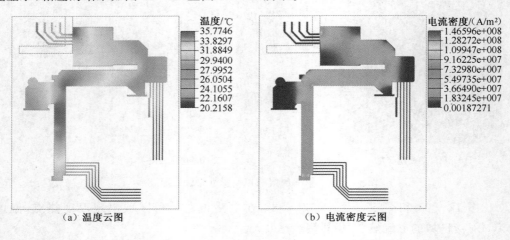

(a)温度云图　　　　　　　　　　　(b)电流密度云图

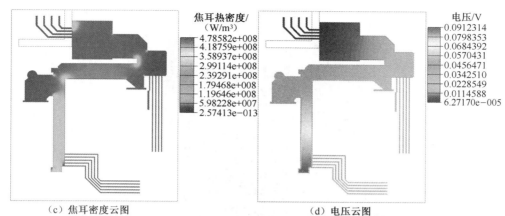

（c）焦耳密度云图　　　　　　　　　（d）电压云图

图 12－27　第 1 层铜层相关变量的后处理显示（20A）

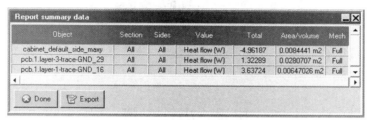

图 12－28　统计两层铜箔的焦耳热热耗

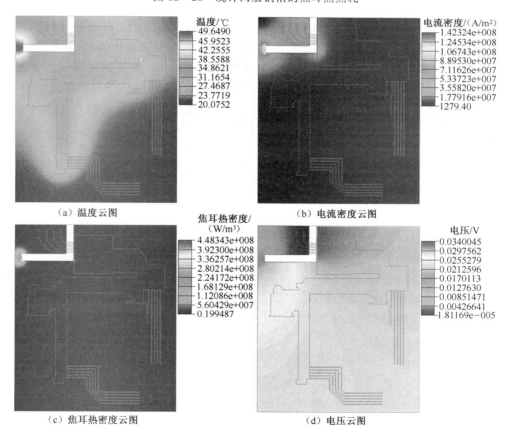

（a）温度云图　　　　　　　　　　　（b）电流密度云图

（c）焦耳热密度云图　　　　　　　　（d）电压云图

图 12－29　第 2 层铜层相关变量的后处理显示（20A）

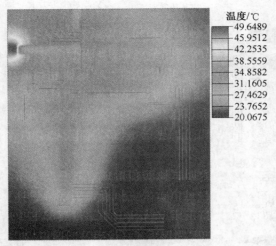

图 12—30　电路板的温度分布云图

从图 12—30 可以看出,电路板的最高温度为 49.65℃,与 10A 的计算结果相比,最高温度升高了 22.72℃。

12.3　小　　结

本章主要是讲解了如何在 ANSYS Icepak 中对电路板内部的铜层焦耳热进行模拟计算,为了直观显示布线焦耳热对电路板温度分布的影响,以某一个电路板为案例,首先建立了铜层的多边形模型,分别对每层铜层设置电流,计算了电流在 10A 时,两层铜层布线的温度分布、电流分布、焦耳热耗分布以及电压分布,并定量统计了不同铜层生成的焦耳热热耗,可以发现,电路板局部区域出现温度热点。最后,修改电流为 20A,重新对电路板的进行了热模拟计算,得到了相应变量的云图分布及铜层生成的焦耳热热耗。

第 13 章　多组分气体输运模拟计算

【内容提要】

ANSYS Icepak 可以对多组分气体的输运扩散模拟计算。本章以一栋 4 层的办公楼为案例模型,讲解多组分气体的输运计算模拟。外界自然风的速度为 6m/s,办公楼外化工厂烟筒排出一氧化碳、二氧化碳;办公楼内部打印机排出污染物苯;通过 ANSYS Icepak 对其进行模拟计算,可以有效地预测办公楼内外不同组分的浓度分布,同时计算得到办公楼内外的流场分布和压力分布。

【学习重点】

- 掌握如何在 ANSYS Icepak 软件中设置多组分的方法;
- 掌握如何在开口的属性中设置组分浓度的方法。

13.1　多组分气体计算说明

ANSYS Icepak 可以计算多达 12 种组分的气体输运计算。在 ANSYS Icepak 中,多组分气体输运计算的设置如下:

1. 激活组分输运按钮,指定模拟计算的不同气体种类

双击 Problem setup 下的 Basic parameters,单击 Advanced 面板,勾选 Species 下的 Enable,激活组分输运计算。

2. 建立新的气体材料

ANSYS Icepak 的材料库中包含了部分气体,如果材料库内没有需要计算的气体,则需要创建新的气体。新建气体的材料属性必须包括体积膨胀系数、摩尔分子量、黏度、热导率、热容、密度、质量扩散率等。

3. 定义输运计算的气体

单击图 13-1 中 Species 下的 Edit,激活定义气体组分的面板,如图 13-2 所示。在 Number of species 中,输入组分的种类个数(以下用 N 表示),单击键盘的 Enter 键,图 13-2 中的 Species 列及 Initial concentration 列将被激活,可以单击下拉菜单定义参与计算的多组分气体及初始浓度。注意:混合气体中,组分含量最多的气体必须出现在 Species 列中,ANSYS Icepak 默认的组分为空气和水蒸气。

图 13-2 中 fraction 表示各个组分的浓度单位。其中 fraction 表示组分的质量分数;g/lb 表示湿度比(含湿量),即克/磅,此单位仅仅可以设置为水蒸气的单位;g/kg 表示湿度比,即克/千克,此单位仅仅可以设置为水蒸气的单位;RH 表示相对湿度,此单位仅仅可以设置为水蒸气的单位;PPMV 表示百万分之 N 的体积比,V 指体积,PPM 表示百万分之一,比如 8PPMV 表示百万分之八的体积比;kg/m³ 表示组分的密度。单击 Accept。

注意:仅仅需要设置定义 $N-1$ 种组分的初始浓度,ANSYS Icepak 会自动将输入的各个

气体浓度转换为质量分数,然后用 1 减去 $N-1$ 种组分的质量分数之和,即可计算得到混合物中含量最大的气体的初始浓度。

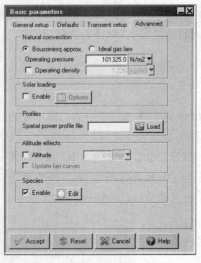

图 13-1　激活组分输运面板

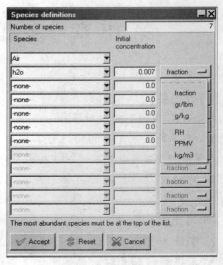

图 13-2　定义气体组分面板

4. 对模型树下的模型定义气体组分浓度

对于 2D 模型(如 Opening、Grille 等)而言,需要设置 $N-1$ 个气体组分的浓度,ANSYS Icepak 会自动计算混合物中含量最大的气体浓度值(用 1 减去 $N-1$ 个气体组分浓度的质量分数之和),2D 模型的组分输入面板如图 13-3 所示。

对于 3D 模型而言,需要定义 N 种气体各自的体积源项参数,如图 13-4 所示。

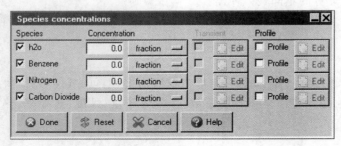

图 13-3　定义气体组分面板(一)

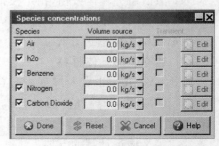

图 13-4　定义气体组分面板(二)

13.2　CAD 模型导入 ANSYS Icepak

本案例的实际模型如图 13-5 所示,包含化工厂烟筒、4 层办公楼、大地;4 层办公楼的结构完全相同,每层包含一个复印机、21 个人体模型、不同的房间及会议桌等,如图 13-6 所示。此案例的真实三维模型经过修复后,保留了办公楼的大体结构,忽略了窗户、各个办公室内的办公桌等。另外,使用 ANSYS SCDM 对真实模型进行了修复切割,使其更加适合 CAE 模拟分析,此过程忽略不计。

本案例计算的工况为:外界自然风(纯空气)的速度为 6m/s,温度为 20℃;化工厂烟筒向外界排出一氧化铁和二氧化碳,质量分数各自为 50%,排放速度为 5m/s,温度为 80℃;办公楼

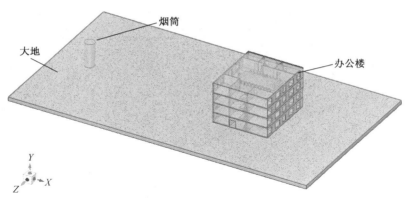

图 13-5　办公楼内外 CAD 模型

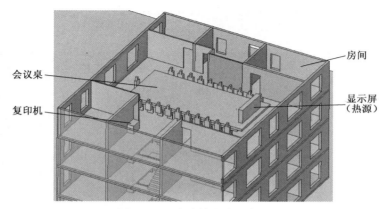

图 13-6　办公楼室内示意图

的窗口全部打开,每层楼内复印机向室内排出纯苯,排放速度为 0.833m/s,温度为 36℃;人体温度均为 36.5℃。

热仿真计算各个模型材料的热导率见表 13-1 所列。

表 *13-1*　各个模型材料热导率参数

名　　称	热导率数值/(W/m·K)
大地(土壤)	0.698
楼板、外墙及隔断(混凝土)	1.512
桌子(木板)	0.07

建立 ANSYS Icepak 组分模拟计算的热模型步骤如下:

(1)启动 ANSYS Workbench,单击保存,输入本案例的名称(zufenjisuan)。双击 Component Systems 工具栏中的 Geometry,建立 DesignModeler(DM)单元。

(2)双击 DM 单元,打开 DM 软件,单击主菜单栏 File→Import External Geometry File,在调出的面板中浏览加载学习光盘 13 文件夹内的 CAD 模型(tongfeng - kaichuang - youren. stp),单击打开,选择 Generate,完成导入 CAD 模型的命令,DM 的视图中将出现相应的几何模型,如图 13-7 所示。

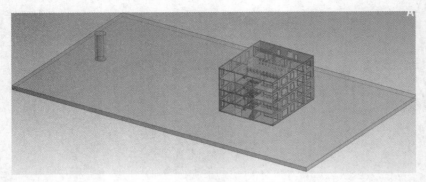

图 13-7　办公楼 CAD 模型导入 DM

(3)单击主菜单栏 Tools→Electronics→Show Ice Bodies,可查看当前 ANSYS Icepak 认可的模型,DM 视图将显示圆柱体的烟筒、多边形体或者长方体的楼板、隔断等规则模型,如图13-8 所示。

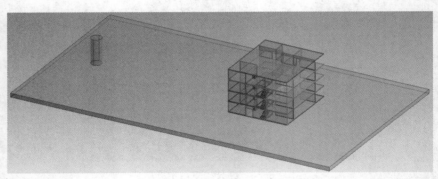

图 13-8　ANSYS Icepak 认可的模型

(4)单击主菜单栏 Tools→Electronics→Show CAD Bodies,可查看当前 ANSYS Icepak 不认可的模型,DM 视图将显示圆柱体的烟筒、多边形体或者长方体的楼板、隔断等不规则模型,如图 13-9 所示。

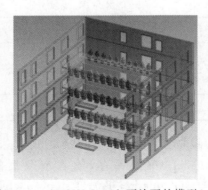

图 13-9　ANSYS Icepak 不认可的模型(一)

(5)单击主菜单栏 Tools→Electronics→Simplify,然后在 Details View 的面板中,选择 Simplification Type 为 Level 1,然后鼠标左键选择视图区域中的外墙模型,在 Details View 的 Select Bodies 面板中,单击 Apply,如图 13-10 所示,然后单击 Generate,完成外墙模型的转换。

通过此步的转化,DM 会自动将外墙的模型沿着窗户的边进行切割,将外墙转化成规则的

Details View	卫
Details of Simplify1	
Simplify	Simplify1
Simplification Type	Level 1 (Prism, cylinder fit)
Selection Filter	Selected Bodies
Select Bodies	12
Cleanup During Simplification?	No
Split During Simplification?	Yes
Create Primitives?	Yes

图 13-10　转化不识别的几何体

长方体模型。图 13-9 中不规则的外墙模型将转化成图 13-11 所示的模型。

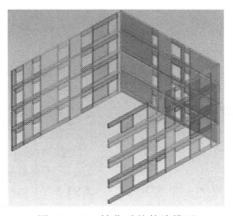

图 13-11　转化后的外墙模型

（6）重新单击主菜单栏 Tools→Electronics→Show CAD Bodies,查看 ANSYS Icepak 不认可的模型。单击主菜单栏 Tools→Electronics→Simplify,然后在 Details View 的面板中,选择 Simplification Type 为 Level 1,然后鼠标左键选择视图区域中的桌子模型及 3 个楼板模型,如图 13-12 所示。

图 13-12　ANSYS Icepak 不认可的模型（二）

在 Details View 的 Select Bodies 面板中,单击 Apply;然后单击 Generate,将异形的几何模型转化为规则的长方体,单击 Save 保存按钮。

(7)重新单击主菜单栏 Tools→Electronics→Show CAD Bodies,查看 ANSYS Icepak 不认可的模型。此时 DM 将仅仅显示多个人体模型。单击主菜单栏 Tools→Electronics→Simplify,然后在 Details View 的面板中,选择 Simplification Type 为 Level 1,然后鼠标左键选择视图区域中所有的人体模型(可选择框选按钮 Box select,使用鼠标进行框选),在 Details View 的 Select Bodies 面板中,单击 Apply;然后单击 Generate,通过此步操作,DM 会自动沿着某些面,将异形的人体模型转化为规则的长方体。

(8)单击主菜单栏 Tools→Electronics→Simplify,然后在 Details View 的面板中,选择 Simplification Type 为 Level 0,然后鼠标左键在模型树下选择所有的楼梯(louti)模型,在 Select Bodies 中选择 Apply,然后单击 Generate,可以将楼梯模型转化为长方体的 Block 模型。

(9)单击主菜单栏 Tools→Electronics→Show Ice Bodies,可以看出,所有的模型均为 ANSYS Icepak 认可的模型。

(10)关闭 DM,进入 ANSYS Workbench 平台,双击工具栏中的 Icepak,建立 Icepak 单元,在 DM 的项目视图区域中,拖动 Geometry 单元的 A2 至 Icepak 单元的 Setup 选项,如图 13—13 所示,相应的办公楼 CAD 模型将自动进入 ANSYS Icepak 软件,完成模型的导入过程。单击 Save 按钮。

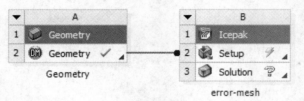

图 13—13   DM 将水冷板模型导入 Icepak

13.3   多组分气体模拟计算

双击图 13—13 中 Icepak 单元的 Setup 选项,打开 ANSYS Icepak 软件,可以看到 13.2 节建立的 ANSYS Icepak 热模型。

13.3.1   热模型的修补及边界输入

(1)双击 Cabinet,打开其编辑窗口,单击 Geometry 几何面板,Specify by 保持默认的 Start/End 设置,修改 yE 为 27.4121,即高度方向增大 10m;单击属性面板,修改 Min x、Max x、Max y、Min z、Max z 5 个面为开口 Opening,修改 Min y 为 Wall 类型,如图 13—14 所示。

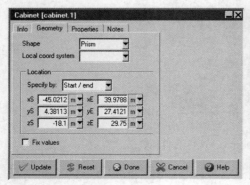
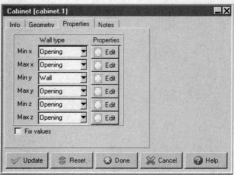

图 13—14   Cabinet 属性面板修复

　　单击 Min y 后侧的 Edit,打开 Wall 的属性面板,在 External conditions 中单击下拉菜单,
选择 Temperature,如图 13－15 所示,保持其他默认设置,单击 Done,表示底面维持恒定的
温度。

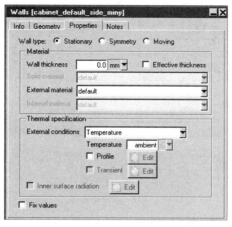

图 13－15　设定底面为恒定温度

　　(2)打开 Basic parameters 基本参数设置面板,Radiation 下选择 Off,即关闭辐射换热;选
择 Turbulent,保持 Zero equation 零方程模型;单击 Advanced 面板,勾选 Species 下的
Enable,如图 13－16 所示,设置多组分气体。

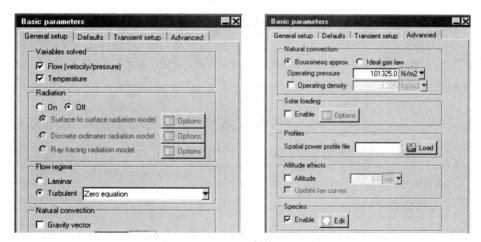

图 13－16　基本参数设置面板

　　单击 Species 下的 Edit,打开组分定义面板,如图 13－17 所示,在 Number of species 中输
入 4,表示本案例中包含 4 种气体组分,然后单击 Enter,ANSYS Icepak 会激活 Species 下的空
白输入,默认包含空气 Air;单击 Species 下的下拉菜单,在气体材料库中选择 Carbon
Monoxide(一氧化碳),在其后侧的 Initial concentration 中输入 0.25,在后侧的单位中选择
fraction,表示一氧化碳的初始质量分数为 25%;同理,在材料库中选择 Benzene(苯),输出初
始质量分数 25%,在材料库中选择 Carbon Dioxide(二氧化碳),输出初始质量分数 25%,然后
单击 Accept,完成多组分的定义。

　　(3)双击模型树下 cabinet_default_side_minx 开口,打开其编辑窗口,勾选 X Velocity,在

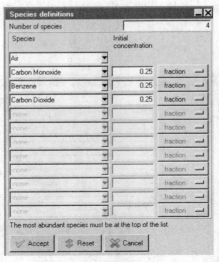

图 13-17　多组分气体材料定义面板

其中输入 6，勾选 Species，单击 Edit，保持一氧化碳、二氧化碳、苯的浓度均为 0，如图 13-18 所示，即外界来流的气体均为新鲜空气。

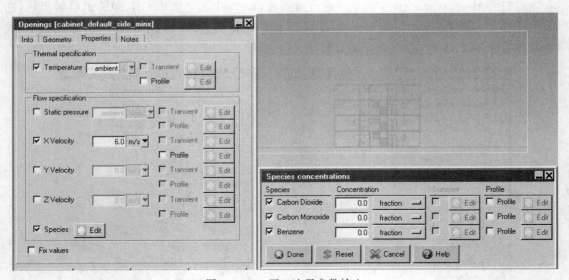

图 13-18　开口边界参数输入

（4）单击建立开口 Opening 的快捷工具 ，并且双击此开口模型，打开其编辑面板，在 Info 中修改名称为 paiyan；单击 Geometry 面板，修改 Shape 为 Circular，修改 Plane 为 $X-Z$，如图 13-19 所示，然后使用面匹配工具，将开孔模型与烟筒的顶部面板匹配。

单击开口的属性面板，在 Temperature 中输入 80，表示排烟口温度为 80℃；勾选 Y Velocity，输入 5，表示排烟速度为 5m/s；如图 13-18 所示，勾选 Species，单击后侧的 Edit，打开组分浓度输入面板，分别在一氧化碳和二氧化碳中输入 0.5，在苯的浓度中输入 0，表示排出的烟气中不包含苯。单击 Done，完成参数输入。

双击模型树下 Block 类型的 wuranwu 模型（也可以命名为 yantong，以方便识别），单击其属性面板，修改 Block 的类型为 Hollow，单击 Done。

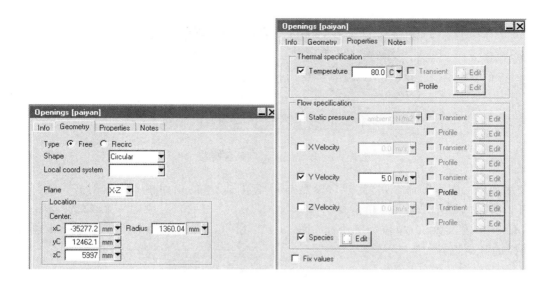

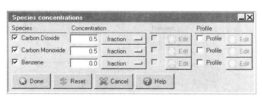

图 13-19　烟筒出口参数输入

(5)选择模型树下 4 个命名为 tongfeng-kaichuang-youren 的 Block 体,单击右键,选择 Rename,输入 Copy,ANSYS Icepak 会依次对其进行命名,对 DM 导入的复印机模型进行重命名。

(6)单击建立开口 Opening 的快捷工具 ,并且双击此开口模型,打开其编辑面板,在 Info 中修改名称为 Copy-inlet(即复印机污染物苯的出口模型);按照图 13-20 所示,依次编辑开口的几何尺寸参数;在其属性面板中,勾选 Temperature,在温度参数中输入 36,勾选 Y Velocity,输入 0.833m/s;勾选 Species,单击后侧的 Edit,在属性面板中,对苯的质量分数输入 1,表示此开口排出的气体为纯苯,单击 Done,完成参数输入。

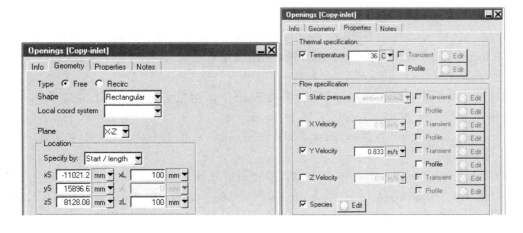

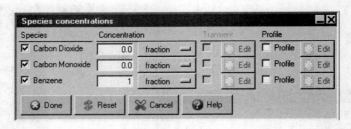

图 13—20　烟筒出口参数输入

使用面中心对齐的命令,将此开口模型与复印机 Copy 的顶面中心位置对齐。选择模型树下开口类型的 Copy—Inlet,单击复制命令,在 Number of copies 中输入 3,勾选 Translate,在 Y offset 中输入 2950(单位为 mm),如图 13—21 所示,单击 Apply,ANSYS Icepak 会复制3 个同样的开口边界。

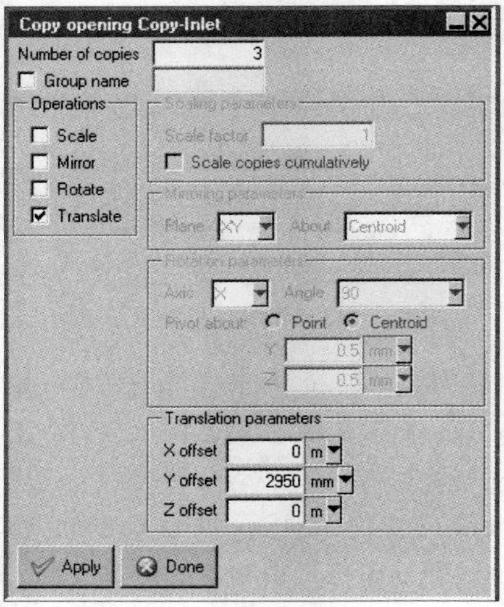

图 13—21　复制开口边界

选择模型树下的 4 个 Block 类型的 Copy 复印机模型,单击右侧的 Edit 按钮,打开多体编辑窗口,单击属性面板,选择 Hollow,表示设置复印机模型为中空的 Block 类型,如图 13—22所示,单击 Done。

(7)依次选择模型树下所有的 People 装配体,单击鼠标右键,选择 Delete assembly,ANSYS Icepak 将自动删除 People 装配体,但是会保留装配体内的人体模型,如图 13—23所示。

选择模型树下所有的人体模型(可以使用 Shift+鼠标左键进行多选),单击编辑命令按钮,打开多体编辑窗口,单击其属性面板,在 Block type 中选择 Hollow;单击 Thermalspecification 的下拉菜单,选择 Fixed temperature,在 Temperature 中输入 36.5℃,如图 13—24 所示。

(8)单击 Create material 按钮,然后双击模型树下出现的 material 模型,打开建立新材料的面板,在 info 中输入材料名称 muban,单击属性面板,在 Density 中输入 250,在 Conductivity 中输入 0.07,单击 Done,完成新材料的建立,如图 13—25 所示。

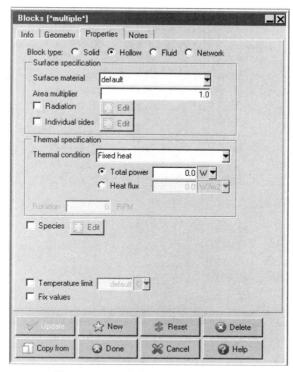

图 13—22　设置复印机 Block 的类型

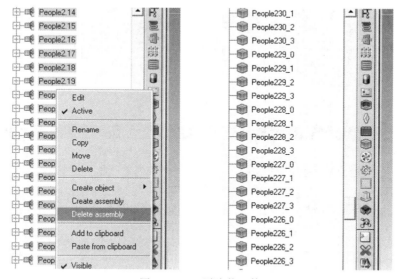

图 13—23　删除装配体

同理,依次建立水泥和土壤材料,如图 13—26 所示。

(9)依次选择模型树下所有的 waiqiang 装配体和 zhuozi 装配体,单击鼠标右键,选择 Delete assembly,ANSYS Icepak 将自动删除装配体,但是会保留装配体内的模型。

(10)选择模型树下 4 个名称为 Heat 的模型,单击编辑按钮,打开多体编辑窗口,在 Total power 中输入 200,表示各个热耗为 200W,如图 13—27 所示。

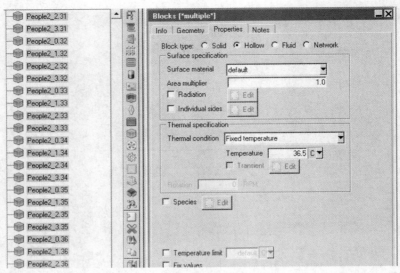

图 13－24　人体模型参数的输入

图 13－25　木板材料的建立

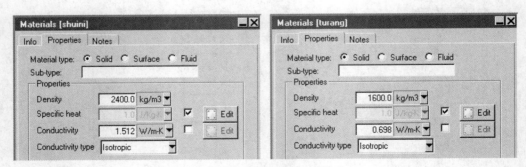

图 13－26　水泥和土壤材料的建立

　　(11)选择模型树下所有的 louti、geduan、waiqiang、louceng 模型,单击编辑按钮,打开多体编辑窗口,在 Solid material 中单击下拉菜单选择水泥材料 shuini,如图 13－28 所示。

　　同理双击模型树下的大地模型 dadi,打开其编辑窗口,修改其材料为土壤 turang;选择模型树下所有的办公桌模型 zhuozi,打开其编辑窗口,修改其材料为木板 muban。单击 ANSYS Icepak 左上角区域的保存命令。

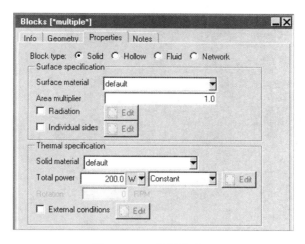

图 13—27　热耗的输入

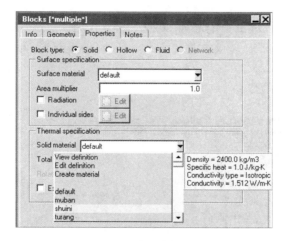

图 13—28　输入建筑物材料

13.3.2　热模型的网格划分

（1）选择复印机上侧的开口模型，单击鼠标右键，建立装配体，双击此装配体，打开其编辑面板，勾选 Mesh separately，分别在 Min X、Max X、Min Y、Max Y、Min Z、Max Z 中输入 20mm，完成非连续性网格的建立。分别对每层复印机的开口模型建立非连续性网格。

（2）选择 X 轴视图，放大模型结构图，方便查看办公楼最顶层的模型，然后使用 Shift＋鼠标左键框选顶层办公楼内办公桌左侧的人体模型，如图 13—29 所示；单击鼠标右键，建立装配体，双击此装配体，打开其编辑面板，勾选 Mesh separately，分别在 Min X、Max X、Min Y、Max Y、Min Z、Max Z 中输入 100mm。

同理，框选办公桌右侧的人体模型，建立装配体模型，在其编辑面板中，勾选 Mesh separately，分别在 Min X、Max X、Min Y、Max Y、Min Z、Max Z 中输入 100mm。同理，框选办公桌前侧的人体模型（仅仅一个人），建立装配体模型，在其编辑面板中，勾选 Mesh separately，分别在 Min X、Max X、Min Y、Max Y、Min Z、Max Z 中输入 100mm。

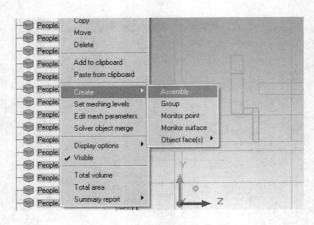

图 13-29　框选人体模型

按照第 3 步的方法,依次对第 1 层、第 2 层、第 3 层办公楼内的人体模型创建相应的非连续性网格。

(3)选择模型树下办公楼的所有模型(除大地 dadi、烟筒 wuranwu 及烟筒出风口 paiyan外),单击鼠标右键,建立装配体;双击此装配体,打开其编辑面板,勾选 Mesh separately,分别在 Min X、Max X、Min Y、Max Y、Min Z、Max Z 中输入 500mm,如图 13-30 所示,单击Done,完成非连续性网格的建立。

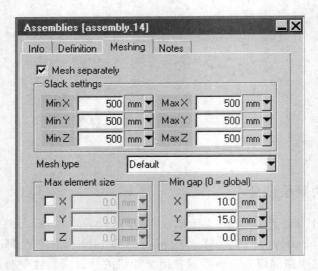

图 13-30　非连续性网格的建立

(4)单击划分网格的按钮,(如果软件为 ANSYS Icepak16 版本,可以在 Concurrency 选项中输入 4,表示同时划分 4 个非连续性网格),在 Mesh type 中选择 Hexa unstructured 非结构化网格,在 Mesh parameters 中选择 Coarse,在 Min elements on edge 中输入 2,其他保持默认设置;单击 Generate,进行网格划分,网格个数为 696458,如图 13-31 所示。

单击图 13-33 中的 Display,可以显示不同模型的面或者体网格,如图 13-32 所示。单击网格控制面板中的 Quality,可以检查网格的质量。单击 Save,保存模型。

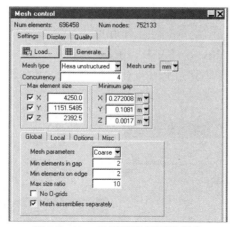

图 13—31　对模型进行网格划分

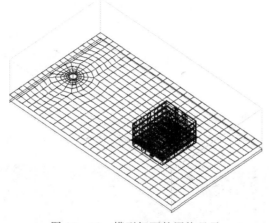

图 13—32　模型切面的网格显示

13.3.3　热模型的求解设置

打开 Solution settings 求解设置面板,双击 Basic settings,在 Number of iterations 中输入迭代步数 300,如图 13—33 所示。如果需要并行计算,可以打开 Parallel settings 并行设置面板,进行多核并行计算。

图 13—33　求解基本设置面板

选择模型树下开口模型 cabinet_default_side_maxx，拖动其至 Points 下，双击 Points 下的开口模型 cabinet_default_side_maxx，打开变量监控点面板，如图 13－34 所示，勾选 Species，单击其后侧的 Edit，在 Select species 面板下，勾选 carbon Dioxide、Carbon Monoxide、Benzene，即在求解计算过程中，对出风口中心点的温度、一氧化碳、二氧化碳及苯的质量分数进行监控。

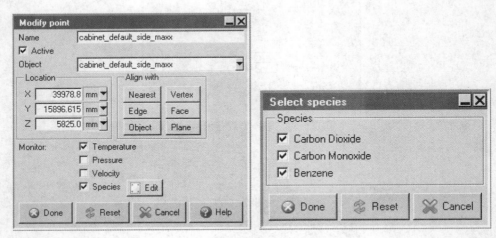

图 13－34　变量监控点的设置面板

单击求解按钮，在打开的求解面板中，单击 Start solution，进行求解计算。相应的求解残差曲线及变量监控点曲线如图 13－35 所示，可以看出，计算完全收敛。

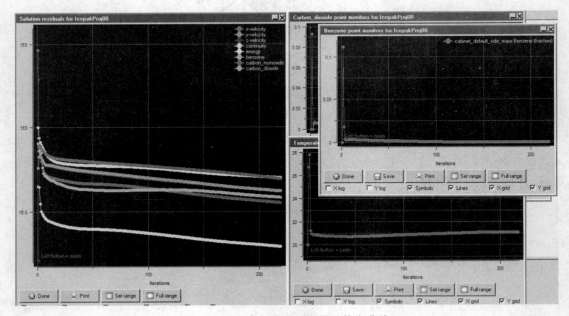

图 13－35　求解残差及变量监控点曲线

13.3.4　后处理显示

单击 Plane cut 切面后处理命令，勾选 Show contours，如图 13－36 所示，保持 Set

position 为 Z plane through center,可以对 Z 轴中心切面的变量云图进行后处理显示,默认显示的变量为温度;单击 Show contours 后侧的 Parameters,打开云图变量的设置面板,如图 13－37 所示,单击 Contours of 后侧的下拉菜单,选择 Benzene(mass),在 Number 中输入 120,单击 Calculated 后侧的下拉菜单,选择 This object,点击 Apply,可以显示 Z 轴中心切面的苯质量分数分布云图,如图 13－38 所示。

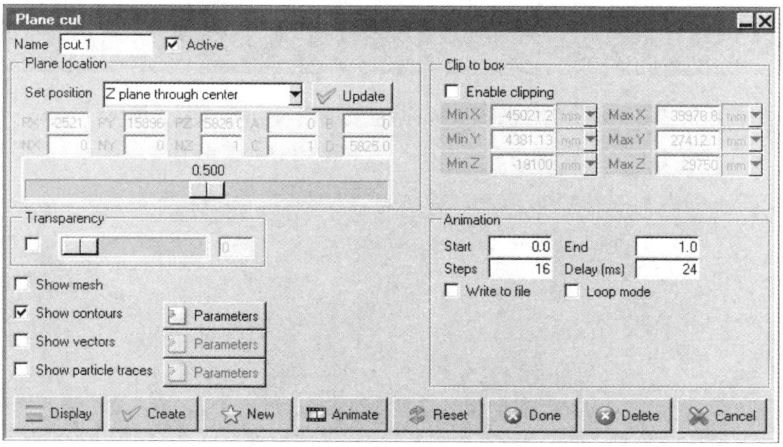

图 13－36　切面变量云图显示的设置

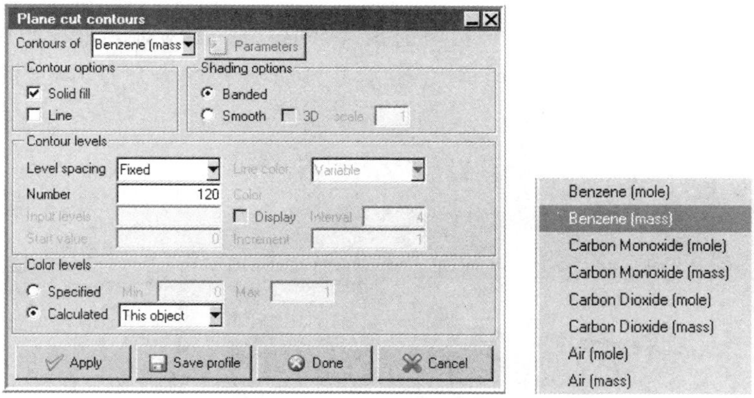

图 13－37　切面变量的选择

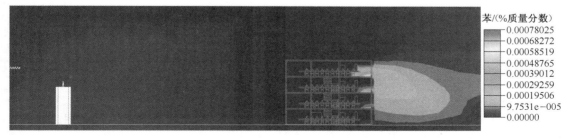

图 13－38　Z 轴中心切面苯的质量分数分布云图

同理,如果在图 13－37 中选择 Air(mass),可以显示 Z 轴中心切面空气的质量分数分布,如图 13－39 所示。图 13－40 为 Z 轴中心切面的压力分布云图。

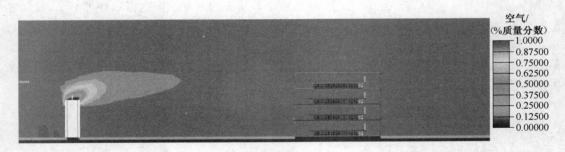

图 13-39 Z 轴中心切面空气的质量分数分布云图

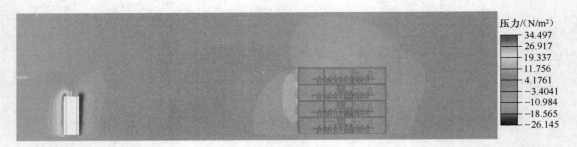

图 13-40 Z 轴中心切面的压力分布云图

取消图 13-36 中的 Show contours,勾选 Show vectors,可以对 Z 轴中心切面的速度矢量图进行后处理显示,如图 13-41 所示,可以看出,由于办公楼的窗户打开,上游来流的混合空气会进入办公楼各层的房间内。

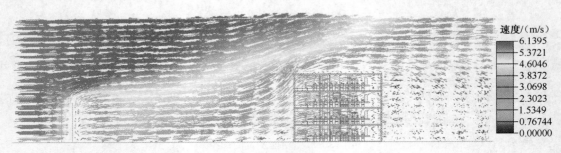

图 13-41 Z 轴中心切面的速度矢量图分布

单击体后处理命令 ,选择所有的外墙模型 waiqiang,勾选 Show contours,如图 13-42 所示,单击 Show contours 后侧的 Parameters,与图 13-37 类似,修改变量 Temperature 为 Pressure,单击 Apply,可以显示办公楼墙体的压力分布,如图 13-43 所示。

同理,修改图 13-37 中的变量为二氧化碳,可以得到办公楼墙体表面的二氧化碳质量分数分布,如图 13-44 所示。

同理,在图 13-42 中选择办公楼内房间的隔断和楼梯模型,可以显示其表面相应的二氧化碳质量分数分布,如图 13-45 所示。

在图 13-42 中,选择办公楼内所有的人体模型、桌子模型及楼梯模型,可以显示相应的二氧化碳质量分数分布,如图 13-46 所示,可以看出,第 1 层办公室内的二氧化碳浓度最低,而第 4 层办公楼内的二氧化碳浓度最高。

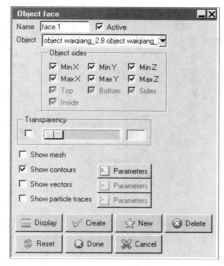

图 13—42　体后处理设置面板

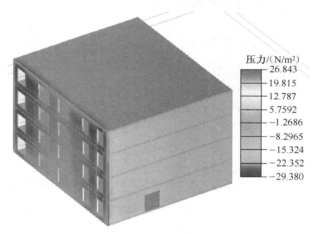

图 13—43　办公楼墙体的压力分布

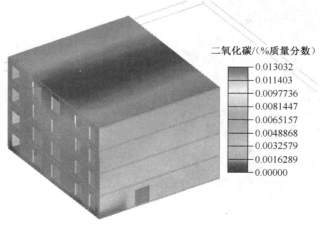

图 13—44　办公楼墙体的二氧化碳质量分数分布

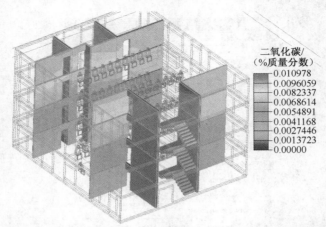

图 13—45 办公楼内隔断及楼梯表面的二氧化碳质量分数分布

图 13—46 办公楼内人体及楼梯表面的二氧化碳质量分数分布

修改相应的变量为 Benzene(mass)，可以显示苯的质量分数分布，如图 13—47 所示，可以

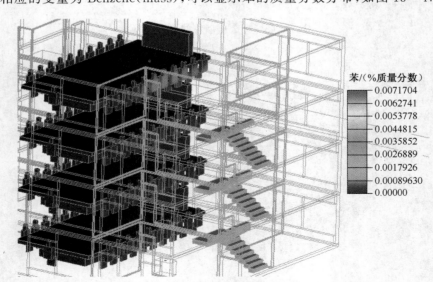

图 13—47 办公楼内人体及楼梯表面的苯质量分数分布

看出,复印机释放出的污染物苯对办公区域的污染影响比较小。由于复印机离楼梯较近,楼梯表面的苯浓度稍大。

同理,如果修改变量为一氧化碳 Carbon Monoxide(mass),也可以显示相应的质量分数分布,此处省略不计。

13.4　小　　结

本章以某办公楼为案例,讲解了在 ANSYS Icepak 中如何进行多组分气体的输运计算模拟,主要包括办公楼模型的导入及建立热模型过程、ANSYS Icepak 热模型的修补、多组分的设置、网格的划分处理、求解计算的设置、各类后处理的显示设置等;通过模拟计算,有效地预测了化工厂烟筒排出的一氧化碳、二氧化碳对室内办公人员的影响;也得到了室内复印机释放的苯在整体办公楼内的质量分数分布;同时计算得到办公楼内外的流场分布和压力分布等。

第 14 章　Maxwell 与 ANSYS Icepak 双向耦合计算

【内容提要】

　　本章使用 Maxwell 与 ANSYS Icepak 软件,对某一模型的电磁涡流效应进行了电磁一热流双向耦合模拟计算,即将导体内由于电磁场生成电流而导致的热量(涡流损耗)导入 ANSYS Icepak,而后将 ANSYS Icepak 计算的导体不均匀温度数值导入 Maxwell,计算温度对导体涡流、涡流损耗的影响。

　　首先在 Maxwell 中对模型进行了各种参数的设置并进行了相应的求解计算,其次将 Maxwell 的几何模型通过 DesignModeler 导入 ANSYS Icepak,在 ANSYS Icepak 中进行热流分析的各种设置,并进行了求解计算,最后在 ANSYS Workbench 平台下,使用 Feedback Iterator 来驱动 Maxwell 和 ANSYS Icepak 进行电磁一热流的多次自动双向耦合计算,直至耦合计算收敛。

【学习重点】
- 掌握耦合计算中,Maxwell 各个参数的相关设置;
- 掌握如何将 Maxwell 模型及计算结果导入 ANSYS Icepak;
- 掌握 ANSYS Icepak 中耦合计算的相关设置;
- 掌握使用 Feedback Iterator 的设置及应用。

14.1　Maxwell 简介及涡流现象说明

　　Maxwell 是业界最顶级的电磁场仿真分析软件,可以帮助工程师完成电磁设备与机电设备的三维/二维有限元仿真分析,例如,电机、作动器、变压器、传感器与线圈等设备的性能分析。Maxwell 使用有限元算法,可以完成静态、频域以及时域磁场与电场的仿真分析。Maxwell 最大的优势就在于其自动化的分析流程,工程师在实际应用时,只需要指定模型的几何形状、材料属性以及关键的输出参数,然后,Maxwell 可以自动生成高质量的自适应网格,自适应网格可以把工程师从繁琐的网格划分流程中解脱出来,使整个仿真分析流程简单化。

　　集成到 ANSYS Workbench 平台下的 Maxwell,可以与 ANSYS 其他产品共享几何形状、几何参数、材料属性等,用户通过鼠标的简单拖放,可以完成各个软件之间的数据传递,解决电磁一热流一结构形变等耦合分析,完成模型的多物理场耦合仿真。

　　本案例对某线圈通以交流电,使用 Maxwell 的涡流求解器(Eddy Current Solver)来计算线圈的损耗,同时计算由于电磁感应,造成另一个导体(铝)内产生的感应电流及损耗。

　　涡流:当线圈中的电流随时间变化时,由于电磁感应,附近的另一个线圈中会产生感应电流,如果用图表示这样的感应电流,看起来就像水中的旋涡,电流在导体中形成一圈一圈闭合的电流线,称为涡流(又称傅科电流)。大块的导体在磁场中运动或处在变化的磁场中,都会产生感应电动势,形成涡流。图 14—1 为涡流现象示意图。

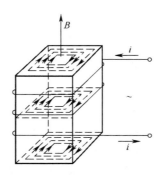

图 14-1　涡流现象示意图

在一根导体外面绕上线圈,并让线圈通入交变电流,那么线圈就产生交变磁场。由于线圈中间的导体在圆周方向可以等效成一圈一圈的闭合电路,闭合电路中的磁通量在不断发生改变,所以在导体的圆周方向会产生感应电动势和感应电流,电流的方向沿导体的圆周方向转圈,就像一圈一圈的漩涡,即涡流现象。

导体内部因涡流而导致的能量损耗称为涡流损耗。如果导体的电阻率小,则产生的涡流很强,产生的热量就很大。涡流损耗的大小与磁场的变化方式、导体的运动、导体的几何形状、导体的磁导率、导体的电导率等因素有关。

工程上冶炼合金钢的真空冶炼炉、电动机、变压器、电磁炉等均与电磁的涡流现象相关。

14.2　Maxwell 与 ANSYS Icepak 单向耦合计算

本章以 ANSYS Icepak 帮助文件 Tutorial 中第 32 个算例为模型,进行电磁-热流的耦合模拟计算。如果读者需要系统全面地学习 Maxwell,可以参考 Maxwell 的相关学习用书。

在一个 2058mm×2058mm×1043mm 的空间区域中心,放置一环形线圈(材料为铜,具体尺寸可参考学习光盘文件夹 14 中的 Maxwell 模型),距线圈下部空间 30mm 处放置一铝块(局部区域存在一个矩形缺口),如图 14-2 所示。

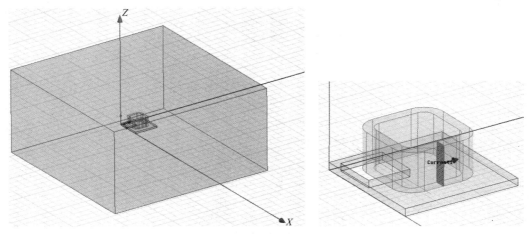

图 14-2　Maxwell 模型示意图

在图 14-2 的模型中,对线圈输入交流电,方向为逆时针方向(图 14-2 标注的方向),其有效值为 1000A(交流电有效值:在两个相同的电阻器件中,分别通过直流电和交流电,如果经过同一时间,它们发出的热量相等,那么就把此直流电的大小作为此交流电的有效值,频率为 200Hz。上述模型在 Maxwell 中进行计算,将其计算的涡流损耗传递到 ANSYS Icepak 中,然后在 ANSYS Icepak 中进行自然冷却计算。通过此单向耦合计算,可以对 Maxwell 计算的涡流损耗和导入 ANSYS Icepak 的热耗进行比较,以验证二者接口数据传递的精度。

Maxwell 与 ANSYS Icepak 的耦合计算必须通过 ANSYS Workbench 来实现,将 Maxwell 的几何模型 Geometry 导入 Geometry(DM)单元,然后将 Geometry(DM)的模型导入 ANSYS Icepak,接着将 Maxwell 的计算结果 Solution 传递给 ANSYS Icepak,然后进入 ANSYS Icepak,进行自然冷却的相关设置,接着进行求解计算,完成 Maxwell 与 ANSYS Icepak 的单向耦合计算,相应的流程图如图 14-3 所示。

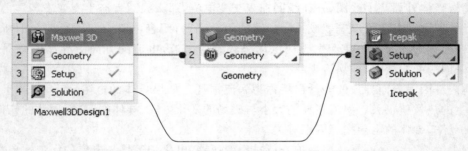

图 14-3 Maxwell 与 ANSYS Icepak 的单向耦合计算

14.2.1 Maxwell 的设置及计算

(1)启动 ANSYS Workbench 16.0 平台,单击保存,在保存面板中,浏览相应的工作目录,输入名称(如 danxiang),单击保存。

(2)单击 ANSYS Workbench 界面的 File→Import,在调出的导入面板中,浏览学习光盘文件夹 14,在导入面板中修改文件类型为 Maxwell Project File(.mxwl),单击选择 Maxwell_Icepak_Coupling—danxiang 文件,如图 14-4 所示,然后单击打开,可以将相应的 Maxwell 模型导入 ANSYS Workbench。

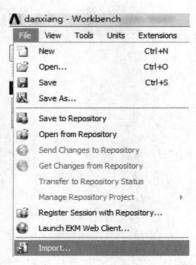

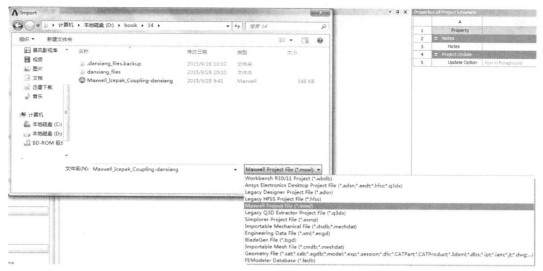

图 14—4　导入 Maxwell 模型

导入 Maxwell 模型后,ANSYS Workbench 平台下自动建立 Maxwell 单元,如图 14—5 所示。

Maxwell3DDesign1

图 14—5　Maxwell 单元

(3)双击 Maxwell 单元的 Setup(A3)项,启动 Maxwell 软件。打开 Solids 下的模型树,选择 aluminum 下的 Stock,单击右键,选择 Assign Material,可以弹出指定材料面板,如图 14—6 所示,可以查看 Stock 的材料。

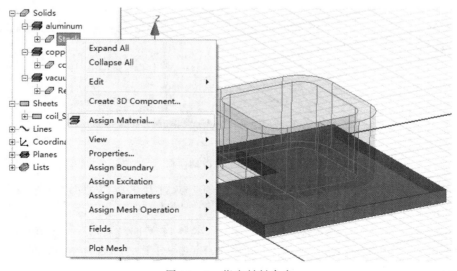

图 14—6　指定材料命令

通过图 14-7 可以发现,模型 Stock 的材料为铝,包括相对电容率、相对磁导率、材料的电导率等。同理,检查线圈 Coil 的材料(铜),完成材料属性的检查。

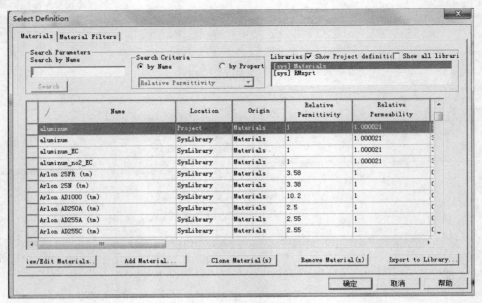

图 14-7　检查材料属性

(4)打开左侧 Project Manager 下的模型树,双击激励 Excitations 下的 Current1,调出电流激励面板,如图 14-8 所示,可以在 Value 中查看或者修改交流电的有效值,在 Value 中输入电流 1000A,单击确定,关闭电流激励面板。

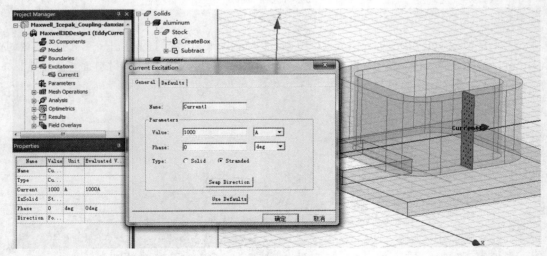

图 14-8　电流激励面板

(5)单击主菜单 Maxwell 3D,选择 Solution Type,打开求解类型面板,确认选择 Eddy Current 求解器,如图 14-9 所示。

(6)双击模型树 Analysis 下的 Setup1,打开求解设置面板,单击 General 面板,确保 Percent Error 为 0.1;单击 Convergence,确保 Refinement Per Pass 为 50%;单击 Solver 面板,确保 Adaptive Frequency 频率为 200Hz,如图 14-10 所示。

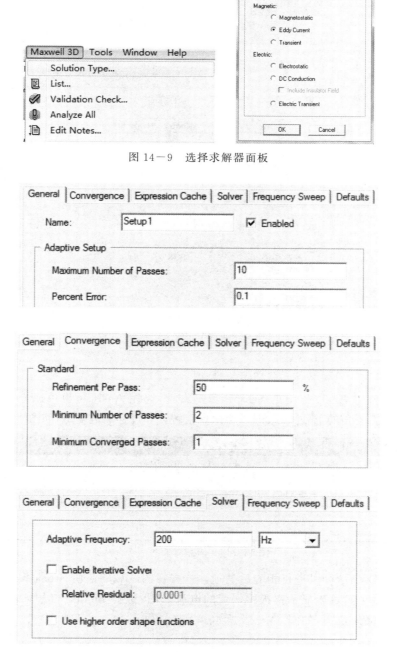

图 14—9　选择求解器面板

图 14—10　求解器参数设置面板

(7)单击主菜单 Maxwell 3D,选择 Validation Check,打开检查模型面板,如图 14—11 所示,可以通过 Message Manager 窗口查看模型的错误或者警告,单击 Close,关闭检查模型面板。

(8)单击主菜单 Maxwell 3D,选择 Analyze All,如图 14—12 所示,Maxwell 将对模型进行电磁场的求解计算。如图 14—13 所示。

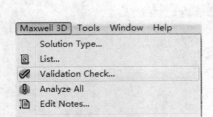
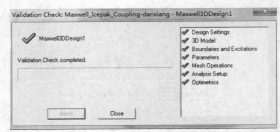

图 14—11　检查模型

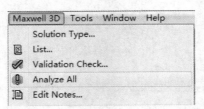

图 14—12　计算命令（一）

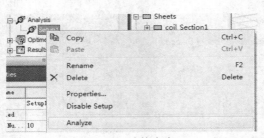

图 14—13　计算命令（二）

单击选择模型树 Analysis 下的 Setup1，单击右键，选择 Analyze，也可以进行相应的电磁计算。在 Maxwell 右下角的 Progress 面板，会出现求解计算过程的进度条，如图 14—14 所示。

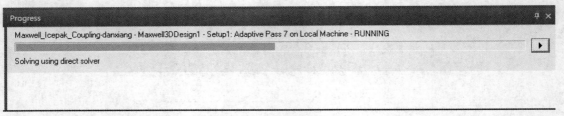

图 14—14　求解计算过程条

（9）当计算结束后，可以进行相应后处理。选择视图区域的铝块 Stock 模型，单击右键，选择 Fields→J→Mag_J，可以显示铝板中涡流的电流云图；选择 Fields→J→Vector_J，可以显示铝块中涡流的电流矢量图，如图 14—15 所示。

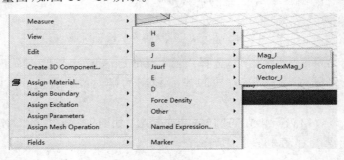

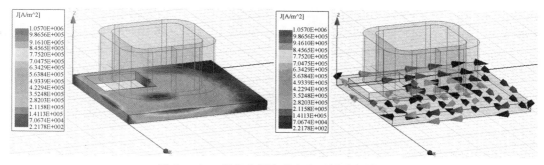

图 14—15　铝块中涡流的电流云图及矢量图

同理,选择视图区域的铝块 Stock 模型,单击右键,选择 Fields→Other→Ohmic_Loss,可以显示铝块的涡流损耗云图,如图 14—16 所示。

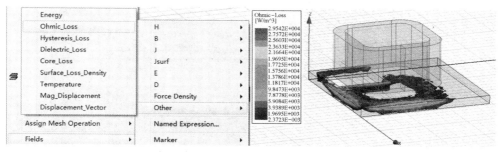

图 14—16　铝块的涡流损耗云图

单击主菜单栏 Maxwell 3D,选择 Fields→Calculator,打开计算面板,可以定量计算涡流损耗的具体数值。鼠标右键单击模型树下的 Field Overlays,在调出的面板中选择 Calculator,也可以打开计算面板,如图 14—17 所示。

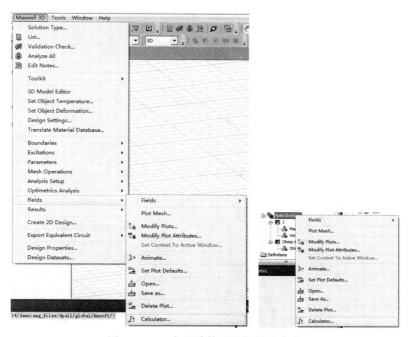

图 14—17　定量计算涡流损耗的命令

打开的定量计算面板如图 14—18 所示，在 Input 下单击 Quantity，选择 OhmicLoss，单击 Geometry，选择 Volume—Stock，在 Scalar 下选择求积分（一体化）符号 $\int$ ，在 Output 下选择 Eval，Maxwell 将自动统计铝块 Stock 的涡流损耗，从图 14—18 中可以看出，铝块的涡流损耗约为 1.175W。

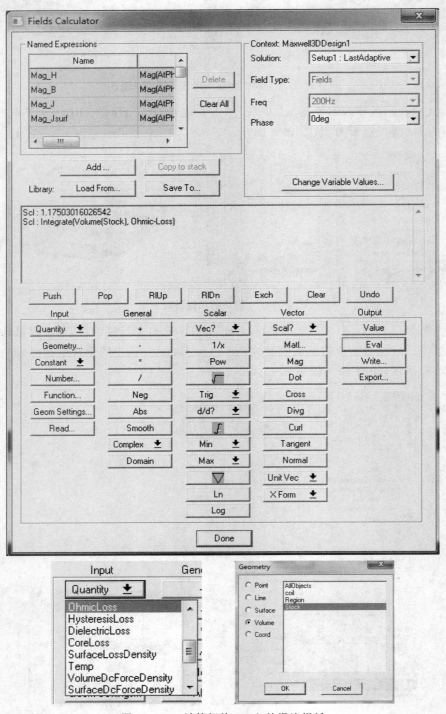

图 14—18　计算铝块 Stock 的涡流损耗

同理,可以统计线圈 coil 的损耗,约为 2.196W,如图 14－19 所示。单击保存按钮,关闭 Maxwell。

图 14－19　计算统计线圈 coil 的损耗

进入 ANSYS Workbench 平台,鼠标右键选择 Solution(A4),单击 Update,Solution 的闪电符号会更新为绿色的打勾符号,如图 14－20 所示,单击保存按钮。

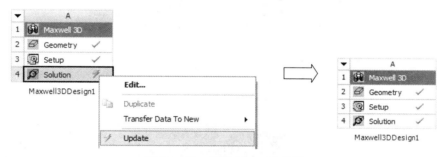

图 14－20　更新 Maxwell 单元

14.2.2　DesignModeler 的设置及更新

(1)鼠标右键选择 Maxwell 单元的 A2,在出现的面板中单击 Transfer Data To New,表示将数据传递给新的单元,在右侧出现的图形面板中选择 Geometry,表示将 Maxwell 的几何模型数据导入 Geometry(DM)单元中,如图 14－21 所示。

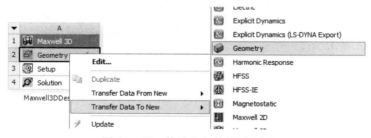

图 14－21　传递几何数据至 DM

(2)经过第 1 步后,ANSYS Workbench 平台会自动出现 Geometry(DM)单元,鼠标右键选择 Update,如图 14－22 所示。

随后 Geometry 单元的 B2 会自动变成绿色打勾的符号,如图 14－23 所示。

(3)双击图 14－23 中的 B2 项,启动 DesignModeler,单击 Generate,可以将 Maxwell 导入 DM 的模型完全生成,导入后的几何模型如图 14－24 所示。

鼠标右键选择模型树下的 coil_Section1,在调出的面板中选择 Suppress Body,将此模型抑制,如图 14－25 所示。

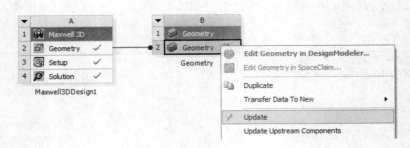

图 14—22　更新 Geometry 单元命令

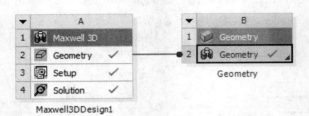

图 14—23　更新 Geometry 单元

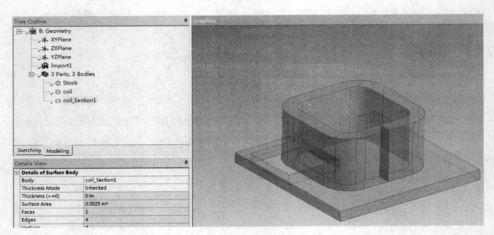

图 14—24　导入 DM 的几何模型

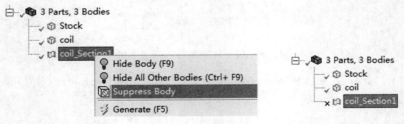

图 14—25　抑制几何模型

（4）选择 Tools→Electronics，选择 Simplify，调出转化模型面板，修改 Simplification Type 为 Level 3（CAD object），在视图区域中选择 Stock 和 coil 两个模型，然后在转化面板中，单击 Select Bodies 后的 Apply，修改 Facet Quality 为 Very Fine，单击 Generate，完成这两个模型的转化，将其转化成 ANSYS Icepak 认可的模型，如图 14—26 所示。

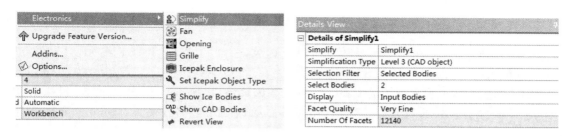

图 14-26　Simplify 转化几何模型

经过 Simplify 转化后,模型树下几何前侧的图标会有所变化,如图 14-27 所示,保存项目,关闭 DM 软件。

图 14-27　模型转化前后图标的变化

(5)在 ANSYS Workbench 平台下,鼠标右键选择 B2,然后选择 Transfer Data To New,在调出的面板中选择 Icepak,ANSYS Workbench 会自动将 Geometry 的几何模型导入 ANSYS Icepak 单元。

另外,鼠标左键选择 Maxwell 单元的 A4(Solution),拖动其至 ANSYS Icepak 单元的 C2 (Setup),可以将 Maxwell 计算的损耗数值传递给 ANSYS Icepak,如图 14-28 所示。

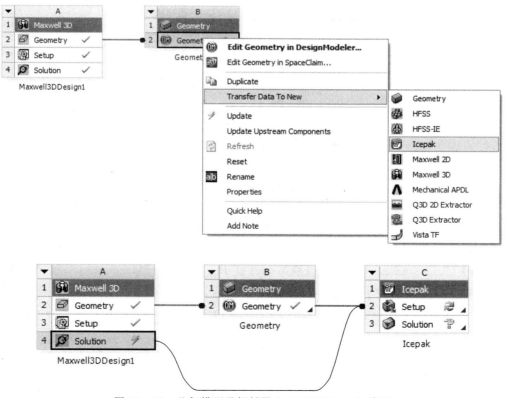

图 14-28　几何模型及损耗导入 ANSYS Icepak 单元

14.2.3　ANSYS Icepak 的设置及计算

（1）双击图 14－28 中的 Icepak 单元的 C2 选项，启动 ANSYS Icepak 单元，可以发现，Maxwell 的模型自动进入 ANSYS Icepak 单元。

（2）双击左侧区域模型树下的 Cabinet，打开其编辑窗口，单击 Geometry 面板，按照图 14－29 所示，修改计算区域的大小。单击 Properties，修改 Min z、Max z 为 Opening 开口，单击 Done，完成参数的输入。

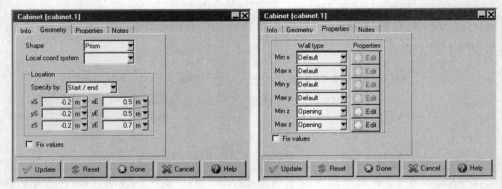

图 14－29　修改计算区域大小及属性

（3）双击模型树下的 coil，打开线圈的编辑面板，在 Solid material 中，修改其材料为 Cu－Pure 纯铜，如图 14－30 所示。

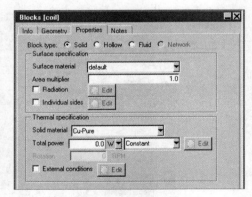

图 14－30　修改线圈的材料

Stock 的材料为铝，而 ANSYS Icepak 默认的材料也为铝，因此不需要重复修改，保持 Stock 属性面板中 Solid material 为 default。

（4）打开 Basic parameters，在辐射换热下选择 Ray tracing radiation model，选择流态 Flow regime 为 Turbulent 湍流，勾选 Gravity vector，在 Z 中输入－9.8，其他 X、Y 为 0；单击 Defaults 面板，默认环境温度为 20℃；单击 Transient Setup 面板，在 Z velocity 中输入 0.15m/s，如图 14－31 所示。

打开 Basic settings，修改迭代步数为 300 步，单击 Accept。单击 Advanced settings，保持 Precision 为 Double 双精度，单击 Accept。

（5）单击主菜单栏 File→EM Mapping，选择 Volumetric heat losses，打开体积热耗导入面

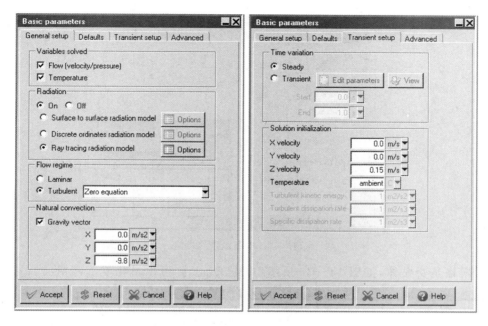

图 14－31　基本参数的修改

板,勾选左侧的 Stock、coil,保持默认的 Solution ID 和 Frequency(Hz),不勾选 Temperature feedback,单击 Accept。Message 窗口将出现"Importing upstream EM data",表示导入电磁计算的热耗数据,如图 14－32。

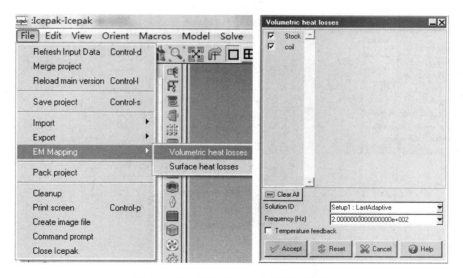

图 14－32　导入 Maxwell 计算的损耗

　　(6)选择模型树下的 Stock 和 coil 模型,单击右键,选择 Set meshing levels,打开多级网格级数设置面板,在其中输入 3,如图 14－33 所示,单击 Done。

　　单击划分网格按钮,打开网格划分面板,按照图 14－34 所示,修改网格控制面板,单击 Generate,进行网格划分,总网格数量为 75534,单击 Display,可以检查、显示模型的网

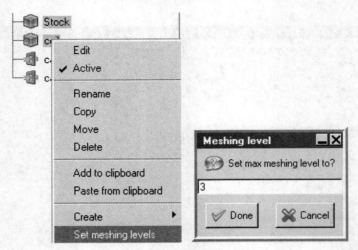

图 14—33　多级级数的设定

格,查看网格是否贴体,如图 14－35 所示,单击 Quality,可以量化显示网格的质量。

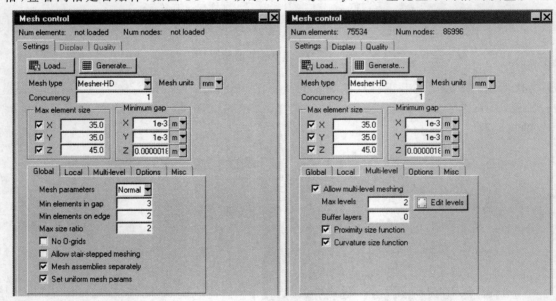

图 14—34　网格划分面板

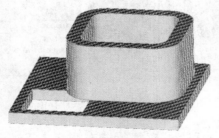

图 14—35　网格的贴体显示

(7)选择模型树下的 Stock,直接拖动至 Points,建立温度的监测点。

单击计算按钮,打开求解面板,直接单击 Start solution,ANSYS Icepak 将启动 Fluent 求解器进行计算。在计算过程中,Fluent 求解器会显示读入的热耗数值,如图 14—36 所示。经过 73 的迭代计算,求解完全收敛,其残差曲线和温度监控点曲线如图 14—37 所示。

```
> (if (err-protect (%assign-averaged-em-loss '(8 10) "fluent-

Data assigned to selected Fluent cell zones ...

        Total loss on zone      8 is  1.175e+00 (Watt)
        Total loss on zone     10 is  2.196e+00 (Watt)

        Total loss is :  3.3710e+00 (Watt)
"Ok"
```

图 14—36　Fluent 求解器读入热耗

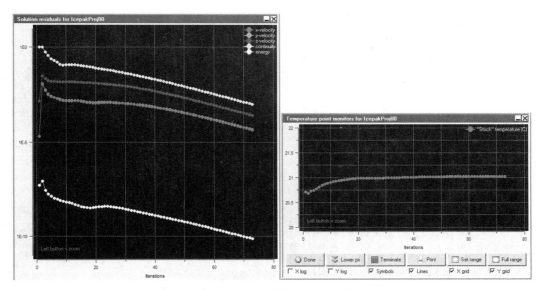

图 14—37　残差曲线及监控点曲线

　　(8)单击后处理命令 Plane cut,打开切面后处理命令,在面板中,修改 Set position 为 Y plane through center,勾选 Show contours 可以显示切面的温度云图;勾选 Show vectors 可以显示切面的速度矢量图,如图 14—38 所示。

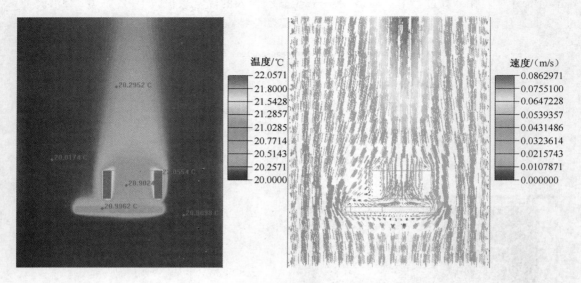

图 14－38　切面温度云图及速度矢量图显示

单击体后处理命令 Object face，可以显示铝块 Stock 和线圈 coil 的温度云图分布，如图 14－39 所示。

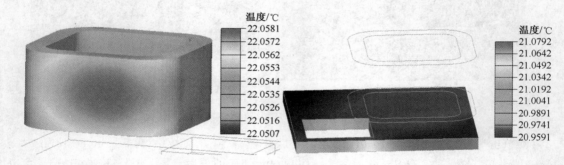

图 14－39　Stock 和 coil 的温度云图分布

在模型树下选择 Stock 和 coil，单击右键选择 Summary report，然后选择 Separate，如图 14－40 所示，打开 Define summary report 面板，修改图中 Value 的变量为 Heat flow，表示统计所选器件的热耗。单击图 14－40 中的 Write，ANSYS Icepak 将输出 Stock 和 coil 参与计算的热耗数值，如图 14－41 所示。

比较图 14－18、图 14－19、图 14－41，可以发现，Maxwell 计算的损耗数值与 ANSYS Icepak 中参与计算的热耗数值基本完全相同（二者数值的偏差主要是由于网格不同导致），足以说明，通过 ANSYS Workbench 平台，可以使用 Maxwell 与 ANSYS Icepak 对模型进行电磁－热流的精确耦合模拟计算。

进入 ANSYS Workbench 平台，单击 File→Save as，在调出的面板中输入 shuangxiang（将此模型保存为另一个模型，为后续 Maxwell 和 ANSYS Icepak 的双向耦合计算做准备），单击保存，然后关闭 ANSYS Workbench 平台。

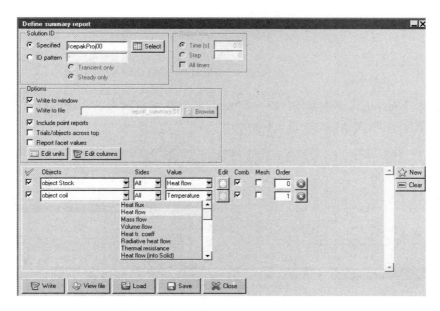

图 14—40　打开 Summary report 面板

Object	Section	Sides	Value	Total	Area/volume	Mesh
Stock	All	All	Heat flow (W)	1.17502	0.180096 m2	Full
coil	All	All	Heat flow (W)	2.19591	0.15882 m2	Full

图 14—41　定量统计器件的热耗数值

14.3　Maxwell 与 ANSYS Icepak 双向耦合计算

本节在 14.2 节模型的基础上,使用 Maxwell 和 ANSYS Icepak 进行电磁—热流的双向耦合模拟计算。

(1)启动 ANSYS Workbench,打开 14.2 节最后保存的 shuangxiang 项目模型。

(2)双击 Maxwell 的 Setup(A3)项,启动 Maxwell。

(3)打开 Solids 下的模型树,选择 Stock,单击右键,选择 Assign Material,如图 14—42 所示,打开指定材料的面板。

图 14—42   指定材料命令

打开的材料选择定义面板如图 14—43 所示,单击左下角区域的 View/Edit Materials,打开材料属性查看/编辑面板,如图 14—44 所示。

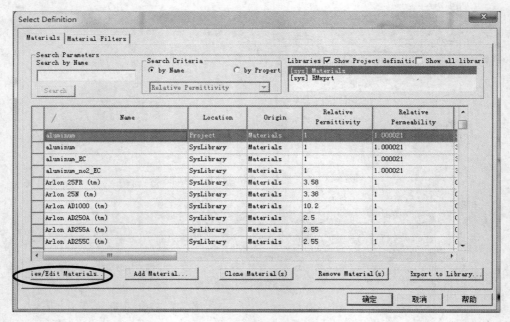

图 14—43   材料选择定义面板

在图 14—44 中,勾选 View/Edit Modifier for 下的 Thermal Modifier,单击选择 Bulk Conductivity,然后单击右侧 Thermal Modifier 列下的 None,单击下拉菜单,选择 Edit,打开 Edit Thermal Modifier 面板,此面板主要是将材料的电导率设置为温度的函数。

在图 14—44 中,单击选择 Quadratic 选项,在 Parameters 面板中,在 C1 中输入 -0.005263,单击 Edit Thermal Modifier 面板的确定,单击 View/Edit Materials 面板的 OK,完成材料电导率随温度变化的函数设置。

同理,打开线圈 coil 的材料指定面板,单击面板中 View/Edit Materials,勾选 Thermal Modifier,单击选择 Bulk Conductivity,然后单击右侧 Thermal Modifier 列的下拉菜单,选择 Edit,打开 Edit Thermal Modifier 面板,如图 14—45 所示,在 C1 中输入 -0.004926,单击确定。

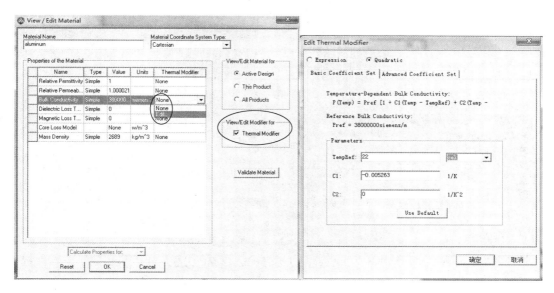

图 14—44　材料电导率随温度变化的设置面板

图 14—45　设置铜的电导率随温度进行变化

（4）选择主菜单 Maxwell 3D→Set Object Temperature，打开 Temperature of Objects 面板，如图 14—46 所示，在温度反馈面板中，勾选 Include Temperature Dependence 选项和 Enable Feedback 选项，其他保持默认，单击 OK。

关闭 Maxwell 软件。

（5）双击 ANSYS Icepak 单元的 Setup 选项，启动软件。单击 File→EM Mapping→VolumetricHeat losses，打开导入体积热损耗的面板，如图 14—47 所示，勾选 Temperature feedback，即允许将 ANSYS Icepak 计算的温度数值反馈给 Maxwell，单击 Accept。

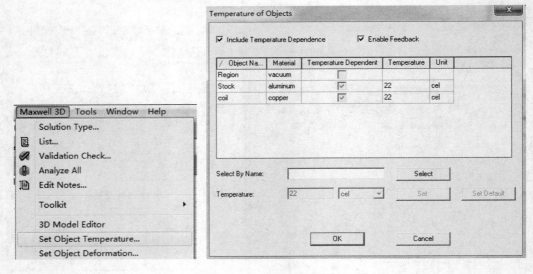

图 14-46　设置温度反馈

关闭 ANSYS Icepak 软件。

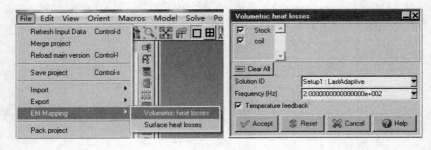

图 14-47　导入热损耗面板

（6）进入 ANSYS Workbench 平台，选择 Maxwell 单元的 Setup 项，单击右键，选择 Transfer Data To New，选择 Feedback Iterator，建立 Feedback Iterator 反馈迭代单元，相应地，Maxwell 单元和 ANSYS Icepak 单元的图标有所变化，如图 14-48 所示。

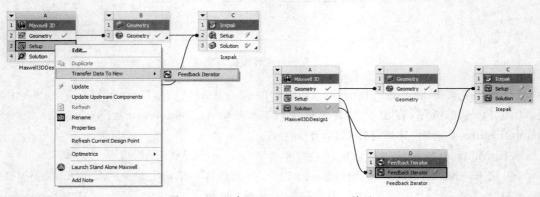

图 14-48　建立 Feedback Iterator 单元

　　单击 Feedback Iterator 单元的第二项,打开其属性设置面板,如图 14－49 所示,修改 Max Iterations 为 5,即最多进行 5 次自动耦合迭代计算。对于 Maxwell 与 ANSYS Icepak 的双向耦合计算,可以使用温度的变化量来衡量耦合计算是否收敛,在 Temperature Convergence 中,保持 Target Delta Temperature％为 5,即温度改变量小于 5％时,迭代耦合计算收敛,其他保持默认设置。

	A	B
	Property	Value
2	□　General	
3	Component ID	FeedbackIterator
4	Directory Name	FeedbackIteratorComponent
5	□　Notes	
6	Notes	
7	□　Used Licenses	
8	Last Update Used Licenses	
9	□　Iterations	
10	Iterations Completed	0
11	Max Iterations	5
12	□　Callback	
13	Script	
14	□　Temperature Convergence	
15	Target Delta Temperature %	5
16	Latest Delta Temperature %	Not Available
17	□　Displacement Convergence	
18	Target Delta Displacement %	5
19	Latest Delta Displacement %	Not Available

Properties of Schematic D2: Feedback Iterator

图 14－49　Feedback Iterator 属性设置面板

　　(7)鼠标右键选择 Feedback Iterator,单击 Update,如图 14－50 所示,Feedback Iterator 会自动驱动 Maxwell 和 ANSYS Icepak 进行迭代耦合计算。

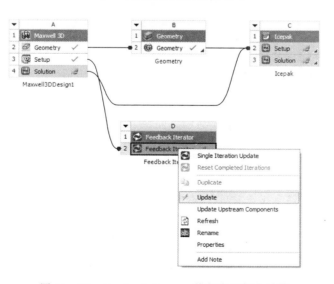

图 14－50　Feedback Iterator 执行自动耦合计算

　　在 ANSYS Workbench 平台的 Progress 过程进程窗口,可以查看 Maxwell 和 ANSYS Icepak 进行耦合的迭代步数及相应的进程,如图 14－51 所示。

Progress			
	A	B	C
1	Status	Details	Progress
2	Updating Maxwell3DDesign1/Solution [Iteration #1 of Max 5]	Analysis progress: Solved = 0 Solving = 1 Remaining = 0 Maxwell_Icepak_Coupling-danxiang - Maxwell3DDesign1 - Setup1: Adaptive Pass 8 on Local Machine - RUNNING[progress: 36%]	

Progress			
	A	B	C
1	Status	Details	Progress
2	Updating Maxwell3DDesign1/Solution [Iteration #3 of Max 5]	Analysis progress: Solved = 0 Solving = 1 Remaining = 0 Maxwell_Icepak_Coupling-danxiang - Maxwell3DDesign1 - Setup1: Adaptive Pass 8, with temperature data on Local Machine - RUNNING[progress: 40%]	

Progress			
	A	B	C
1	Status	Details	Progress
2	Updating Icepak/Setup [Iteration #1 of Max 5]	Updating Icepak/Setup [Iteration #1 of Max 5]	

Progress			
	A	B	C
1	Status	Details	Progress
2	Updating Icepak/Setup [Iteration #3 of Max 5]	Updating Icepak/Setup [Iteration #3 of Max 5]	

图 14-51 自动迭代耦合计算的进程

图 14-52 为 ANSYS Icepak 计算时,不同迭代次数中 Fluent 求解器加载的损耗,可以看出,每次加载的损耗是不同的。第 1 次 Maxwell 计算的损耗进入 ANSYS Icepak,然后在 ANSYS Icepak 中进行热流计算,得到温度分布,然后线圈和铝块的温度反馈到 Maxwell 中,进而影响线圈和铝块不同区域的电导率(不同温度下材料的电导率不同),势必会影响线圈和铝块的电阻,导致 Maxwell 计算的热损耗有所改变。当 Maxwell 计算的热损耗重新进入 ANSYS Icepak,ANSYS Icepak 会重新计算热流分布,由于热损耗不同,计算的热流必然不同。

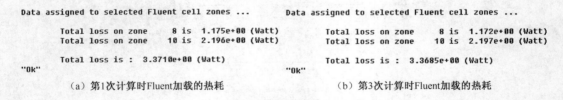

```
Data assigned to selected Fluent cell zones ...        Data assigned to selected Fluent cell zones ...

       Total loss on zone      8 is  1.175e+00 (Watt)          Total loss on zone      8 is  1.172e+00 (Watt)
       Total loss on zone     10 is  2.196e+00 (Watt)          Total loss on zone     10 is  2.197e+00 (Watt)

       Total loss is :  3.3710e+00 (Watt)                      Total loss is :  3.3685e+00 (Watt)
"Ok"                                                   "Ok"
```

　　(a) 第1次计算时Fluent加载的热耗　　　　　　(b) 第3次计算时Fluent加载的热耗

图 14-52 Fluent 求解器加载的热耗

在图 14-49 中设置了 Maxwell 和 ANSYS Icepak 进行电磁-热流迭代耦合计算的收敛标准。

当 Feedback Iterator 驱动迭代耦合进行第 3 次计算后,计算收敛停止。在 Feedback 的属性面板中,Iterations Completed 自动改变为 3,表示计算收敛时迭代次数为 3;Latest Delta Temperature% 变为 0.001,即最近的温度改变量,由此可见,Maxwell 与 ANSYS Icepak 的双向耦合迭代计算完全收敛,如图 14-53 所示。

(8) 在 Maxwell 的后处理中,可以查看铝块的温度分布,可以看出铝块的温度分布不均匀;对比 ANSYS Icepak 中铝块的温度分布,可以发现,二者的温度分布数值几乎相同,如图 14-54 所示,这主要是 ANSYS Icepak 将计算的温度反馈至 Maxwell 所导致的结果。

	A	B
	Property	Value
1		
2	☐ General	
3	Component ID	FeedbackIterator
4	Directory Name	FeedbackIteratorComponent
5	☐ Notes	
6	Notes	
7	☐ Used Licenses	
8	Last Update Used Licenses	Not Applicable
9	☐ Iterations	
10	Iterations Completed	3
11	Max Iterations	5
12	☐ Callback	
13	Script	
14	☐ Temperature Convergence	
15	Target Delta Temperature %	5
16	Latest Delta Temperature %	0.001
17	☐ Displacement Convergence	
18	Target Delta Displacement %	5
19	Latest Delta Displacement %	Not Available

图 14-53　耦合计算完全收敛

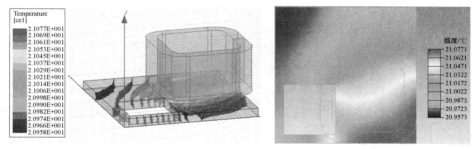

图 14-54　不同软件中铝块的温度分布比较

使用 14.2.1 节中第 9 步的方法,在 Maxwell 中统计线圈和铝块的损耗,其计算结果如图 14-55 所示。将其与图 14-18、图 14-19 相比较,可以发现,线圈和铝块中的热耗有所不同,这主要是由于热流影响电磁所导致的结果。

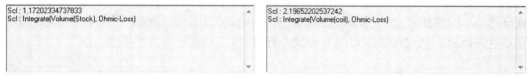

（a）计算的铝块热耗　　　　　　　　　　（b）计算的热圈热耗

图 14-55　Maxwell 计算的热耗

使用 14.2.3 节中第 8 步的方法,在 ANSYS Icepak 中统计线圈和铝块的损耗,其统计结果如图 14-56 所示。对比图 14-55 和图 14-56,可以发现,Maxwell 计算的热耗和 ANSYS Icepak 参与计算的热耗完全相同。

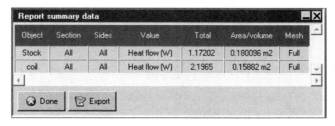

图 14-56　ANSYS Icepak 统计的热耗

进入 ANSYS Workbench，可以发现，双向耦合计算流程图中 Maxwell、Geometry、ANSYS Icepak 及 Feedback Iterator 4 个单元各项均变成绿色的打勾符号，如图 14—57 所示，表示 Maxwell 和 ANSYS Icepak 的双向耦合计算完成。

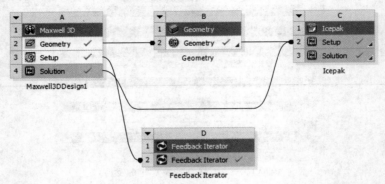

图 14—57　电磁—热流双向耦合流程图

关闭 ANSYS Workbench。

14.4　小　　结

本章主要是讲解了如何使用 Maxwell 与 ANSYS Icepak 软件进行电磁—热流的耦合模拟计算。

首先使用 Maxwell 对模型的电磁涡流效应进行了计算，然后将导体内的热耗（涡流损耗）导入 ANSYS Icepak，进行了热流计算，通过后处理证实了二者之间传递数据的精确性，完成了 Maxwell 与 ANSYS Icepak 的单项耦合计算。

随后在 ANSYS Workbench 平台下，先将 Maxwell 计算的损耗导入 ANSYS Icepak，然后在 ANSYS Icepak 中进行热流计算，接着将计算的导体不均匀温度分布导入 Maxwell，计算温度对导体涡流、涡流损耗的影响；最后使用 Feedback Iterator 来驱动 Maxwell 和 ANSYS Icepak 进行电磁—热流的多次自动双向耦合计算，直至耦合计算完全收敛。

第15章 HFSS 与 ANSYS Icepak 单向耦合计算

【内容提要】

本章使用 HFSS 与 ANSYS Icepak 软件,对微波电路中常用的混合环进行了电磁—热流的耦合模拟计算。

首先在 HFSS 中对混合环模型进行各种参数的设置,并对混合环进行电磁模拟计算,得到带状线介质层的体积热耗和带状线金属层的表面热耗;其次将 HFSS 的几何模型通过 DesignModeler 导入 ANSYS Icepak,在 ANSYS Workbench 平台下,将 HFSS 计算的损耗导入 ANSYS Icepak,并进行各类设置求解计算,得到混合环的热流分布,完成了电磁—热流的单向耦合计算,最后对 HFSS 计算的热耗和 ANSYS Icepak 参与计算的热耗进行定量比较。

【学习重点】

• 掌握如何将 HFSS 模型及计算结果导入 ANSYS Icepak;
• 掌握 ANSYS Icepak 中耦合计算的相关设置。

15.1 混合环现象及 HFSS 简介

混合环:微波电路中常使用混合环结构来实现能量的耦合,根据混合环的不同结构,实现端口之间的相互隔离、功率分配等作用。

混合环的工作原理示意图如图 15—1 所示,其中 λ_{p0} 为混合环工作频带中心频率对应的信号波长。

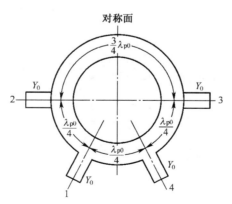

图 15—1　混合环工作原理示意图

当端口 1 输入信号时,到达端口 2 的两路信号等幅同相,端口 2 有输出,相位滞后 $90°$;达到端口 3 的两路信号等幅反相,端口 3 无输出;达到端口 4 的两路信号等幅同相,端口 4 有输出,相位滞后 $90°$。其中端口 2 和端口 4 输出振幅相同。

当端口 2 输入信号时,到达端口 1 的两路信号等幅同相,端口 1 有输出,相位滞后 $90°$;到达端口 3 的两路信号等幅同相,端口 3 有输出,相位滞后 70°;到达端口 4 的两路信号等幅反相,端口 4 无输出。其中端口 1 和端口 3 输出振幅相同。

当端口 3 输入信号时,到达端口 1 的两路信号等幅反相,端口 1 无输出;到达端口 2 的两路信号等幅同相,端口 2 有输出,相位滞后 270°;到达端口 4 的两路信号等幅同相,端口 4 有输出,相位滞后 90°。其中端口 2 和端口 4 输出振幅相同。

当端口 4 输入信号时,到达端口 1 的两路信号等幅同相,端口 1 有输出,相位滞后 90°;到达端口 2 的两路信号等幅反相,端口 2 无输出;到达端口 3 的两路信号等幅同相,端口 3 有输出,相位滞后 90°。其中端口 1 和端口 3 输出振幅相同。

趋肤效应,亦称为"集肤效应",当交变电流通过导体时,由于感应作用引起导体截面上电流分布不均匀,越接近导体表面,相应的电流密度越大,这种现象称"趋肤效应"。当频率很高的电流通过导线时,可以认为电流只在导线薄薄的表面层中流过,因此在本章的案例中,HFSS 可以计算得到带状线金属层模型(铜层)的表面损耗和带状线介质层模型的体积损耗。

HFSS 是 ANSYS 公司推出的三维电磁仿真软件,是世界上第一个商业化的三维电磁场仿真软件,HFSS 提供了简洁直观的用户设计界面、精确自适应的场解器等,其仿真精度高、计算速度快、操作方便易用,成为业界公认的电磁场设计分析工业标准。由 HFSS 和 Ansoft Designer 构成的高频解决方案,是目前唯一以物理原型为基础的高频设计解决方案,提供了从系统到电路直至部件级的快速而精确的设计手段,覆盖了高频设计的所有环节。

15.2 HFSS 与 ANSYS Icepak 单向耦合计算

本节以 ANSYS Icepak 帮助文件 Tutorial 中第 33 个算例为模型,进行电磁—热流的耦合模拟计算。如果读者需要系统全面地学习 HFSS,可以参考 HFSS 的相关学习用书。

使用 ANSYS 公司的电磁仿真软件 HFSS 对某个混合环模型进行电磁仿真计算,混合环模型示意图如图 15-2 所示。

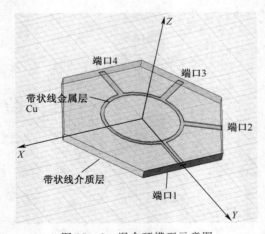

图 15-2 混合环模型示意图

在图 15-2 中,六边形的几何为带状线介质层模型,厚度为 2.286mm,各个端口的特性阻抗为 50Ω,求解频率 4GHz,相对介电常数 2.33,介质损耗正切为 0.000429;带状线金属层材料为铜,厚度为 0.254mm,端口 1 的输入电压为 100V。

将上述模型在 HFSS 中进行电磁计算,将其计算的带状线金属层模型表面损耗和带状线介质层模型的体积损耗通过 ANSYS Workbench 传递给 ANSYS Icepak,然后在 ANSYS Icepak 中进行强迫风冷计算,完成单向耦合计算,最后对 HFSS 计算的热耗和 ANSYS Icepak 内参与计算的热耗进行了比较,验证了二者数据传递的精度。

HFSS 与 ANSYS Icepak 的耦合计算流程图如图 15－3 所示。

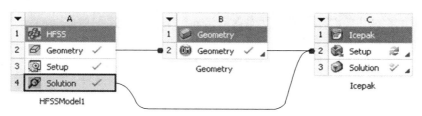

图 15－3　HFSS 与 ANSYS Icepak 的单向耦合计算流程图

15.2.1　HFSS 的设置及计算

(1)启动 ANSYS Workbench 16.0 平台,单击 ANSYS Workbench 界面的 File→Restore Archive,在调出的面板中,首先浏览学习光盘文件夹 15,选择 HFSS－Icepak. wbpz 文件,如图 15－4 所示,可以恢复存档的模型。

图 15－4　Restore Archive 命令及文件选择

单击图 15-4 中的打开,ANSYS Workbench 将跳出另存为面板,如图 15-5 所示,选择合适的工作目录,单击保存,可以将以前存档的模型重新保存为 ANSYS Workbench 认可的项目。

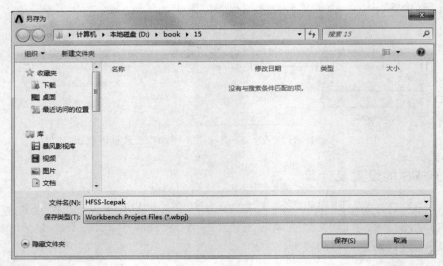

图 15-5　保存模型

至此,可以在 ANSYS Workbench 平台下看到建立的 HFSS 单元,如图 15-6 所示,单击保存。

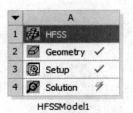

HFSSModel1

图 15-6　HFSS 单元

(2)双击 HFSS 单元的 Setup(A3)项,启动打开 HFSS 软件。

打开 Solids 下的模型树,选择 Copper 下的 Outer1,可以在视图区域中查看模型;单击右键,选择 Assign Material,可以检查带状线金属层的材料,如图 15-7 所示;同理,可以选择 Substrate,可以查看带状线介质层模型和材料。

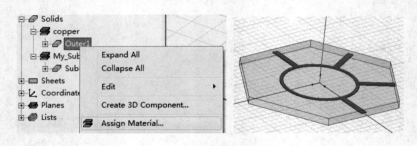

图 15-7　查看模型及材料

打开图 15-7 中 Sheets 的模型树,可以查看建立的 4 个端口,如图 15-8 所示,可以在端口处设置相应的激励。

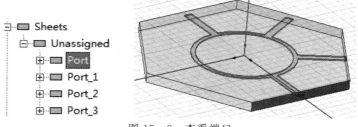

图 15-8　查看端口

（3）单击主菜单 HFSS→Solution Type，打开求解类型的面板，如图 15-9 所示，选择 Terminal，单击 OK。

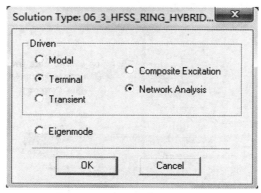

图 15-9　查看模型及材料

（4）在 Sheets 下选择 Port，或者直接在模型树下选择端口 1（可以从图 15-2 中查看），单击右键，选择 Assign Excitation→Wave Port，如图 15-10 所示。

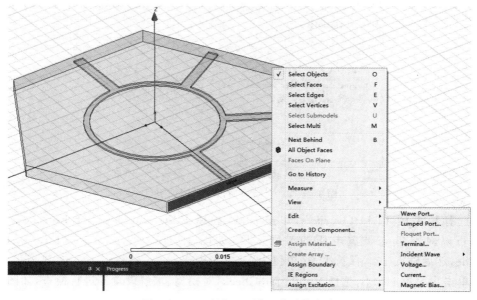

图 15-10　对端口 1 设置激励的命令

　　HFSS 会自动调出 Reference Conductors for Terminals 面板，在 Port Name 中输入 duankou1，对端口的激励进行命名，如图 15－11 所示，单击 OK。同时，在左侧 Excitations 激励模型树下，自动出现激励 duankou1。

　　同理，依次对其他 3 个端口设置激励，按照图 15－2 的标注，对它们依次并命名为 duankou2、duankou3、duankou4。

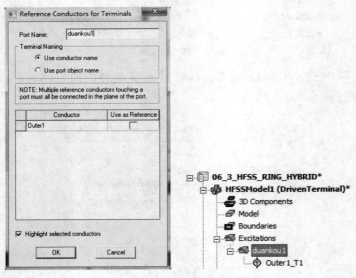

图 15－11　对端口激励进行命名

　　(5)打开左侧 Excitations 激励模型树下 duankou1，其模型树下出现 Outer1_T1(如图 15－11)，双击 Outer1_T1，打开端口面板，如图 15－12 所示，在 Resistance 中输入 50Ω。同理，依次对其他端口输入 50Ω 的特性阻抗。

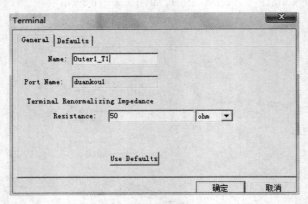

图 15－12　对端口面板输入特性阻抗

　　(6)选择模型树 Field Overlays，单击右键，选择 Edit Sources，打开 Edit post process sources，可以对端口 1 设置电压的激励幅度，如图 15－13 所示，单击 Outer1_T1 行的 Magnitude，然后输入 100，保持 Unit 单位为 V，单击确定。

　　(7)单击主菜单 HFSS，选择 Validation Check，对模型、求解设置等进行检查，如图 15－14 所示，单击 Close，关闭检查面板。

　　(8)单击主菜单 HFSS，选择 Analyze All，如图 15－15 所示，对混合环的电磁特性进行求

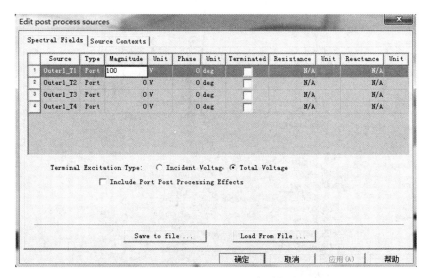

图 15－13　设置电压的激励幅度

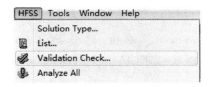

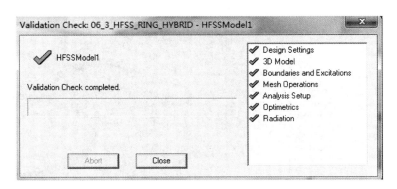

图 15－14　检查模型面板

解计算。

　　打开左侧模型树 Analysis,选择 Setup1,单击右键,选择 Analyze,也可以执行求解计算的

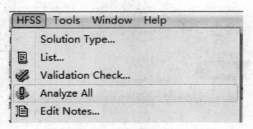

图 15－15　求解计算命令（一）

命令，如图 15－16 所示。

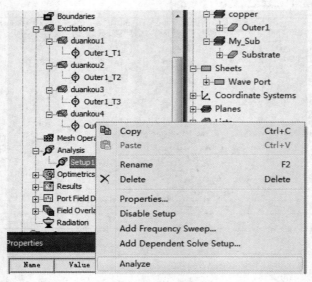

图 15－16　求解计算命令（二）

（9）选择 Copper 下的 Outer1，单击右键，选择 Plot Fields→Other→Surface_Loss_Density，单出 Create Field Plot 面板，如图 15－17 所示，单击 Done，可以显示带状线金属层的表面热流密度。

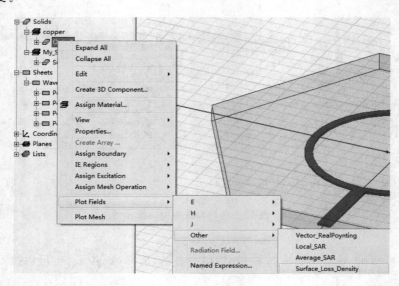

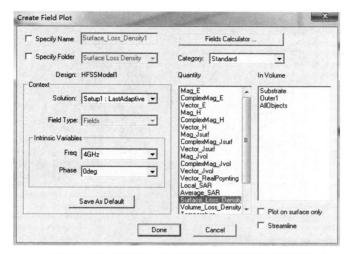

图 15—17　带状线金属层表面热流密度的后处理操作

图 15—18 为带状线金属层的表面热流密度分布云图。

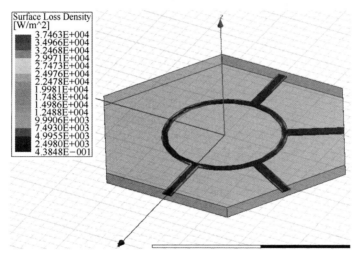

图 15—18　带状线金属层表面热流密度云图

选择 My_Sub 下介质模型 Substrate，单击右键，选择 Plot Fields→Other→Volume_Loss_Density，弹出 Create Field Plot 面板，如图 15—19 所示，单击 Done，可以显示带状线介质层的体积热流密度。

图 15—20 为带状线介质层的体积热流密度分布云图。

在图 15—20 的图例中单击右键，选择 Modify，可以打开图例参数的属性面板，单击 Scale 面板，修改 Linear 为 Log，单击 Close，可以将体积热流密度的云图以对数形式进行显示，如图 15—21 所示。

鼠标右键选择模型树下 Field Overlays→Calculator，打开定量计算器面板，如图 15—22 所示。

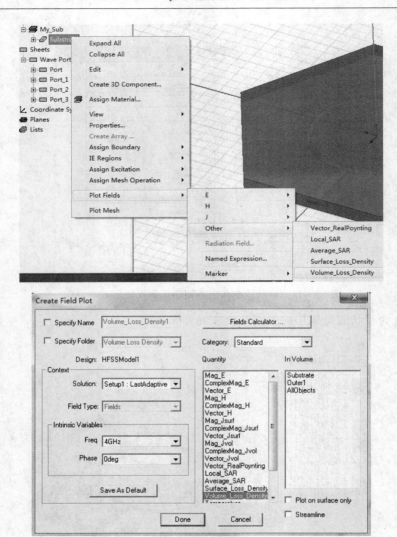

图 15—19 体热流密度的后处理操作

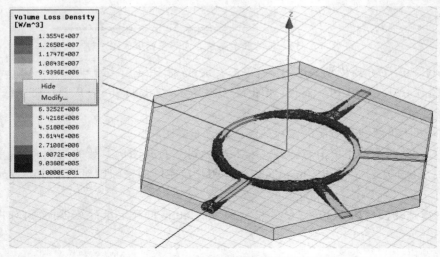

图 15—20 带状线介质层体积热流密度分布云图(一)

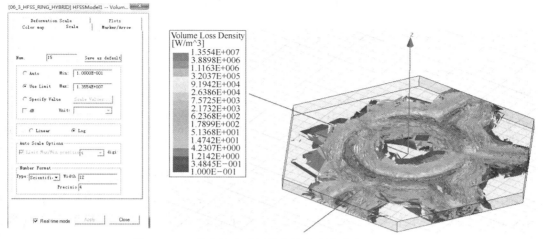

图 15－21　带状线介质层体积热流密度分布云图(二)

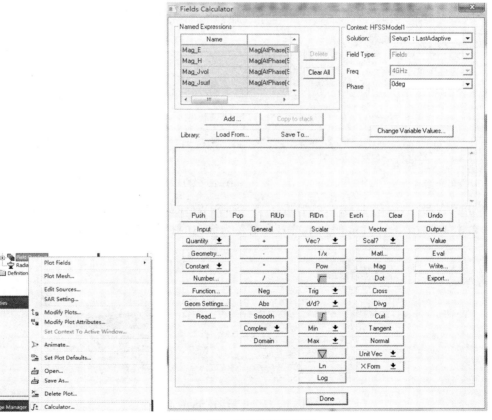

图 15－22　定量计算器面板

　　在计算器面板中,单击 Quantity,打开其下拉菜单,选择 SurfaceLossDensity,单击 Geometry,打开几何选择面板,单击 Surface,然后在右侧选择 Outer1,单击 OK,如图 15－23 所示。单击图 15－22 中的求积分的符号 ⎿ ∫ ⏌ ,最后单击 Output 列中的估算符号 ⎿ Eval ⏌ ,在计算器面板的空白窗口中,将统计带状线金属层的表面热耗总值,热耗数值约为 0.70297W,如图 15-24 所示。单击图 15-24 中的 Clear,可以清空窗口。

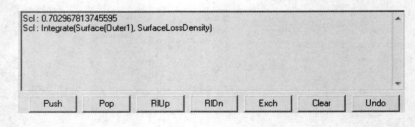

图 15-23   几何选择面板(一)   图 15-24   金属层表面热耗值

在图 15-22 的计算器面板中,单击 Quantity,打开其下拉菜单,选择 VolumeLossDensity,单击 Geometry,打开几何选择面板,单击 Volume,然后在右侧选择 Substrate,单击 OK,如图 15-25 所示。单击图 15-22 中的求积分的符号 ◻◻◻◻ ∫ ◻◻◻◻,最后单击 Output 列中的估算符号 ◻◻◻ Eval ◻◻◻,在计算器面板的空白窗口中,将统计带状线介质层的体积热耗总值,热耗数值约为 0.2426W,如图 15-26 所示,单击 Done,可以关闭计算器面板。

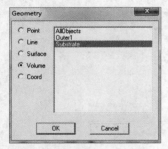

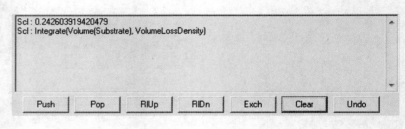

图 15-25   几何选择面板(二)   图 15-26   介质层体积热耗值

单击保存命令,关闭 HFSS,然后进入 ANSYS Workbench 平台,鼠标右键选择 Solution (A4),单击 Update,Solution 的闪电符号会更新为绿色的打勾符号,如图 15-27 所示。

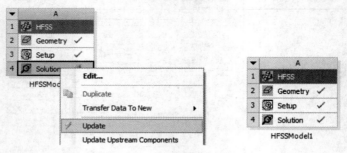

图 15-27   更新 HFSS 单元

15.2.2   DesignModeler 的设置及更新

(1)鼠标右键选择 A2,在出现的面板中单击 Transfer Data To New,表示将数据传递给新的单元,在右侧出现的图形面板中选择 Geometry,表示将 HFSS 的几何模型数据导入 Geometry(DM)单元中,如图 15-28 所示。

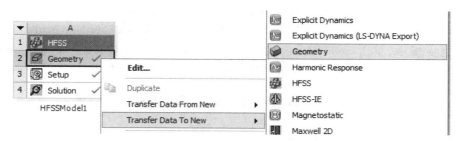

图 15-28　传递几何数据

（2）经过第 1 步后，ANSYS Workbench 平台会自动出现 Geometry(DM)单元，鼠标右键选择 Update，如图 15-29 所示。

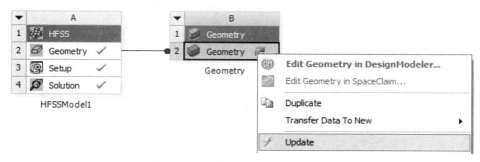

图 15-29　更新 Geometry 单元命令

随后 Geometry 的 B2 项后侧会自动改成绿色打勾的符号，如图 15-30 所示。

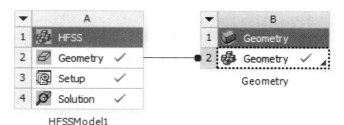

图 15-30　更新 Geometry 单元

（3）双击图 15-30 中的 B2 项，启动 DesignModeler，单击 Generate，将 HFSS 导入 DM 的模型完全生成，导入后的几何模型如图 15-31 所示。

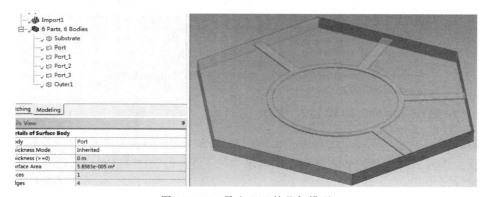

图 15-31　导入 DM 的几何模型

（4）选择 Tools→Electronics，选择 Simplify，调出转化模型面板，修改 Simplification Type 为 Level 3（CAD object），在模型树下选择所有的模型（也可以仅仅选择 Substrate 和 Outer1），然后在转化面板中，单击 Select Bodies 后的 Apply，修改 Facet Quality 为 Very Fine，单击 Generate，完成模型的转化，将其转化成 ANSYS Icepak 认可的模型，如图 15－32 所示。

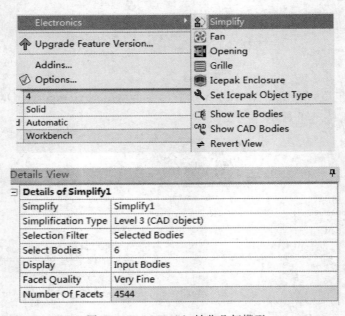

图 15－32　Simplify 转化几何模型

单击保存按钮，关闭 DM 软件。

（5）在 ANSYS Workbench 平台下，鼠标右键选择 B2，然后选择 Transfer Data To New，在调出的面板中选择 Icepak，ANSYS Workbench 会自动将 Geometry 的几何模型导入 ANSYS Icepak 单元。

另外，鼠标左键选择 HFSS 单元的 A4（Solution），拖动其至 ANSYS Icepak 单元的 C2（Setup），将 HFSS 计算的损耗数值传递给 ANSYS Icepak，如图 15－33 所示。

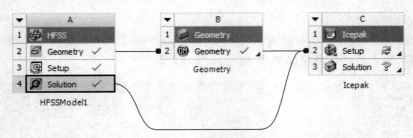

图 15－33　几何模型及损耗导入 ANSYS Icepak 单元

15.2.3　ANSYS Icepak 的设置及计算

（1）双击图 15－33 中 Icepak 单元的 C2 项，启动 ANSYS Icepak 单元，可以发现，HFSS 的混合环模型进入 ANSYS Icepak 单元。选择模型树下 Port、Port_1、Port_2、Port_3，然后点击删除按钮。

（2）双击左侧区域模型树下的 Cabinet，打开其编辑窗口，单击 Geometry 面板，按照图 15

－34 所示,修改计算区域的大小。单击 Properties,修改 Min x、Max x 为 Opening 开口,单击 Done,模型树下会自动出现两个开口 Opening 模型。

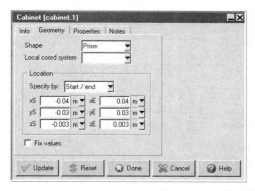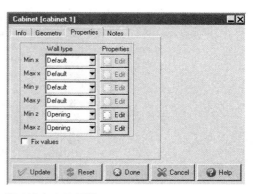

图 15－34　修改计算区域大小及属性

双击模型树下名称为 cabinet_default_side_minx 的开口模型,打开其编辑窗口,勾选 X Velocity,在其右侧空白处输入 0.5m/s,单击 Done,如图 15－35 所示,完成进口风速的输入。单击保存命令。

图 15－35　输入进口风速

(3)双击模型树下的 Substrate,打开介质层的编辑面板,在 Solid material 中,修改其材料为 FR－4,如图 15－36 所示。

同理,双击模型树下的 Outer1,打开金属层编辑面板,在 Solid material 中,修改其材料为 Cu－Pure,单击 Done,完成材料的输入,如图 15－37 所示。

(4)打开 Basic parameters,在 Radiation 下选择 Off,关闭辐射换热,选择流态 Flow regime 为 Turbulent 湍流,其他设置保持默认,单击 Accept,如图 15－38 所示。

打开 Basic settings,修改迭代步数为 300 步,单击 Accept;单击 Advanced settings,保持 Precision 为 Double 双精度,单击 Accept。

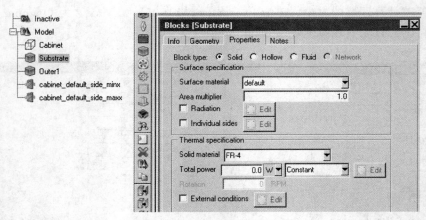

图 15-36　修改介质层的材料

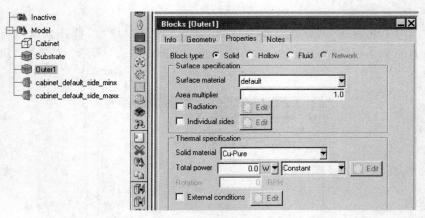

图 15-37　修改金属层的材料

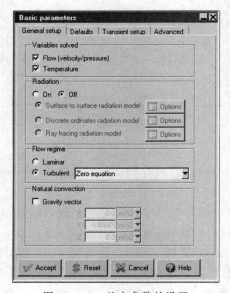

图 15-38　基本参数的设置

（5）单击主菜单栏 File→EM Mapping，选择 Volumetric heat losses，打开体积热耗导入面板，勾选左侧的 Substrate，保持默认的 Solution ID 和 Frequency（Hz），不勾选 Temperature feedback（即不进行双向耦合计算），单击 Accept，如图 15－39 所示。Message 窗口出现"Importing upstream EM data"，表示导入 HFSS 计算的介质层体积热耗数据。

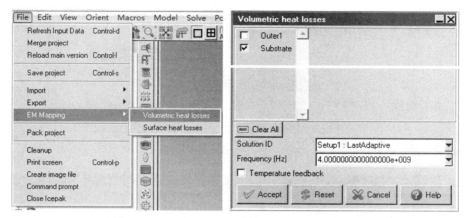

图 15－39　导入 HFSS 计算的介质层体积热耗

同理，单击主菜单栏 File→EM Mapping，选择 Surface heat losses，打开表面热耗导入面板，勾选左侧的 Outer1，保持默认的 Solution ID 和 Frequency（Hz），不勾选 Temperature feedback，单击 Accept，如图 15－40 所示，表示导入 HFSS 计算的金属层表面热损耗，单击保存命令。

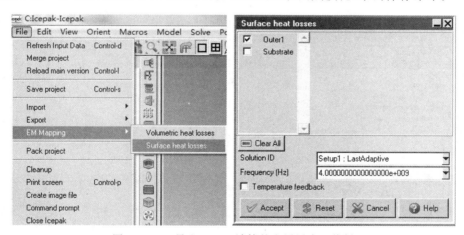

图 15－40　导入 HFSS 计算的金属层表面热耗

（6）选择模型树下的 Substrate 和 Outer1 模型，单击右键，选择 Set meshing levels，打开多级网格级数设置面板，在其中输入 2，如图 15－41 所示，单击 Done。

单击划分网格按钮，打开网格划分控制面板，按照图 15－42 所示，修改网格控制面板，单击 Generate，进行网格划分，总网格数量为 214950，单击 Display，可以检查显示模型的网格，如图 15－43 所示，单击 Quality，可以量化显示网格的质量。

（7）选择模型树下的 Substrate，直接拖动至 Points，建立温度的监测点。单击计算按钮，打开求解面板，直接单击 Start solution，ANSYS Icepak 启动 Fluent 求解器进行计算。在计算过程中，Fluent 求解器会显示读入的热耗数值，如图 15－44 所示。经过 41 步迭代计算，求解完全收敛，其残差曲线和温度监控点曲线如图 15－45 所示。

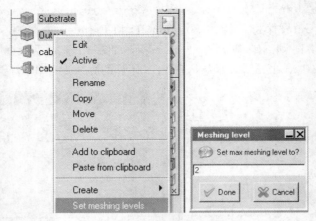

图 15-41　多级级数的设定

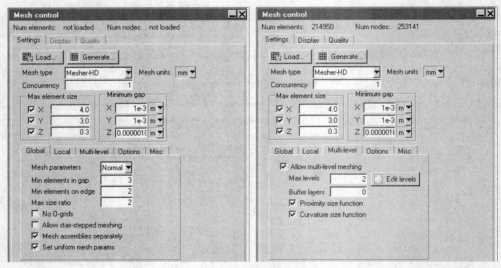

图 15-42　网格划分面板

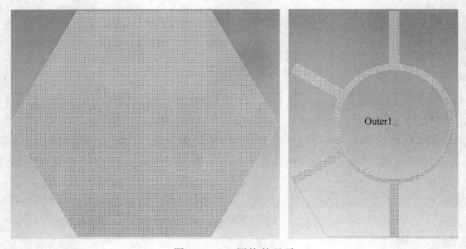

图 15-43　网格的显示

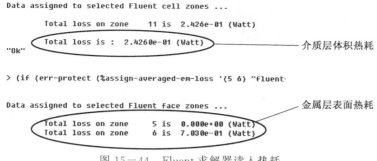

图 15-44　Fluent 求解器读入热耗

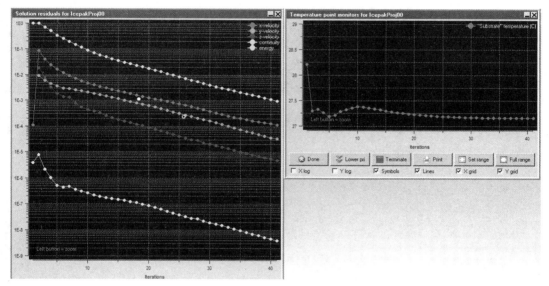

图 15-45　残差曲线及监控点曲线

（8）单击后处理命令 Plane cut，打开切面后处理命令，在面板中，保持 Set position 为 Z plane through center，勾选 Show contours 可以显示切面的温度云图，可以看出，混合环模型中各个端口的温度不均匀，这主要是由于热耗不均匀导致；勾选 Show vectors 可以显示切面的速度矢量图，如图 15-46 所示。

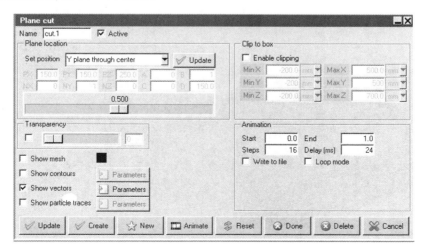

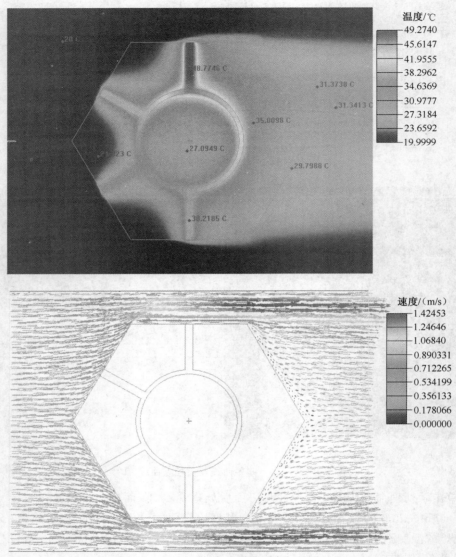

图 15-46   切面温度云图及速度矢量图显示

单击体后处理命令 Object face，可以显示混合环整体模型的温度云图分布，如图 15-47

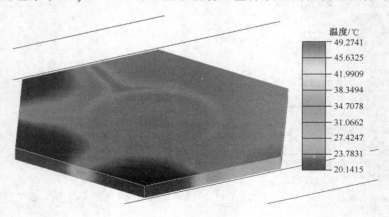

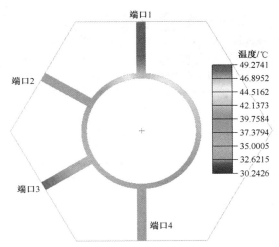

图 15－47　Stock 和 coil 的温度云图分布

所示。从金属层的温度云图上可以看出，端口 1 附近的温度较高，端口 3 附近的温度最低，这主要是因为电压激励从混合环端口 1 输入，端口 2 和端口 4 有输出，而端口 3 无输出。

　　在模型树下选择 Substrate 和 Outer1，单击右键选择 Summary report，然后选择 Separate，打开 Define summary report 面板，修改图中 Value 的变量为 Heat flow，表示统计所选器件的热耗。单击图 15－48 中的 Write，ANSYS Icepak 将输出 Substrate 和 Outer1 参与计算的热耗数值，如图 15－49 所示。

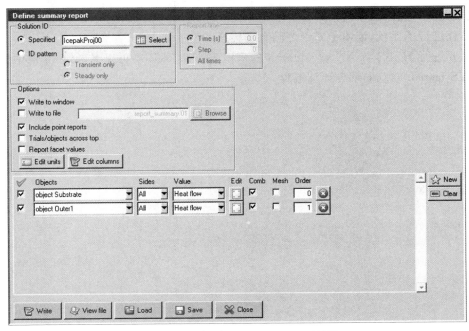

图 15－48　打开 Summary report 面板

　　比较图 15－24、图 15－26 和图 15－49，可以发现，HFSS 计算的损耗数值与 ANSYS Icepak 中参与计算的热耗数值完全相同，足以说明，通过 ANSYS Workbench 平台，可以使用 HFSS 与 ANSYS Icepak 进行电磁－热流的精确耦合模拟计算。

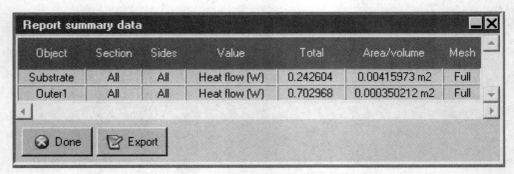

图 15—49   定量统计器件的热耗数值

单击保存命令,关闭 ANSYS Icepak 软件。

进入 ANSYS Workbench 平台,单击保存,然后关闭 ANSYS Workbench 平台。

15.3   小   结

本章主要是使用 HFSS 与 ANSYS Icepak 软件,对微波电路中常用的混合环进行了电磁—热流的耦合模拟计算。首先在 HFSS 中对模型进行了各种参数的设置,并在 HFSS 中对混合环进行了计算,得到了带状线介质层的体积热耗和带状线金属层的表面热耗;其次将 HFSS 的几何模型通过 DesignModeler 导入 ANSYS Icepak,在 ANSYS Workbench 平台下,将 HFSS 计算的损耗导入 ANSYS Icepak,并进行各类设置及求解计算,得到了混合环的热流分布,完成了电磁—热流的单向耦合计算。最后对 HFSS 计算的损耗和 ANSYS Icepak 中参与计算的热耗进行了比较,证明了二者之间数据传递的精度。

如果要进行 HFSS 与 ANSYS Icepak 的双向耦合计算,读者可以参考第 14 章中 Maxwell 与 ANSYS Icepak 的双向耦合计算流程。

第16章 ANSYS Icepak 与 Simplorer 场路耦合模拟计算

【内容提要】

本章基于 ANSYS Icepak 与 Simplorer 对某一热模型进行场路耦合模拟计算。首先使用 ANSYS Icepak 对热模型的瞬态工况进行了 CFD 模拟计算,得到了各热源温度随时间的变化曲线,然后将这些温度曲线导入 Simplorer,自动建立状态矩阵,在 Simplorer 中重新输入器件的热耗,单击分析计算,Simplorer 只需要使用秒级的计算时间,便可得到各热源随时间的变化曲线。

【学习重点】

- 掌握耦合计算中,ANSYS Icepak 参数化计算的相关设置;
- 掌握 Simplorer 的相关设置步骤。

16.1 场路耦合计算简单说明

Simplorer 是功能强大的多域机电系统设计与仿真分析软件,可用于电气、电磁、电力电子、控制等机电一体化系统的建模、设计、仿真分析和优化;其提供了功能强大的跨学科多领域系统仿真平台,可导入多个软件的模型,实现多物理场场路耦合仿真。

可以与 Simplorer 进行耦合计算的软件如 16-1 所示。

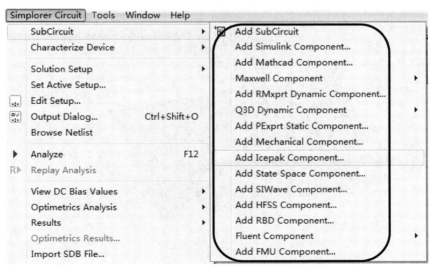

图 16-1 与 Simplorer 进行耦合计算的软件

在 ANSYS Icepak 中,对某一热模型进行瞬态 CFD 模拟计算,通常需要几个小时(甚至更长)的计算时间(需要根据模型的复杂程度和计算机本身的配置决定);工程师如果修改模型器件本身的热耗(不同载荷对应不同的热耗),重新进行 CFD 模拟计算,相应的仍然需要几个小时(甚至更长)的计算时间;如果需要计算不同热耗下器件的温度分布,则颇费时间。使用 ANSYS Icepak 和 Simplorer 进行场路耦合模拟,则可以快速得到不同热耗下器件温度随时间的变化曲线,大大减少了仿真计算的时间。

利用 ANSYS Icepak 对热模型某一载荷工况进行仿真计算,然后将 CFD 的计算结果作为 Simplorer 的输入量。Simplorer 可以无缝集成 ANSYS Icepak 的热模型,其利用模型降阶技术提取相应的网络模型。在 Simplorer 中修改器件的热耗,利用提取的网络模型,仅仅花费秒级的计算时间,便可以得到此热耗下,器件温度随时间的变化曲线。重复同样的步骤,便可以计算得到不用热耗下器件的温升曲线。

虽然 Simplorer 计算的器件温升曲线与 ANSYS Iepak 经过 CFD 计算的结果完全相同,但是 Simplorer 不能得到热模型结构内部详细的流场、温度分布等结果;必须通过 CFD 的模拟计算,才能进行流场、温度场、压力场等的图像后处理显示。

使用 ANSYS Icepak 和 Simplorer 进行场路耦合模拟计算,可大大节省修改热耗所增加的 CFD 计算时间,计算的过程也大大简化;这种方法对于自然对流、辐射换热也同样适用。

16.2 ANSYS Icepak 的设置及计算

对热模型进行场路耦合计算,ANSYS Icepak 中的计算步骤如下:

(1)单独启动 ANSYS Icepak 15.0,在欢迎界面上单击 Unpack,浏览学习光盘文件夹 16 下的 card.tzr 模型,单击打开,然后在出现的面板中输入 New project 名称 Card,单击 Unpack,建立 ANSYS Icepak 热模型(模型会保存在 ANSYS Icepak 的默认工作目录中)。

(2)建立的 ANSYS Icepak 模型如图 16-2 所示,其中单个电容热耗为 1W,单个内存热耗为 2W,CPU 热耗为 5W,进风口风速为 1m/s。

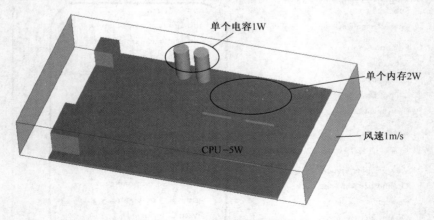

单个电容1W

单个内存2W

风速1m/s

CPU-5W

图 16-2 ANSYS Icepak 热模型

打开 Basic parameters 面板,单击 Transient setup 面板,查看瞬态的计算时间为 600s;单击 Edit parameters,打开瞬态时间步长设置,单击 Time step function 后的 Edit,查看分段时

间步长的设置,可以看到,最小时间步长为 0.1s,最大时间步长为 10s,如图 16－3 所示。

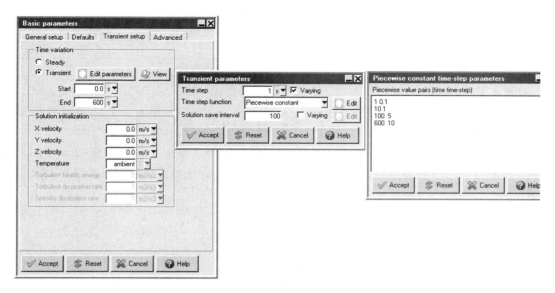

图 16－3   计算时间及时间步长的查看

图 16－3 表示第 1s 内,时间步长为 0.1s,第 1s 至第 10s,时间步长为 1s,第 10s 至第 100s,时间步长为 5s,第 100s 至第 600s,时间步长为 10s;初始阶段时间步长小一些,可以准确捕获温度随时间的改变量。

(3)双击模型树左侧 CAPACITOR,打开其编辑窗口,在 Total power 中输入 $ dianrong (变量名称前需要添加"$"符号),单击 Update,然后对变量 dianrong 的初始值输入 0,单击 Done,如图 16－4 所示,完成 CAPACITOR 热耗变量的设置。

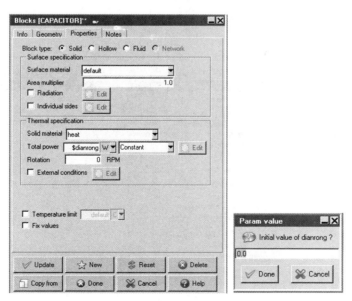

图 16－4   设置变量及初始值

同理,按照上述相同的方法,对其他 4 个热源的热耗设置变量,并输入初始值;模型热耗相对应的变量名称及初始值如表16-1所示。

表 16-1　各个变量的设置及初始值

模型名称	变量名称	初始值
CAPACITOR	dianrong	0
CAPACITOR. 1	dianrong. 1	0
MEMORY	neicun	0
MEMORY. 1	neicun. 1	0
CPU	cpu	0

(4)在模型树下选择两个电容、两个内存及 CPU 模型,直接拖动至 Points 中,如图 16-5 所示,ANSYS Icepak 将自动监测这些器件中心点的温度,并显示温度随时间的变化曲线。

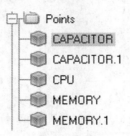

图 16-5　设置器件的温度监控点

在 ANSYS Icepak 中建立的监控点,会存储这些器件的温度随时间变化的具体数值,这些数值会被传递到 Simplorer 中,温度监控点的个数无限制,监控点越多,Simplorer 将花费更多的时间生成状态矩阵。

(5)单击主菜单 Solve→Run optimization,打开 Parameters and optimization 参数化优化面板,选择 Parametric trials 参数化工况,接着选择 By columns,然后勾选 Write Simplorer File,如图16-6 所示,Write Simplorer File 会将 ANSYS Icepak 的计算结果输出为 Simplorer 认可的文件。

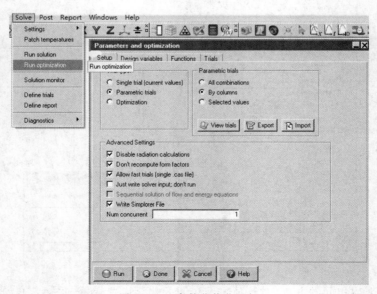

图 16-6　参数化优化面板

　　(6)单击图 16－6 中 Design variables 面板,打开变量的数值输入面板,在左侧区域选择变量 cpu,在 Base value 中输入 5,选择 Discrete values,然后输入 50000,离散数值之间用空格隔开。其他几个变量的数值输入与变量 cpu 类似,如图 16－7 所示。

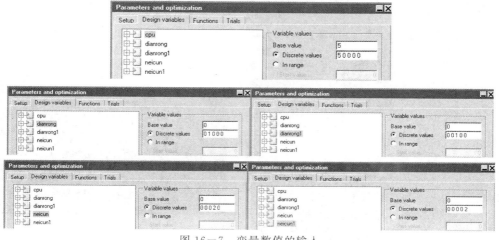

图 16－7　变量数值的输入

　　各个变量数值的输入如表 16－2 所列,注意:离散数值之间使用空格隔开。

表 *16－2*　各变量的当前基本值和离散数值

变量名称	当前基本值	离散数值
cpu	5	50000
dianrong	0	01000
dianrong.1	0	00100
neicun	0	00020
neicun.1	0	00002

　　(7)单击图 16－6 中 Trials 面板,如图 16－8 所示,查看参数化计算的工况。单击 Run,ANSYS Icepak 将进行参数化计算。

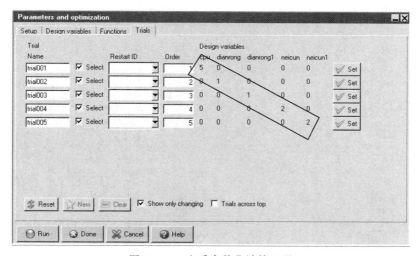

图 16－8　查看参数化计算工况

　　ANSYS Icepak 参数化计算的残差曲线、参数化工况表及温度监控点曲线如图 16－9 所示,关闭 ANSYS Icepak 软件。

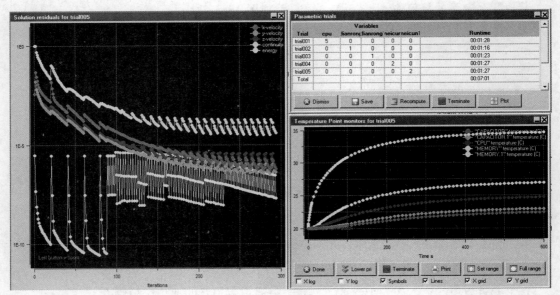

图 16－9　参数化计算残差及温度监控曲线

　　(8)ANSYS Icepak 会在项目 Card 的目录下生成一个名称为 card 的 GIF 图片;一个名称为 card,后缀为 simpinfo 的文件;生成 25 个(5 个工况乘以 5 个温度监控点)后缀为 OUT 的文件,如图 16－10 所示。

名称	日期	类型	大小
card	2015/9/22 10:09	GIF 图像	16 KB
trial005.fmap	2015/9/22 10:15	FMAP 文件	2 KB
card.simpinfo	2015/9/22 10:09	SIMPINFO 文件	1 KB
trial005.timestep.scm	2015/9/22 10:15	SCM 文件	1 KB
trial005.5	2015/9/22 10:16	OUT 文件	3 KB
trial005.4	2015/9/22 10:16	OUT 文件	3 KB
trial005.3	2015/9/22 10:16	OUT 文件	3 KB
trial005.2	2015/9/22 10:16	OUT 文件	3 KB
trial005.1	2015/9/22 10:16	OUT 文件	3 KB
trial004.5	2015/9/22 10:15	OUT 文件	3 KB
trial004.4	2015/9/22 10:15	OUT 文件	3 KB
trial004.3	2015/9/22 10:15	OUT 文件	3 KB
trial004.2	2015/9/22 10:15	OUT 文件	3 KB
trial004.1	2015/9/22 10:15	OUT 文件	3 KB
trial003.5	2015/9/22 10:13	OUT 文件	3 KB
trial003.4	2015/9/22 10:13	OUT 文件	3 KB
trial003.3	2015/9/22 10:13	OUT 文件	3 KB
trial003.2	2015/9/22 10:13	OUT 文件	3 KB
trial003.1	2015/9/22 10:13	OUT 文件	3 KB
trial002.5	2015/9/22 10:12	OUT 文件	3 KB
trial002.4	2015/9/22 10:12	OUT 文件	3 KB
trial002.3	2015/9/22 10:12	OUT 文件	3 KB
trial002.2	2015/9/22 10:12	OUT 文件	3 KB
trial002.1	2015/9/22 10:12	OUT 文件	3 KB
trial001.5	2015/9/22 10:11	OUT 文件	3 KB
trial001.4	2015/9/22 10:11	OUT 文件	3 KB
trial001.3	2015/9/22 10:11	OUT 文件	3 KB
trial001.2	2015/9/22 10:11	OUT 文件	3 KB
trial001.1	2015/9/22 10:11	OUT 文件	3 KB

图 16－10　ANSYS Icepak 生成的各类文件

使用记事本格式打开 OUT 文件,可以发现,左列标注的是时间,右列标注的是相应时刻下监控点的温度数值,如图 16-11 所示。

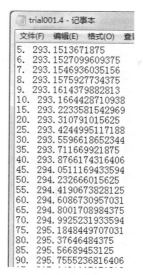

图 16-11　温度监控点 OUT 文件

16.3　Simplorer 的设置及计算

将 ANSYS Icepak 的计算结果导入 Simplorer 进行场路耦合计算,相应的步骤如下:

(1)重新建立一个新的文件夹(用于保存 Simplorer 项目),并对其进行命名,比如命名为 Simplorer,将第 16.2 节中第 8 步相应的 27 个文件复制至此文件夹内。

(2)单独启动 Simplorer 软件,单击保存,在保存界面上输入 card,如图 16-12 所示,单击保存,完成 Simplorer 项目的命名。

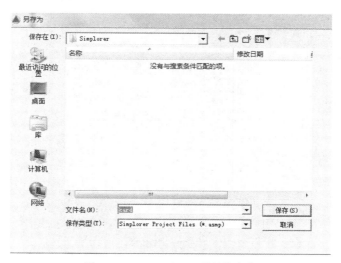

图 16-12　Simplorer 项目的命名

(3)单击主菜单 Simplorer Circuit,选择 SubCircuit→Add Icepak Component,如图 16-

13 所示,打开导入 ANSYS Icepak 计算结果的接口面板。

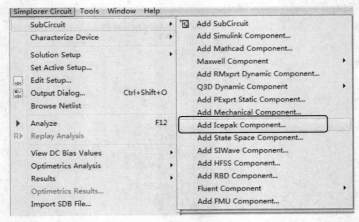

图 16—13   Simplorer 导入 ANSYS Icepak 的接口

Simplorer 与 ANSYS Icepak 的接口面板如图 16—14 所示,浏览第 1 步创建的文件夹,选择其中的 card. simpinfo 文件,单击打开。在 Mode Type 中,默认选择 Foster Network,然后选择 State—Space model 以及 Non—Conservative,取消 Symmetric 的选择,单击 Generate,面板的 Parameters 中会自动出现 ANSYS Icepak 中设置的输入变量,以及相应的温度监控点

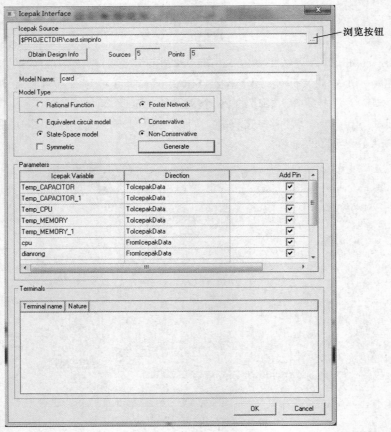

图 16—14   Simplorer 导入 ANSYS Icepak 结果的接口面板

（输出），单击 OK，完成 ANSYS Icepak 计算结果的导入。

　　单击右键，选择 Place and Finish，将导入的 ANSYS Icepak 模型放置在 Simplorer 的项目视图区域，如图 16－15 所示。

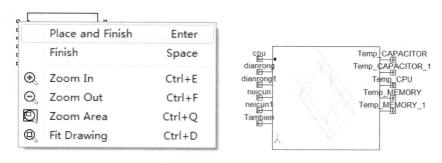

图 16－15　放置导入的 ANSYS Icepak 模型

　　（4）在 Simplorer 视图区域中，双击第 3 步导入的 ANSYS Icepak 模型，打开其属性面板，取消输入变量 cpu、dianrong、dianrong1、neicun、neicun1 后侧 Show pin 的勾选，相应 Override 会自动勾选，并且在各个输入变量的 Value 下，依次输入相应的热耗（可参考图 16－2），如图 16－16 所示，单击确定。

Name	Value	Unit	Description	Callback	Override	Direc...	Show Pin	Sweep	SDB
cpu	5			...	✓	In			
dianrong	1			...	✓	In			
dianrong1	1			...	✓	In			
neicun	2			...	✓	In			
neicun1	2			...	✓	In			
Tambien	293.15	kel		...		In	✓		
Temp_CAPACITOR	0	kel			✓	Out	✓		
Temp_CAPACITOR_1	0	kel			✓	Out	✓		
Temp_CPU	0	kel			✓	Out	✓		
Temp_MEMORY	0	kel			✓	Out	✓		
Temp_MEMORY_1	0	kel			✓	Out	✓		

图 16－16　导入模型变量参数的修改

　　（5）单击主菜单栏 Simplorer Circuit→Output Dialog，打开 Output 输出面板，如图 16－17 所示，打开 Design variables 下 Icepak 的"＋"号，然后勾选所有的输出变量（5 个温度监控点），单击 OK。

　　（6）打开 Project Manager 下 Simplorer1 模型树，打开 Analysis，选择 TR，在下侧区域会出现属性面板，在 Tend 中输入 600s（ANSYS Icepak 中总的计算时间），在 Hmin 中输入 0.1s（ANSYS Icepak 中最小时间步长），在 Hmax 中输入 10s（ANSYS Icepak 中最大时间步长）；也可以直接双击 Analysis 下的 TR，打开 Transient Analysis Setup 瞬态分析设置面板，在 End time－Tend 中输入 600，修改单位为 s，在 Min Time Step－Hmin 中输入 0.1，修改单位为 s，在 Max Time Step－Hmax 中输入 10，修改单位为 s，单击 OK，如图 16－18 所示，完成瞬态分析时间步长的设置。

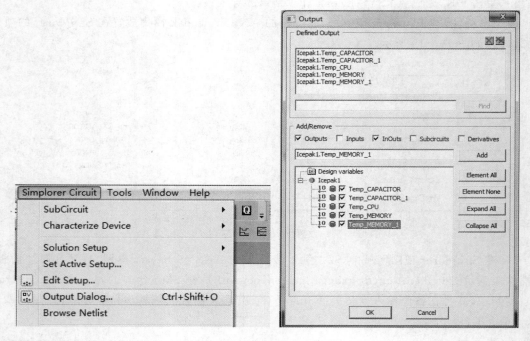

图 16-17　输出变量的勾选

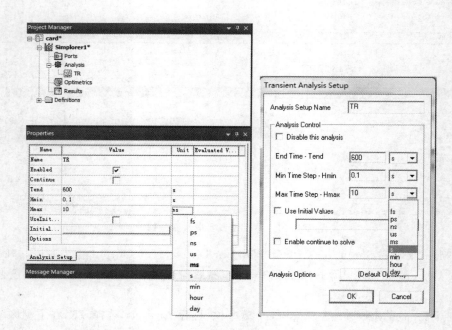

图 16-18　瞬态分析时间步长的设置

（7）鼠标右键单击 Simplorer1 下的 Results，选择 Create Standard Report→Rectangular Plot，如图 16-19 所示，表示创建 XY 类型的 Plot 报告。

打开的报告面板如图 16-20 所示，其中 X 轴默认为时间轴，选择 Quantity 下的 5 个输出变量，即 ANSYS Icepak 的温度监控点，单击下侧区域的 New Report，然后单击 Close，关闭面板。

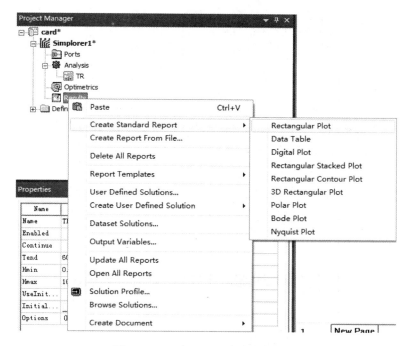

图 16－19　建立 Plot 类型的新报告

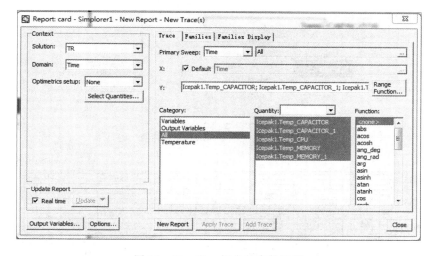

图 16－20　Plot 报告的参数选择

此时由于 Simplorer 还未进行计算,新的 Plot 报告没有任何显示,如图 16－21 所示。

(8)选择 Analysis 下的 TR,单击鼠标右键,选择 Analyze,如图 16－22 所示,Simplorer 将进行计算。

对于本算例来说,Simplorer 仅仅需要 5s、6s 就可以计算完毕,并显示出第 7 步建立的 Plot 图表,如图 16－23 所示,其中横坐标为时间,纵坐标为器件的温度(以绝对温度表示)。

鼠标右键单击 Simplorer1 下的 Results,选择 Create Standard Report→Data Table,可以将监控点温度随时间的变化过程以表格的形式进行展示,如图 16－24 所示,可以拖动右侧和下侧的蓝色滚动条来查看器件不同时刻的温度数值。

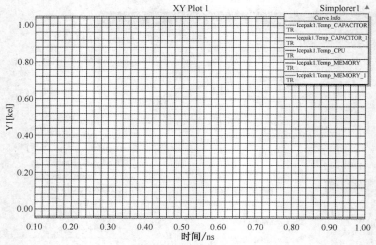

图 16-21   Plot 报告

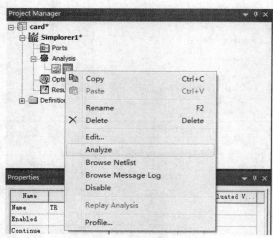

图 16-22   Simplorer 进行计算

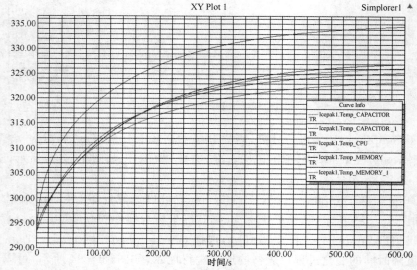

图 16-23   器件温度随时间的变化

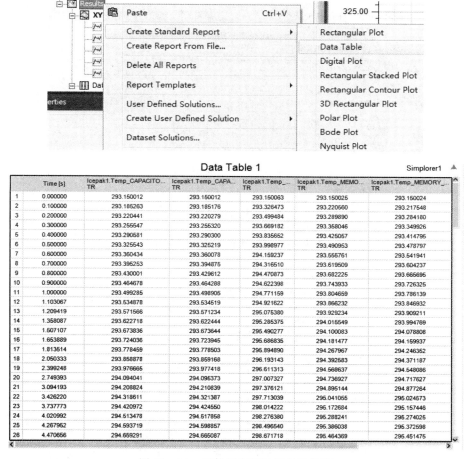

图 16－24　器件温度随时间的变化表

鼠标右键选择 Results 下 XY Plot，然后选择 Export，可以将计算结果的具体数值以 Excel 的格式输出，如图 16－25 所示；也可以右键选择 Data Table→Export，将计算结果输出。

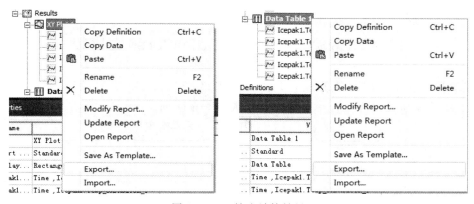

图 16－25　输出计算结果

Simplorer 输出计算结果的面板如图 16－26 所示，单击 OK 即可完成计算结果的输出，输出的文件可以直接使用 Excel 打开，关闭 Simplorer，完成计算。

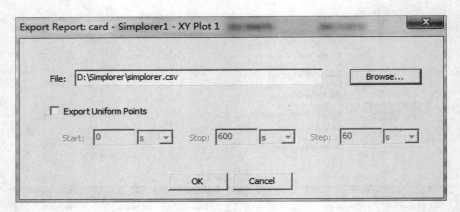

图 16—26　输出计算结果面板

使用 Excel 打开图 16—26 输出的文件,其显示的结果如图 16—27 所示。

	A	B	C	D	E	F	G
1	Time [s]	Icepak1.Temp_CA	Icepak1.Temp_	Icepak1.Temp_CPU	Icepak1.Temp_MEMOF	Icepak1.Temp_MEMORY_1 [kel]	
2	0	293.1500124	293.1500123	293.150063	293.1500251	293.1500239	
3	0.1	293.1852631	293.1851764	293.326473	293.2205597	293.2175485	
4	0.2	293.2204414	293.220279	293.4994836	293.2898897	293.2841797	
5	0.3	293.2555473	293.2553203	293.6691817	293.3580456	293.3499257	
6	0.4	293.2905813	293.2903003	293.8356521	293.425057	293.4147951	
7	0.5	293.3255434	293.3252194	293.9989772	293.4909527	293.4787971	
8	0.6	293.3604339	293.3600775	294.1592373	293.5557611	293.541941	
9	0.7	293.3952531	293.394875	294.3165105	293.6195094	293.6042368	
10	0.8	293.4300012	293.4296119	294.4708728	293.6822246	293.6656947	
11	0.9	293.4646783	293.4642884	294.6223984	293.7439326	293.7263252	
12	1	293.4992848	293.4989047	294.7711593	293.8046589	293.786139	
13	1.103067	293.5348778	293.5345187	294.921622	293.8662317	293.8469318	
14	1.209419	293.5715658	293.5712343	295.07538	293.9292343	293.9092106	
15	1.358087	293.6227179	293.6224445	295.2853747	294.0155494	293.9947689	
16	1.507107	293.6738365	293.6736439	295.4902769	294.1000834	294.0788083	
17	1.653889	293.7240364	293.7239454	295.6868355	294.181477	294.1599373	
18	1.813514	293.7784591	293.7785029	295.89489	294.2679666	294.246352	
19	2.050333	293.8588781	293.8591682	296.1931433	294.3925828	294.3711865	
20	2.399248	293.9766654	293.9774178	296.6113134	294.568637	294.5480856	

图 16—27　Excel 打开 Simplorer 的输出文件

16.4　ANSYS Icepak 与 Simplorer 之比较

为了验证 Simplorer 的计算精度,本节使用 2 个工况,用于比较 ANSYS Icepak 和 Simplorer 的计算结果,2 个工况的热耗变化如表 16—3 所列。

表 16—3　不同工况的热耗数值

变量名称	工况 1	工况 2
cpu	5	8
dianrong	1	3
dianrong.1	1	4
neicun	2	5
neicun.1	2	6

16.4.1　工况 1 的计算及比较

（1）启动 ANSYS Icepak16.0，直接 Unpack 浏览学习光盘文件夹 16 下的 card. tzr 模型，单击打开，然后在出现的面板中输入 New project 名称 Card1，点击 Unpack，建立 ANSYS Icepak 热模型（模型会保存在 ANSYS Icepak 的默认工作目录中）。

（2）选择模型树下的 5 个热源（CPU、2 个 MEMORY、2 个 CAPACITOR），拖动至 Points 下，建立 5 个热源的温度监控点。

（3）直接单击求解按钮，打开计算面板，单击 Start solution，ANSYS Icepak 启动 Fluent 求解器进行求解计算。为了减少计算时间，本案例在瞬态参数面板中，设置 Solution save interval 为 100，表示 100 个时间步长保存一次结果，如图 16－28 所示，这样设置会导致 ANSYS Icepak 不保存中间时刻的计算结果，仅仅保留了开始时刻和终止时刻的计算结果。如果设置 Solution save interval 为 1，则可以保存任何时间的计算结果。

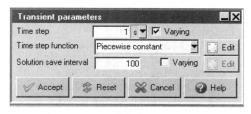

图 16－28　瞬态参数设置面板

（4）经过 2～3min 的计算，ANSYS Icepak 完成相应的计算，残差曲线和温度监控点曲线如图 16－29 所示。

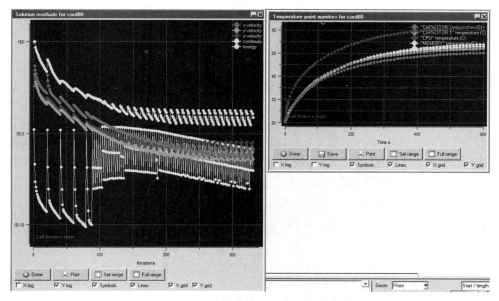

图 16－29　残差曲线及温度监控点曲线

单击图 16－29 右侧温度监控点曲线中的 Save，可出现图 16－30 所示的面板，浏览相应的目录，可以将温度监控点随时间的变化曲线输出为 Excel 的格式，默认的名称为 curve_data. csv。使用 Excel 打开 curve_data. csv 文件，如图 16－31 所示。

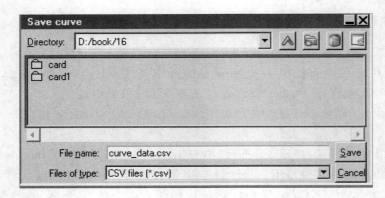

图 16－30　残差曲线及温度监控点曲线

	A	B	C	D	E	F
1	5					
2	temperature (C)					
3	Iteration	CAPACITOR	CAPACITOR	CPU	MEMORY	MEMORY.1
4	0.1	20.03597	20.03613	20.20974	20.08083	20.08083
5	0.2	20.07192	20.07226	20.4103	20.15911	20.15902
6	0.3	20.10784	20.10839	20.60244	20.23492	20.23474
7	0.4	20.14376	20.14449	20.78695	20.3085	20.30813
8	0.5	20.17965	20.18057	20.96462	20.37997	20.37936
9	0.6	20.21554	20.21661	21.13589	20.44952	20.44869
10	0.7	20.2514	20.25268	21.30145	20.51727	20.5162
11	0.8	20.28723	20.28869	21.46176	20.58334	20.5819
12	0.9	20.32299	20.32467	21.61718	20.64788	20.64608
13	1	20.35876	20.36062	21.76815	20.71096	20.70873
14	2	20.71154	20.71539	23.01144	21.24627	21.23806
15	3	21.05837	21.06429	24.07797	21.71432	21.69906
16	4	21.3984	21.40667	25.01678	22.13223	22.1097
17	5	21.73141	21.74233	25.85745	22.51147	22.48174

Time[s] （标注指向 A3 单元格 Iteration）

图 16－31　监控点温度 . VS. 时间

　　对比图 16－27 和图 16－31，可以发现，ANSYS Icepak 输出的 Excel 文件比 Simplorer 多了第 1 行、第 2 行。为了将 ANSYS Icepak 输出的 curve_data.csv 导入 Simplorer，因此，需要将图 16－31 中的第 1、2 行删除，同时按照图 16－27 的格式，将 A3 的 Iteration 修改为 Time[s]，单击另存为并重新进行命名，命名为"curve_data－xiugai"。

　　（5）重新启动 Simplorer，右键单击左侧模型树下的 Results，选择 Create Standard Report，然后选择 Rectangular Plot，如图 16－32 所示。

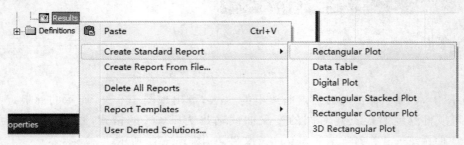

图 16－32　建立 Plot 图表命令

Simplorer 将出现建立 Plot 图表的面板，如图 16－33 所示，单击 New Report，模型树 Results 下将出现 XY Plot1，此时 Simplorer 的 XY Plot1 面板是空白的。

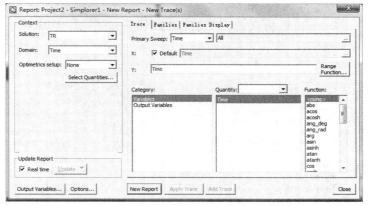

图 16－33　建立 Plot 图表面板

鼠标右键选择 XY Plot1，出现图 16－34 的面板，选择 Import，在"打开"面板中浏览选择 Simplorer 输出的文件，可以将相应的 Excel 文件数据导入。Simplorer 的模型树 Results 及 XY Plot1 将会自动更新，如图 16－35 所示。

图 16－34　导入 Simplorer 输出的数据文件

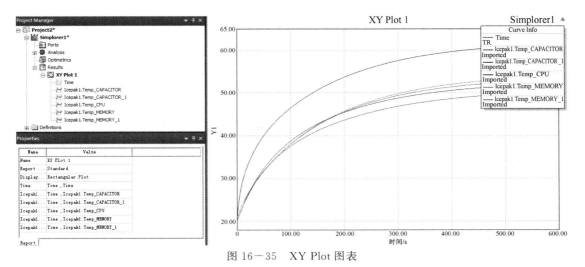

图 16－35　XY Plot 图表

（6）重新右键选择模型树下的 XY Plot1，如图 16－36 的面板，选择 Import，在"打开"面板中浏览选择第 4 步修改的 Excel 文件（名称为 curve_data－xiugai），可以将 ANSYS Icepak 输出的温度监控点曲线数据导入 Simplorer。

Simplorer 的 Results 模型树会自动更新，如图 16－37 所示，可以看出，包含了 ANSYS Icepak 所建立的温度监控点。

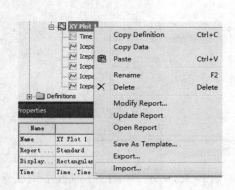

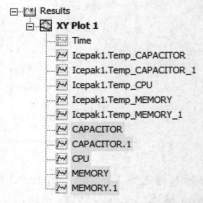

图 16－36　导入数据面板　　　　　　　　　图 16－37　更新后的 Results 模型树

相应的，XY Plot1 曲线也会自动更新，更新后的曲线如图 16－38 所示，为了对比两者的区别，图 16－38 将局部曲线进行了放大，可以清楚看出，Simplorer 的计算结果和 ANSYS Icepak 的计算结果非常接近。图 16－38 的表格中列出了二者最高温度数值的比较，其中 m1～m5 是 Simplorer 的计算结果，m6～m10 是 ANSYS Icepak 的计算结果，可以看出，两者的计算结果完全相同。

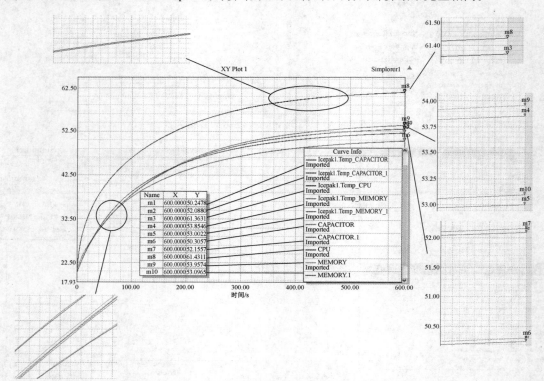

图 16－38　更新后的 XY Plot1 曲线

16.4.2　工况 2 的计算及比较

（1）重新打开 16.4.1 节的 ANSYS Icepak 模型 Card1，然后按照表 16－3 所列，重新修改 5 个器件的热耗，单击求解按钮，在 ID 中修改名称为 card101，如图 16－39 所示，单击 Start solution，ANSYS Icepak 将启动 Fluent 求解器进行计算。

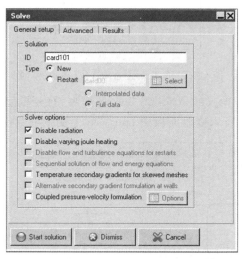

图 16－39　求解计算面板

（2）计算的残差曲线及温度监控点曲线如图 16－40 所示，单击右图中的 Save，可以将温度监控点随时间的变化曲线以 Excel 的格式输出。将输出的文件按照 16.4.1 节的第 4 步进行修改，以方便将数据导入 Simplorer。

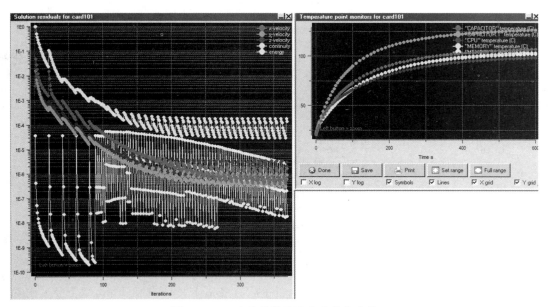

图 16－40　残差曲线及温度监控点曲线

（3）重新启动 Simplorer 软件，打开 16.3 节的 Simplorer 模型，双击模型树 Card 下的 Simplorer1，在视图区域中，重新出现导入的 ANSYS Icepak 模型，如图 16－41 所示。

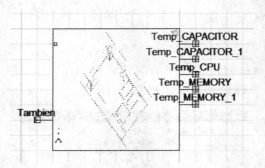

图 16－41　导入的 ANSYS Icepak 模型

（4）双击图 16－41 所示导入的 ANSYS Icepak 模型，打开模型变量参数的修改面板，如图 16－42 所示，按照表 16－3 所示修改面板中 cpu 等 5 个变量的数值，单击确定。

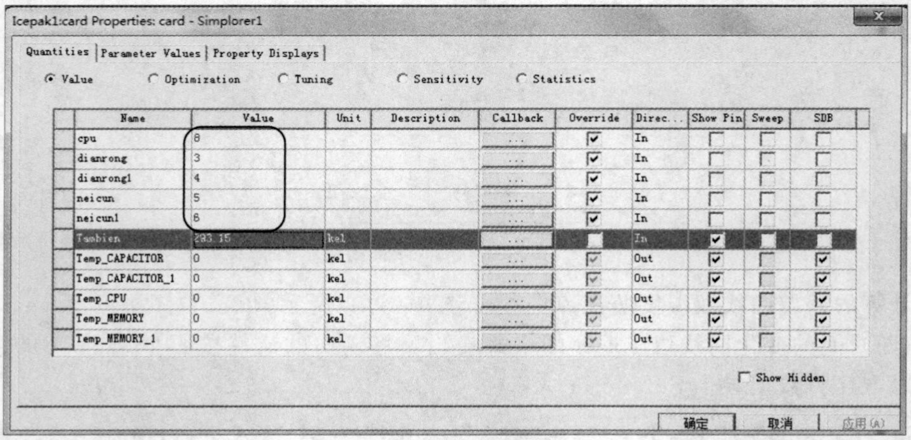

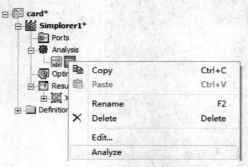

图 16－42　模型变量参数修改面板

（5）鼠标选择模型树 Analysis 下的 TR，单击右键，选择 Analyze，如图 16－43 所示，进行 Simplorer 的计算。

图 16－43　Simplorer 计算命令

（6）经过几秒钟的计算，模型树 Results 下的 XY Plot1 将会自动更新，双击 XY Plot1，Simplorer 会自动显示温度监控点随时间变化的 Plot 图，如图 16－44 所示。

　　鼠标右键选择模型树下的 XY Plot1，出现图 16－45 的面板，选择 Export，在输出面板中浏览相应的目录并进行命名，单击 OK 保存项目，关闭 Simplorer。

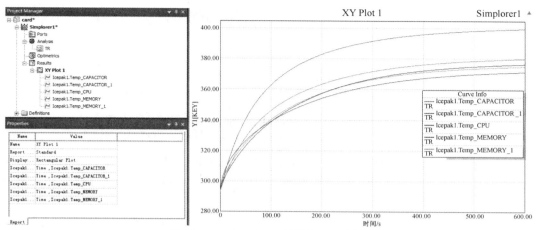

图 16-44　Simplorer 显示的 Plot 图表

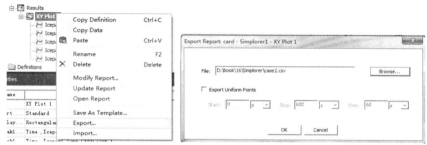

图 16-45　Plot 图表输出面板

(7)重新启动 Simplorer,按照 16.4.1 节第 5 步、第 6 步的操作,将 Simplorer 和 ANSYS Icepak 输出的 Excel 导入,模型树 Results 下的 XY Plot1 会罗列出 Simplorer 和 ANSYS Icepak 输出的变量(监控点的温度),相应的曲线如图 16-46 所示(包含 Simplorer 和 ANSYS Icepak 的计算结果)。

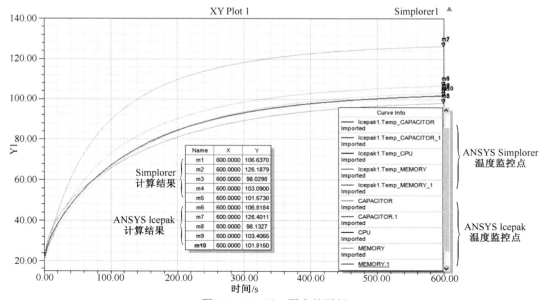

图 16-46　Plot 图表的更新

比较图 16—46 的曲线,可以看出,Simplorer 计算的结果与 ANSYS Icepak 的计算结果完全相同。

16.5 小   结

本章主要是讲解了如何基于 ANSYS Icepak 与 Simplorer 进行场路耦合计算。以某一热模型为案例,详细讲解了二者耦合计算的步骤和过程,首先使用 ANSYS Icepak 对热模型的瞬态工况进行了 CFD 模拟计算,得到了各热源温度随时间的变化曲线,将这些温度曲线导入 Simplorer,自动建立状态矩阵,然后在 Simplorer 中输入各个器件热源的热耗,单击分析, Simplorer 只需要使用秒级的时间,便可得到各热源随时间的变化曲线。

很多电子器件的热耗会随着载荷不同而有所改变,使用 ANSYS Icepak 与 Simplorer 的耦合计算功能,可以精确得到器件温度随时间的变化曲线,省略了不同工况下的 CFD 计算,大大减少了仿真计算的时间,提高了计算的效率。

参 考 文 献

［1］王永康. ANSYS Icepak 电子散热基础教程. 北京:国防工业出版社,2015.

［2］ELECTRONIC INDUSTRIES ALLIANCE（EIA）/JEDEC STANDARD. Integrated Circuit Thermal Test Method Environmental Conditions－Forced Convection（Moving Air）,JESD51－6. 1999.

［3］EIA/JEDEC STANDARD. High Effective Thermal Conductivity Test Board for Leaded Surface Mount Packages,JESD51－7. 1999.

［4］EIA/JEDEC STANDARD. Integrated Circuit Thermal Test Method Enviromental Conditions—— Junction－to－Board,JESD51－8. 1999.